Projeto da durabilidade de estruturas de concreto em ambientes de severa agressividade

Odd E. Gjørv

supervisão técnica | Enio Pazini Figueiredo e
Paulo Helene

tradução | Leda Maria Marques Dias Beck

Copyright © 2015 Oficina de Textos

Grafia atualizada conforme o Acordo Ortográfico da Língua Portuguesa de 1990, em vigor no Brasil desde 2009.

Conselho editorial Cylon Gonçalves da Silva; Doris C. C. K. Kowaltowski; José Galizia Tundisi; Luis Enrique Sánchez; Paulo Helene; Rozely Ferreira dos Santos; Teresa Gallotti Florenzano

Supervisão técnica Enio Pazini Figueiredo e Paulo Helene
Capa e projeto gráfico Malu Vallim
Diagramação Alexandre Babadobulos
Foto capa M.schwed - "Puentedelabarra" via Wikimedia commons
Preparação de figuras Letícia Schneiater
Preparação de textos Carolina A. Messias
Revisão de textos Pâmela de Moura Falarara
Tradução Leda Maria Marques Dias Beck
Impressão e acabamento Prol gráfica e editora

Dados Internacionais de Catalogação na Publicação (CIP)
(Câmara Brasileira do Livro, SP, Brasil)

Gjorv, Odd E.
 Projeto da durabilidade de estruturas de concreto em ambientes de severa agressividade / Odd E. Gjorv ; revisão técnica Enio Pazini Figueiredo e Paulo Helene ; tradução Leda Maria Marques Dias Beck. --
São Paulo : Oficina de Textos, 2015.

 Título original: Durability design of concrete structures in severe environments

Bibliografia.
ISBN 978-85-7975-195-0

 1. Concreto - Deterioração 2. Construção de concreto 3. Engenharia de estruturas 4. Estruturas de concreto 5. Materiais de construção - Durabilidade I. Helene, Paulo. II. Figueiredo, Enio Pazini. III. Título.

15-06617 CDD-624.1834

Índices para catálogo sistemático:
1. Durabilidade no projeto das estruturas de concreto em ambientes agressivos : Engenharia
 624.1834

Todos os direitos reservados à **Editora Oficina de Textos**
Rua Cubatão, 959
CEP 04013-043 São Paulo SP
tel. (11) 3085-7933   fax (11) 3083-0849
www.ofitexto.com.br
atend@ofitexto.com.br

A gente se importa com o constante desenvolvimento da construção civil.

Nós, da Weber, fabricante dos produtos quartzolit, nos importamos com o constante desenvolvimento tecnológico do mercado da construção civil. Por isso, apoiamos o lançamento no Brasil do livro **Projeto da Durabilidade de Estruturas de Concreto em Ambientes de Severa Agressividade**, que aborda este tema de extrema importância no campo das estruturas de concreto.

Estamos presentes em 49 países e, como líder de mercado, temos como objetivo facilitar a introdução de produtos inovadores, realizar pesquisas visando à sustentabilidade e apoiar as normativas vigentes, levando soluções construtivas de alto desempenho ao mercado. Isso, porque **a gente se importa** em promover o bem-estar para aqueles que projetam, que produzem, que constroem e que habitam as edificações.

Destacamos para o tema desta obra uma linha completa de soluções para **Construção, Reparos, Reforços** e **Proteção de Estruturas**, que atendem às mais exigentes solicitações técnicas. **A gente se importa** com tudo que é duradouro.

we care

weber SAINT-GOBAIN produtos quartzolit

Na Weber, a gente se importa com o seu negócio. E, para contribuir com o mercado técnico, temos uma equipe de especificação para analisar projetos e obras e propor soluções em produtos ou sistemas, de acordo com as diferentes necessidades. Oferecemos também treinamentos e capacitação de mão de obra, acompanhamento de obras e assistência técnica para todo o Brasil.

Conheça os nossos campos de atuação:

- Comercial
- Residencial
- Industrial
- Infraestrutura

Conheça nossas linhas de produtos:

- Assentamento e Rejuntamento
- Fachadas
- Impermeabilizantes
- Reparos, Reforços e Proteção
- Pisos

Para mais informações:
Telefone: **0800 709 69 79**
Site: **www.weber.com.br**

agradecimentos

PELOS MUITOS ANOS DE TRABALHO para alcançar uma durabilidade maior e mais controlada em novas e importantes infraestruturas de concreto, reconheço a colaboração de muitos de meus alunos recentes de doutorado, que têm trabalhado com vários aspectos da durabilidade do concreto e que contribuíram com partes importantes dos procedimentos, tanto para o projeto de durabilidade como para o controle de qualidade do concreto, como descrito e discutido neste livro. Entre eles, estão Tiewei Zhang, Olaf Lahus, Arne Gussiås, Franz Pruckner, Liang Tong, Surafel Ketema Desta, Miguel Ferreira, Öskan Sengul, Guofei Liu e Vemund Årskog.

Também agradeço ao Norwegian Cost Directorate e à Norwegian Association for Harbor Engineers pelo apoio à pesquisa e, particularmente, a Tore Lundestad e Roar Johansen por seu grande interesse e entusiasmo em testar o novo conhecimento em novas e importantes infraestruturas em portos noruegueses. Como resultado dessa colaboração, recomendações e diretrizes para novas e duráveis infraestruturas marinhas de concreto foram desenvolvidas e adotadas pela Norwegian Association for Harbor Engineers em 2004. As lições extraídas das aplicações práticas dessas recomendações e diretrizes foram incorporadas a edições subsequentes revisadas, a terceira e última das quais, de 2009, foi também adotada pelo capítulo norueguês dos Permanent International Association of Navigation Congresses (Pianc), que é a associação mundial para infraestrutura de transporte por água. Essas recomendações e diretrizes são basicamente as mesmas descritas neste livro, e o *software* Duracon, que provê a base para a análise de durabilidade, também é o mesmo. Esse *software* pode ser baixado gratuitamente no site do capítulo norueguês da Pianc (http://www.pianc.no/duracon.php).

Esta segunda edição revisada do livro inclui mais resultados e experiência adquirida com aplicações práticas, em Oslo, dos procedimentos para projeto de durabilidade e controle de qualidade do concreto em recentes projetos comerciais da Oslo Harbor KF e da Nye Tjuvholmen KS. Agradeço muito a oportunidade de publicar esses resultados.

Também foram incluídos alguns resultados preliminares do Programa Infraestrutura Submersa e Cidade do Futuro Submersa *(Underwater Infrastructure and Underwater City of the Future)*, da National Research Foundation (NRF) de Singapura, ali implementado pela Universidade Tecnológica de Nanyang, à qual agradeço. Nesse programa, muito mais abrangente, os procedimentos para projeto de durabilidade e controle de qualidade do concreto também foram adotados como parte da base técnica para o futuro desenvolvimento da cidade de Singapura com grande número de estruturas de concreto sob o mar.

Odd E. Gjørv
Trondheim, Noruega

apresentação à edição brasileira

TRATA-SE DE UM LIVRO EXCEPCIONAL que descreve a complexa questão da durabilidade das estruturas de concreto conectando com maestria a pesquisa com a prática, a teoria com o projeto e o rigor de execução, fornecendo dados e ferramentas, com exemplos reais, que viabilizam o complicado cálculo da vida útil de estruturas de concreto em ambientes agressivos.

Uma das maiores dificuldades atuais da Engenharia de Estruturas é conseguir, com certa confiança, introduzir a durabilidade no projeto estrutural. Falta um banco de dados seguro, faltam ensaios coerentes, sejam eles acelerados ou de longa exposição, falta informação consistente de campo, obtida de obras existentes, faltam exemplos didáticos.

No caso de estruturas a serem construídas em ambientes de severa agressividade, nos quais a durabilidade ainda se torna mais crítica e decisiva para o sucesso do empreendimento, a carência desses dados é ainda maior. Este livro vem contribuir sobremaneira para suprir essa falta de conhecimento fornecendo interessantes e confiáveis dados passíveis de serem aproveitados no projeto de estruturas longevas de concreto armado e protendido.

A consciência da importância de se considerar a vida útil da estrutura no projeto estrutural é relativamente recente. Pode-se dizer que essa consciência foi introduzida na Europa e nos Estados Unidos na década de 1990 e no Brasil com a publicação da ABNT NBR 6118:2003 e, mais modernamente, da ABNT NBR 15575:2013, que considera a durabilidade como um dos indiscutíveis critérios de desempenho das construções civis.

No contexto internacional, do ponto de vista conceitual, além do advento das normas de ciclo de vida e de como avaliar esse ciclo, foi fundamental a publicação do *fib Model Code for Service Life Design* em 2006 e do ACI 365. Apesar de terem fornecido ao meio técnico conceitos, ferramentas e modelos de previsão, a carência de dados práticos e confiáveis a serem utilizados nos cálculos continuou.

Segundo a norma ISO 16204:2012, *Durability: service life design of concrete structures*, há quatro alternativas para prever a vida útil de projeto: o método probabilista integral; o método dos fatores parciais (valores característicos); o método prescritivo (a/c, cobrimento, f_{ck}, adotado na ABNT NBR 6118); e o método baseado na proteção extra da estrutura (no texto da ABNT NBR 6118, também há recomendações de medidas especiais).

É nesta questão que entra a oportuna e inestimável contribuição de Odd E. Gjørv, pois ele conseguiu repassar para este livro grande parte de sua enorme e longa experiência em observação, estudo, inspeção e diagnóstico de estruturas de concreto em alto-mar (*offshore*) e estruturas costeiras expostas a ambientes marinhos. A agressividade dos cloretos às armaduras do concreto armado e protendido pode ser considerada como a maior agressividade que a natureza pode impingir aos sistemas estruturais em concreto.

Anos de parceria com a Norwegian Association for Harbor Engineers e a Universidade Tecnológica de Nanyang, em Singapura, num interessante programa de construção de cidades dentro do mar, somados à experiência vitoriosa de pesquisador e professor de engenharia na Universidade Norueguesa de Ciência e Tecnologia (NTNU) conferem autoridade ímpar a este autor para tratar com profundidade o tema da durabilidade de estruturas em ambientes de severa agressividade.

Cabe ressaltar os vários exemplos de aplicação do *software* Duracon (em conformidade com o *fib Model Code*) para prever vida útil com base no método probabilista integral. Nesse método, é considerado como término da vida útil de projeto o instante em que, probabilisticamente, 10% da armadura da área exposta e sujeita à ação de cloretos fica despassivada.

Assim, o resultado não poderia ser outro, este livro constitui uma obra de consulta obrigatória da engenharia de concreto no país, permitindo que projetistas estruturais obtenham conceitos e dados práticos para a tomada de decisões no âmbito da introdução da durabilidade no projeto das estruturas de concreto.

Vai ainda mais além: contribui para a pesquisa na medida em que mostra exemplos em andamento na Noruega e em Singapura, os quais estão servindo de base para expressivos projetos comerciais futuros. Também aborda de forma clara a importância da qualidade e do rigor da execução de obras e suas consequências na vida útil, sendo de leitura altamente recomendável a estudantes, pesquisadores, consultores, construtores, tecnologistas, laboratoristas e gerenciadores de obras de concreto.

Prof. Paulo Helene
São Paulo, julho de 2015

prefácio

AS ESTRUTURAS DE CONCRETO EM AMBIENTES DE SEVERA AGRESSIVIDADE incluem uma variedade de estruturas em diversos tipos de ambiente. Embora muitos processos de deterioração, como as reações álcali-agregado, gelo e degelo e ataques químicos, ainda representem graves desafios e problemas para muitas estruturas importantes de concreto, o rápido desenvolvimento da tecnologia de concreto nos últimos anos facilitou o controle desses processos. Além disso, para novas estruturas de concreto em ambientes de severa agressividade, o concreto aplicado é normalmente tão denso que a carbonatação do concreto não representa nenhum problema prático. Para estruturas de concreto em ambientes que contêm cloreto, porém, a penetração desse ânion e a prematura corrosão das armaduras ainda parecem ser um desafio muito difícil e grave para a durabilidade e o desempenho de muitas infraestruturas de concreto importantes. Nos últimos anos, também tem havido um aumento significativo do uso de sal de degelo, assim como um rápido desenvolvimento de estruturas de concreto em ambientes marinhos.

Para obter um controle maior e melhor da penetração do cloreto e da corrosão das armaduras, os procedimentos aperfeiçoados e as especificações para combinações apropriadas de qualidade do concreto e cobrimento do concreto são muito importantes. Uma vez terminada e entregue uma nova estrutura de concreto, a qualidade efetivamente alcançada, em geral, pode se apresentar irregular e variável. Cabe ressaltar que, em ambientes de severa agressividade, quaisquer fraquezas e deficiências serão logo reveladas, independentemente da qualidade das especificações de durabilidade e dos materiais utilizados. Portanto, procedimentos aperfeiçoados para controle de qualidade e garantia de qualidade durante a execução da estrutura de concreto também são muito importantes.

Até certo ponto, uma abordagem probabilística do projeto de durabilidade pode acomodar a alta variabilidade e irregularidade das obras. No entanto, apenas a abordagem numérica não é suficiente para garantir a durabilidade. Para obter uma durabilidade com maior controle e perfeição também é essencial especificar os requisitos prescritivos de durabilidade baseados em desempenho, de forma a serem verificados e controlados num programa efetivo de garantia de qualidade durante a execução da estrutura. A documentação da garantia de qualidade obtida e a conformidade com a durabilidade especificada devem ser a chave para qualquer abordagem racional da durabilidade maior e mais controlada e da vida útil de estruturas de concreto em ambientes de severa agressividade. Procedimentos adequados para inspeção e avaliação da estrutura e para a manutenção preventiva também são essenciais. Eles são fundamentais para prover o referencial-limite de durabilidade e vida útil a ser controlado nas estruturas de concreto.

Nos últimos anos, um número crescente de proprietários de estruturas de concreto percebeu que pequenos custos adicionais no projeto e execução demonstraram ser um excelente investimento na obtenção de uma durabilidade maior e mais controlada, com resultado superior ao que é possível alcançar com base estrita nas atuais normas e na prática usual das construções em concreto. A durabilidade maior e mais controlada não é apenas uma questão técnica e econômica, mas também uma questão ambiental e de sustentabilidade, que se torna cada vez mais importante. Embora este livro trate do aumento e maior controle da durabilidade de um ponto de vista técnico, uma breve introdução aos custos e à avaliação do ciclo de vida também foi incluída.

sumário

1   Revisão histórica..13
         Referências bibliográficas 22

2   Experiência de campo 25
      2.1   Estruturas portuárias 26
      2.2   Pontes 44
      2.3   Estruturas em alto-mar 51
      2.4   Outras estruturas 60
      2.5   Durabilidade 60
         Referências bibliográficas 64

3   Corrosão das armaduras 70
      3.1   Penetração do cloreto.. 71
      3.2   Passividade das armaduras 83
      3.3   Taxa de corrosão 85
      3.4   Fissuras 88
      3.5   Par galvânico entre aço exposto e embutido 91
      3.6   Projeto estrutural 91
         Referências bibliográficas 92

4   Análise de durabilidade 96
      4.1   Cálculo da penetração do cloreto... 98
      4.2   Cálculo da probabilidade 99
      4.3   Cálculo da probabilidade de corrosão 101
      4.4   Parâmetros de entrada 102
      4.5   Estudos de caso 113
         Referências bibliográficas 122

5   Estratégias adicionais e medidas de proteção...................................127
      5.1   Armaduras de aço inoxidável 128
      5.2   Outras medidas de proteção 132
         Referências bibliográficas 142

6   Controle e garantia da qualidade do concreto 147
      6.1   Difusividade do cloreto.. 149

	6.2	Resistividade elétrica	152
	6.3	Cobrimento de concreto	155
	6.4	Continuidade elétrica	157
		Referências bibliográficas	158

7	QUALIDADE ESPECIFICADA DA EXECUÇÃO	**160**
	7.1 Conformidade com a durabilidade especificada	161
	7.2 Qualidade *in situ*	161
	7.3 Qualidade potencial	162

8	INSPEÇÃO, AVALIAÇÃO, MANUTENÇÃO PREVENTIVA E REPAROS	**163**
	8.1 Controle da penetração do cloreto	164
	8.2 Probabilidade de corrosão	167
	8.3 Medidas de proteção	168
	8.4 Reparos	169
	8.5 Estudo de caso	169
	Referências bibliográficas	173

9	APLICAÇÕES PRÁTICAS	**175**
	9.1 Terminal de contêineres 1, Oslo (2002)	176
	9.2 Terminal de contêineres 2, Oslo (2007)	179
	9.3 Desenvolvimento urbano, Oslo (2010)	184
	9.4 Avaliação e discussão dos resultados obtidos	196
	9.5 Observações finais	199
	Referências bibliográficas	200

10	CUSTOS DO CICLO DE VIDA	**202**
	10.1 Estudo de caso	203
	Referências bibliográficas	207

11	AVALIAÇÃO DO CICLO DE VIDA	**208**
	11.1 Diretrizes para a avaliação do ciclo de vida	210
	11.2 Estudo de caso	213
	Referências bibliográficas	216

12	NORMAS E PRÁTICA	**218**
	12.1 Normas e práticas recomendadas	219
	12.2 Requisitos gerais de durabilidade	227
	Referências bibliográficas	229

ÍNDICE REMISSIVO **232**

SOBRE O AUTOR **239**

um
Revisão Histórica

QUANDO SMEATON CONSTRUIU o famoso farol do rochedo de Eddystone no canal da Mancha, entre 1756-1759 (Smeaton, 1791), foi a primeira vez que foi utilizado um tipo de cimento especialmente desenvolvido para um ambiente marinho severo (Lea, 1970). Quando a estrutura foi demolida, em 1877, devido a uma grave erosão da rocha subjacente, ela havia subsistido por mais de cem anos. Desde que Smeaton registrou sua experiência na construção do farol (Fig. 1.1), toda a literatura publicada sobre concreto em ambientes marinhos compôs um fascinante e abrangente capítulo na longa história da tecnologia do concreto. Durante os últimos 150 anos, muitos profissionais, comitês e autoridades nacionais engajaram-se na questão. Inúmeros artigos foram apresentados em conferências internacionais, como as da American Society for Testing and Materials (ASTM International) em Copenhague (1909), Nova York (1912) e Amsterdã (1927); os congressos da Permanent International Association of Navigation Congresses (Pianc) em Londres (1923), Cairo (1926), Veneza (1931) e Lisboa (1949); as conferências da International Union of Testing and Research Laboratories for Materials and Structures (Rilem) em Praga, em 1961 e 1969; as da Rilem-Pianc em Palermo, em 1965; e a da Fédération Internationale de la Précontrainte (FIP) em Tbilisi, em 1972. Atwood e Johnson (1924) elaboraram uma lista de cerca de três mil referências e, mesmo assim, a durabilidade e as estruturas de concreto em ambientes marinhos continuam a ser objeto de pesquisa, discussão e conferências internacionais (Malhotra, 1980, 1988, 1996; Mehta, 1989, 1996; Sakai; Banthia; Gjørv, 1995; Gjørv; Sakai; Banthia, 1998; Banthia; Sakai; Gjørv, 2001; Oh et al., 2004; Toutlemonde et al., 2007; Castro-Borges et al., 2010; Li et al., 2013).

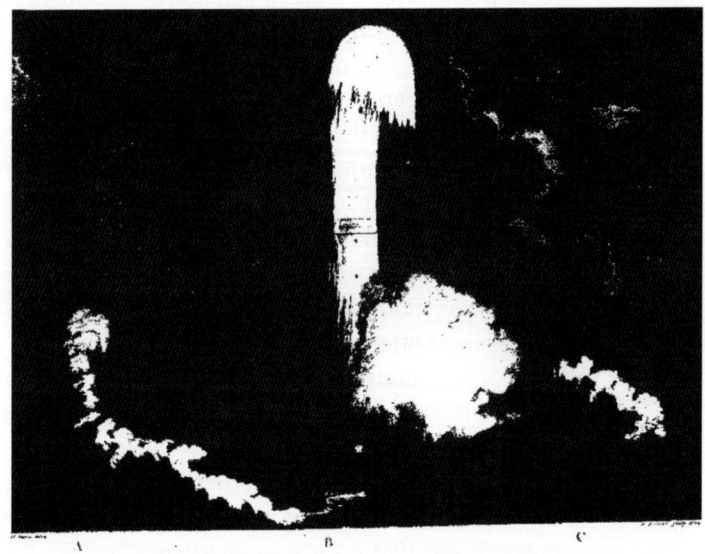

FIG. 1.1 *Capa do relatório sobre a construção do farol de Eddystone, escrito por John Smeaton em 1791*
Fonte: cortesia do Museu Britânico.

Em toda essa literatura, os vários processos de deterioração que podem afetar a durabilidade e o desempenho de estruturas de concreto em ambientes de severa agressividade têm sido extensamente relatados e discutidos. Embora certos processos de deterioração, como as reações álcali-agregado, gelo e degelo, assim como ataques químicos, ainda representem um grave desafio e uma ameaça potencial a muitas estruturas de concreto, o que parece ser a maior e mais grave ameaça à durabilidade e ao desempenho de muitas estruturas de concreto importantes é a corrosão das armaduras induzida por cloreto, não mais a desintegração do próprio concreto. Já em 1917 o problema da corrosão das armaduras foi apontado por Wig e Ferguson (1917), depois de um abrangente levantamento das estruturas de concreto em águas dos Estados Unidos.

Além das estruturas convencionais, como pontes e portos, o concreto armado e o protendido já vêm sendo utilizados há bastante tempo em um grande número de importantes estruturas oceânicas e embarcações. Os oceanos ocupam 70% da superfície total do planeta; a parte habitável do que resta é bem menor e está se tornando cada vez mais populada. Como há necessidade crescente de espaço, matérias-primas e transporte, cada vez mais as atividades serão transferidas para águas oceânicas e ambientes marinhos.

Já no início dos anos 1970, o American Concrete Institute (ACI) elaborou uma previsão tecnológica sobre o futuro uso do concreto e destacou o rápido desenvolvimento das plataformas continentais (ACI, 1972). Esse relatório discute não apenas estruturas relacionadas à exploração de petróleo e gás, mas também estruturas que aliviariam o congestionamento terrestre.

No simpósio FIP sobre estruturas marinhas de concreto, em Tbilisi, em 1972 (Gosstroy, 1972), discutiu-se uma grande variedade de estruturas de concreto que viriam a ter um papel crescente em atividades realizadas em ambientes marinhos e oceânicos. Tais estruturas seriam de diferentes tipos e categorias:

* estruturas de flutuação livre, não ancoradas, como navios, balsas e contêineres;
* estruturas ancoradas flutuando ao nível da superfície da água, como pontes, docas secas, plataformas de operação, ancoradouros, instalações nucleares, aeroportos e cidades;
* estruturas ancoradas, também chamadas de estruturas com flutuabilidade positiva, flutuando abaixo da superfície da água, como túneis;
* estruturas suportadas por baixo, também chamadas de estruturas com flutuabilidade negativa, repousando acima do nível do leito do mar, como túneis e unidades de armazenamento;
* estruturas suportadas por baixo (flutuabilidade negativa) repousando no nível do leito do mar ou abaixo dele, como pontes, estruturas portuárias, túneis, unidades de armazenamento, ensecadeiras, plataformas de operação, assim como usinas maremotrizes ou nucleares.

A previsão do texto do ACI mostrou o grande potencial para utilização do concreto como material de construção para aplicações marinhas e oceânicas em geral e, em particular, para exploração de petróleo e gás em alto-mar. Na Noruega, onde ocorreu a maior parte das construções de concreto em alto-mar até agora, há uma longa tradição de utilização de concreto em ambientes marinhos. Já no início do século XX, os engenheiros noruegueses Gundersen e Hoff desenvolveram e obtiveram uma patente para o método tremonha para colocar concreto sob a água durante a construção do túnel do rio Detroit entre os Estados Unidos e o Canadá (Gjørv, 1968). A partir de 1910, quando Gundersen voltou para a Noruega e se tornou diretor da nova empreiteira AS Høyer-Ellefsen, seu novo método de colocação de concreto sob a água tornou-se a base para a construção de uma nova geração de portos e estruturas portuárias ao longo de toda a costa rochosa da Noruega (Gjørv, 1968, 1970). Essas estruturas consistem tipicamente em um deque de concreto armado que se estende sobre estacas esbeltas de concreto armado cravadas sob a água. Embora essas estacas tenham sido gradualmente substituídas por tubos de aço cheios de concreto, esse tipo de estrutura aberta ainda é o mais comum em construções ao longo da costa norueguesa (Fig. 1.2).

FIG. 1.2 *Estruturas abertas de concreto ainda são o tipo mais comum de estrutura portuária em construções ao longo da costa norueguesa*

Devido à sua costa muito longa e irregular, com muitos fiordes e inúmeras ilhas habitadas, a Noruega tem uma longa tradição de uso do concreto como material de construção em ambientes marinhos (Fig. 1.3). Por muitos anos, foi utilizado principalmente em estruturas portuárias. Aos poucos, no entanto, o concreto começou a ter um papel crescente como material de construção para outras aplicações, como a superação de estreitos (Klinge, 1986; Krokeborg, 1990, 1994, 2001). Além das pontes convencionais (Fig. 1.4), surgiram novos conceitos para cruzar estreitos, como as pontes flutuantes (Meaas; Landet; Vindøy, 1994; Hasselø, 2001) (Figs. 1.5 e 1.6). Até túneis de concreto submersos foram objeto de estudos e planejamento detalhados; um dos muitos tipos de projeto aparece na Fig. 1.7 (Remseth, 1997; Remseth et al., 1999).

É bem conhecido o rápido desenvolvimento que ocorreu mais tarde para a utilização de concreto em instalações de alto-mar no mar do Norte (Figs. 1.8 e 1.9). Portanto, desde 1973, foram instaladas 34 grandes estruturas, contendo mais de 2,6 milhões de

1 REVISÃO HISTÓRICA | 17

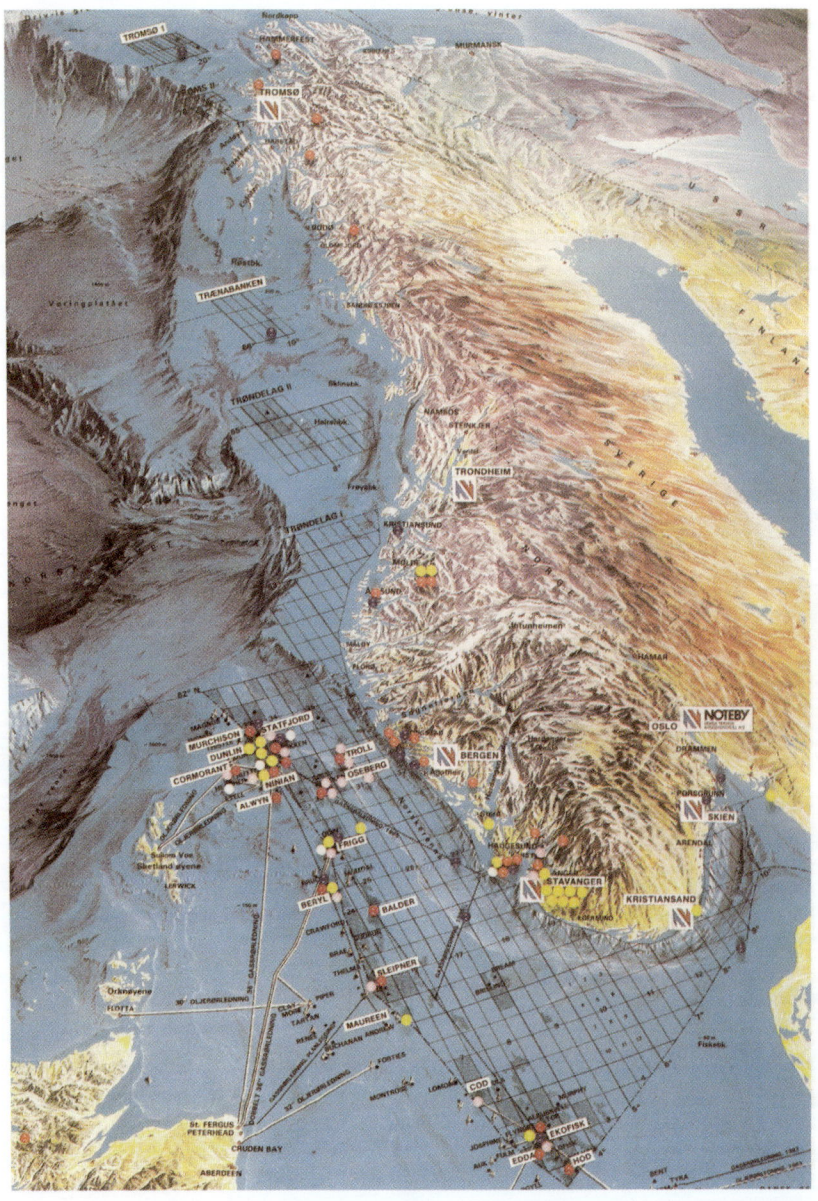

FIG. 1.3 Ao longo da costa norueguesa, com seus muitos fiordes profundos e numerosas ilhas grandes e pequenas, há um grande número de estruturas de concreto, tanto costeiras como em alto-mar
Fonte: cortesia de Noteby AS.

metros cúbicos de concreto de alto desempenho, a maior parte produzida na Noruega (Fig. 1.10). Também em outras partes do mundo várias estruturas de concreto em alto-mar foram produzidas nos últimos anos, e até agora já foi instalado um total de 50 tipos de estruturas dessa categoria (Moksnes, 2007).

Para as primeiras plataformas de concreto em alto-mar, no início dos anos 1970, não era tão fácil produzir concreto com estes requisitos combinados: uma relação água/cimento muito baixa; elevada resistência à compressão e grande volume de ar incorporado para garantir a resistência apropriada ao gelo. No entanto, com extensos programas de pesquisa, a qualidade do concreto e a resistência especificada do projeto foram crescendo de um projeto para outro (Gjørv, 2008). Portanto, do tanque Ekofisk, instalado em 1973, à plataforma Troll A, instalada em 1995, a resistência à compressão do concreto no projeto cresceu com sucesso de 45 MPa para 80 MPa. Além disso, também aumentou a profundidade das várias instalações. Portanto,

Fig. 1.4 A ponte Tromsø (1960) é uma ponte suspensa com 1.016 m de comprimento
Fonte: cortesia de Johan Brun.

Fig. 1.5 A ponte Bergsøysund (1992) é uma ponte flutuante de 914 m de comprimento
Fonte: cortesia de Johan Brun.

Fig. 1.6 A ponte Nordhordlands (1994) é uma ponte que combina flutuação e cabos e possui 1.610 m de comprimento
Fonte: cortesia de Johan Brun.

em 1995, a plataforma Troll A foi instalada a uma profundidade de mais de 300 m. Da borda da fundação até o topo da estrutura, a altura total é de 472 m, mais alto do que o Empire State Building, de Nova York; a vista artística da Fig. 1.11 demonstra o tamanho da estrutura. Depois de sua produção em um dos fiordes mais profundos da Noruega (Fig. 1.12), a plataforma Troll A, contendo 245.000 m³ de concreto de alta resistência, 100 mil toneladas de armaduras e 11 mil toneladas de armadura protendida, foi rebocada até seu destino final em alto-mar. Essa operação foi a maior movimentação já realizada de uma estrutura criada pelo homem (Fig. 1.13). Em 1995, a plataforma Heidrun também foi instalada em águas profundas, à profundidade de 350 m, mas essa estrutura era uma plataforma flutuante ancorada por cabos, composta de concreto leve com uma resistência de projeto de 65 MPa. Para o projeto, o detalhamento e a construção de todas essas estruturas de concreto em alto-mar foi dada grande atenção e importância à segurança, durabilidade e manutenção.

FIG. 1.7 *Um dos vários projetos considerados para cruzar estreitos por meio de túneis submersos*
Fonte: cortesia da Norwegian Public Roads Administration.

FIG. 1.8 *A primeira plataforma de concreto em alto-mar, o tanque Ekofish, saindo de Stavanger, em 1973*
Fonte: cortesia de Norwegian Contractors.

FIG. 1.9 A plataforma Gullfaks C (1989) durante a construção em Stavanger
Fonte: cortesia de Norwegian Contractors.

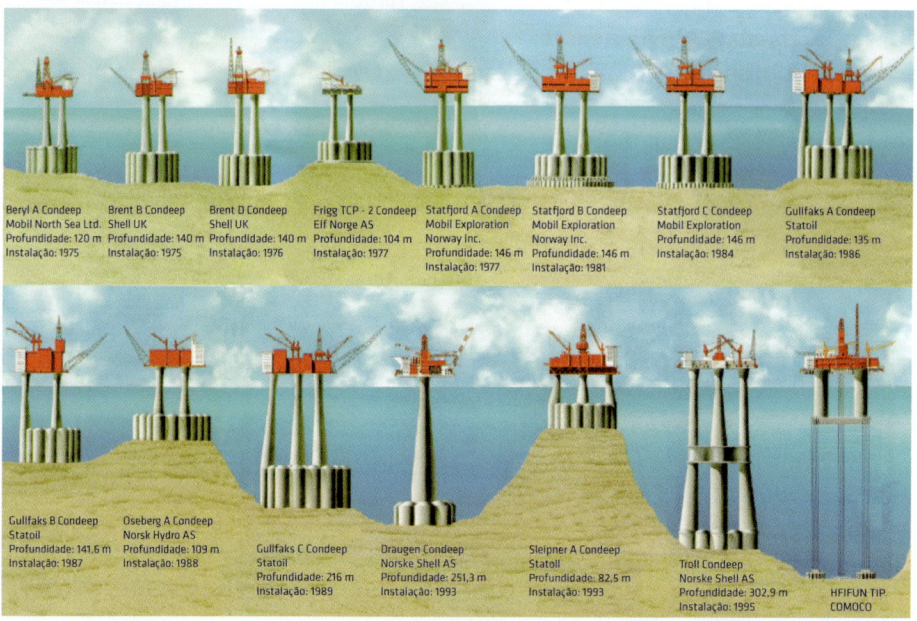

FIG. 1.10 Desenvolvimento de estruturas de concreto em alto-mar no mar do Norte
(N. do E.: Condeep é a abreviação em inglês de estrutura de concreto em alto-mar)
Fonte: adaptado de Aker Solutions.

FIG. 1.11 Vista artística da plataforma Troll A (1995) demonstrando que a Prefeitura de Oslo torna-se bem pequena em comparação
Fonte: cortesia de Per Helge Pedersen.

FIG. 1.12 Depois da produção em um dos profundos fiordes noruegueses, a plataforma Troll A estava pronta para ser rebocada ao mar do Norte em 1995
Fonte: cortesia de Jan Moksnes.

FIG. 1.13 A plataforma Troll A (1995) a caminho de seu destino final no mar do Norte
Fonte: cortesia de Aker Solutions.

Desde o início dos anos 1970, houve um rápido desenvolvimento do concreto de alta resistência tanto para novas estruturas em alto-mar como para vários outros tipos de estruturas (Gjørv, 2008). Como a alta resistência e a baixa porosidade também melhoram o desempenho geral do material, o termo *concreto de alto desempenho* foi introduzido com sucesso e especificado para durabilidade do concreto, em vez de resistência do concreto. À medida que se ganhou experiência com esse tipo de concreto, porém, revelou-se que a especificação do concreto de alto desempenho não era necessariamente suficiente para garantir alta durabilidade e vida útil das estruturas de concreto em ambientes de severa agressividade. Nos últimos anos, portanto, ocorreu um novo e rápido desenvolvimento de procedimentos mais avançados para projeto de durabilidade. Como consequência, agora é possível produzir novas estruturas de concreto com durabilidade e vida útil aperfeiçoadas e mais controladas. Assim, para as partes mais expostas da ponte Rion-Antirion, que foi construída no sul da Grécia em 2001 (Fig. 1.14), utilizou-se concreto com resistência extremamente alta à penetração do cloreto, estabelecendo uma segurança muito alta contra a corrosão do aço. Esse tipo de concreto, baseado em cimento de alto teor de escória de alto-forno, tinha, aos 28 dias, uma difusividade do cloreto de $0{,}8 - 1{,}2 \times 10^{-12}$ m^2/s, de acordo com o método da rápida migração do cloreto (método RCM) (Nordtest, 1999), chegando a $4{,}0 - 5{,}5 \times 10^{-13}$ m^2/s após um ano na obra (Kynopraxia Gefyra, 2001).

Antes de delinear e discutir a atual experiência com projeto de durabilidade de novas estruturas de concreto, pode ser útil examinar brevemente e revisar o desempenho em campo das estruturas de concreto existentes em ambientes severos.

FIG. 1.14 *Ponte Rion-Antirion (2001), à qual foi aplicado um concreto com resistência extremamente alta à penetração do cloreto*
Fonte: cortesia de Gefyra S.A.

Referências bibliográficas

ACI. (1972). Concrete – Year 2000. *Proceedings ACI Journal*, 68, 581–589.

Atwood, W. G., and Johnson, A. A. (1924). The Disintegration of Cement in Seawater. *Transactions ASCE*, 87, 204–230.

Banthia, N., Sakai, K., and Gjørv, O. E. (eds.). (2001). *Proceedings, Third International Conference on Concrete under Severe Conditions – Environment and Loading.* University of British Columbia, Vancouver.

Castro-Borges, P., Moreno, E. I., Sakai, K., Gjørv, O. E., and Banthia, N. (eds.). (2010). *Proceedings, Sixth International Conference on Concrete under Severe Conditions – Environment and Loading*, vols. 1 and 2. CRC Press, London.

Gjørv, O. E. (1968). *Durability of Reinforced Concrete Wharves in Norwegian Harbours.* Ingeniørforlaget, Oslo.

Gjørv, O. E. (1970). Thin Underwater Concrete Structures. *Journal of the Construction Division,* ASCE, 96, 9–17.

Gjørv, O. E. (2008). High Strength Concrete, in Developments in the Formulation and Reinforcement of Concrete, ed. S. Mindess. *Woodhead Publishing,* pp. 79–97.

Gjørv, O. E., Sakai, K., and Banthia, N. (eds.). (1998). *Proceedings, Second International Conference on Concrete under Severe Conditions – Environment and Loading.* E & FN Spon, London.

Gosstroy - State Committee for Construction. (1972). *Proceedings, FIP Symposium on Concrete Sea Structures.* Moscow.

Hasselø, J. A. (2001). Experiences with Floating Bridges. *Proceedings, Fourth International Symposium on Strait Crossings,* ed. J. Krokeborg. A. A. Balkema Publ., Rotterdam, pp. 333–337.

Kinopraxia Gefyra. (2001). *Personal communication.*

Klinge, R. (ed.). (1986). *Proceedings, First Symposium on Strait Crossings.* Tapir, Trondheim.

Krokeborg, J. (ed.). (1990). *Proceedings, Second Symposium on Strait Crossings.* A.A. Balkema, Rotterdam.

Krokeborg, J. (ed.). (1994). *Proceedings, Third Symposium on Strait Crossings.* A.A. Balkema, Rotterdam.

Krokeborg, J. (ed.). (2001). *Proceedings, Fourth Symposium on Strait Crossings.* A.A. Balkema, Rotterdam.

Lea, F. M. (1970). *The Chemistry of Cement and Concrete.* Edward Arnold, London.

Li, Z. J., Sun, W., Miao, C. W., Sakai, K., Gjørv, O. E., and Banthia, N. (eds.). (2013). *Proceedings, Seventh International Conference on Concrete under Severe Conditions – Environment and Loading.* RILEM, Bagneux.

Malhotra, V. M. (ed.). (1980). *Proceedings, First International Conference on Performance of Concrete in Marine Environment,* ACI SP-65.

Malhotra, V. M. (ed.). (1988). *Proceedings, Second International Conference on Performance on Concrete in Marine Environment,* ACI SP-109.

Malhotra, V. M. (ed.). (1996). *Proceedings, Third International Conference on Performance on Concrete in Marine Environment,* ACI SP-163.

Meaas, P., Landet, E., and Vindøy, V. (1994). Design of Sahlhus Floating Bridge (Nordhordlands Bridge). In *Proceedings, Third International Symposium on Strait Crossings,* ed. J. Krokeborg. A. A. Balkema Publishing, Rotterdam, pp. 729–734.

Mehta, P. K. (ed.). (1989). *Proceedings, Ben C. Gerwick Symposium on International Experience with Durability of Concrete in Marine Environment.* Department of Civil Engineering, University of California at Berkeley, Berkeley.

Mehta, P. K. (ed.). (1996). *Proceedings, Odd E. Gjørv Symposium on Concrete for Marine Structures.* CANMET/ACI, Ottawa.

Moksnes, J. (2007). *Personal communication.*

Nordtest. (1999). *NT Build 492: Concrete, Mortar and Cement Based Repair Materials, Chloride Migration Coefficient from Non-Steady State Migration Experiments.* NORDTEST, Espoo.

Oh, B. H., Sakai, K., Gjørv, O. E., and Banthia, N. (eds.). (2004). *Proceedings, Fourth International Conference on Concrete Under Severe Conditions – Environment and Loading.* Seoul National University and Korea Concrete Institute, Seoul.

Remseth, S. (1997). *Proceedings, Analysis and Design of Submerged Floating Tunnels*. Tenth Nordic Seminar on Computional Mechanics, Estonia.

Remseth, S., Leira, B. J., Okstad, K. M., Mathisen, K. M., and Haukås, T. (1999). Dynamic Response and Fluid/Structure Interaction of Submerged Floating Tunnels. *Computers and Structures*, 72, 659–685.

Sakai, K., Banthia, N., and Gjørv, O. E. (eds.). (1995). *Proceedings, First International Conference on Concrete under Severe Conditions – Environment and Loading*. E & FN Spon, London.

Smeaton, J. (1791). *A Narrative of the Building and a Description of the Construction of the Edystone Lighthouse*. H. Hughs, London.

Toutlemonde, F., Sakai, K., Gjørv, O. E., and Banthia, N. (eds.). (2007). *Proceedings, Fifth International Conference on Concrete under Severe Conditions – Environment and Loading*. Laboratoire Central des Ponts et Chauseés, Paris.

Wig, R. J., and Ferguson, L. R. (1917). What Is the Trouble with Concrete in Sea Water? *Engineering News Record*, 79, pp. 532, 641, 689, 737, 794.

dois
Experiência de campo

COMO EXPOSTO NO CAP. 1, em muitos países foram realizadas extensas pesquisas experimentais de campo em um grande número de estruturas de concreto. Na maioria dos casos, foi principalmente a corrosão das armaduras que criou os problemas mais graves de durabilidade e desempenho. Nos últimos anos, o uso crescente de sal (cloreto) para degelo criou problemas especiais para muitas pontes de concreto (U.S. Accounting Office, 1979). Já em 1986 foi estimado que o custo de corrigir pontes de concreto com corrosão nos Estados Unidos era de US$ 24 bilhões, com crescimento anual de US$ 500 milhões (Transportation Research Board, 1986). Mais tarde, os custos anuais de reparação e substituição de pontes estadunidenses foram estimados em cerca de US$ 8,3 bilhões por Yunovich et al. (2001) e em até US$ 9,4 bilhões nos próximos 20 anos pela American Society of Civil Engineers (Darwin, 2007). Em 1998, estimaram-se em US$ 5 bilhões os custos anuais de estruturas de concreto na Europa Ocidental (Knudsen et al., 1998) e muitas outras despesas semelhantes, devidas a problemas de durabilidade, também foram registradas em vários outros países.

Para todas as estruturas de concreto expostas a ambientes marinhos, as condições ambientais podem ser ainda mais severas (Gjørv, 1975). Assim, ao longo da costa norueguesa, há mais de dez mil estruturas portuárias, a maioria delas em concreto; e quase todas sofreram corrosão do aço dentro de um período de dez anos após a construção (Gjørv, 1968, 1994, 1996, 2002, 2006). Além disso, há mais de 300 grandes pontes de concreto construídas de 1970 para cá (Fig. 2.1) e mais de metade delas sofreu corrosão do aço dentro de um período de 25 anos após a construção (Østmoen et al., 1993). No mar do Norte, várias estruturas de concreto em alto-mar também sofreram alguma corrosão do aço, embora essas estruturas, de maneira geral, tenham exibido uma durabilidade muito melhor.

Fig. 2.1 *A ponte Sortland (1975) é uma ponte com 948 m de comprimento, no norte da Noruega*
Fonte: cortesia de Johan Brun.

Internacionalmente, a deterioração de grandes infraestruturas de concreto emergiu como um dos desafios mais graves e mais exigentes da indústria da construção (Horrigmoe, 2000). Embora a corrosão de armaduras represente o tipo dominante de deterioração, há outros processos que também constituem um desafio e um grande problema para a durabilidade das estruturas de concreto em muitos países, como a reação álcali-agregado e a ação deletéria do congelamento (gelo) e descongelamento (degelo). Para descrever detalhadamente o desempenho em campo de estruturas de concreto em ambientes severos, discutem-se brevemente, a seguir, algumas experiências atuais, com base em pesquisa de campo em estruturas de concreto, principalmente em águas norueguesas.

2.1 Estruturas portuárias

Logo no início dos anos 1960, uma abrangente cooperação em pesquisa foi estabelecida para investigar o desempenho em campo e a vida útil de estruturas de concreto em estruturas presentes no mar do Norte. Na Noruega, esse trabalho foi organizado por um comitê técnico estabelecido pela Norwegian Concrete Association, e, de 1962 a 1968, realizaram-se extensas pesquisas de campo de um total de 219 estruturas portuárias de concreto ao longo da costa norueguesa (Gjørv, 1968; NTNU, 2005). A maioria dessas estruturas eram do tipo aberto, com um deque ou tabuleiro de concreto armado sobre estacas concretadas com sistema tipo tremonha (Figs. 2.2 e 2.3). As estruturas inspecionadas tinham idades variadas de até 60 anos e incluíam mais de 190.000 m² de deques ou tabuleiros de concreto apoiados sobre mais de 5.000 estacas moldadas no local via tremonha, com um comprimento aproximado de 53.000 m². De todas as estruturas de concreto, mais da metade também foi investigada na região submersa, sob a água (Fig. 2.4).

As condições gerais de todas as estruturas portuárias de concreto investigadas eram muito boas. Mesmo depois de uma vida útil de até 60 anos, as estruturas ainda exibiam grande habilidade para resistir aos esforços das pesadas cargas estruturais combinados com as mais severas exposições ao mar (Fig. 2.5). Inclusive, numa das estruturas portuárias industriais investigadas foi observada uma carga de barras de alumínio bruto distribuídas por igual sobre o deque, como se vê na Fig. 2.6; essa carga específica sobre o deque era de aproximadamente seis vezes a carga-limite do projeto original. À parte da severa corrosão em todas as vigas do deque (tabuleiro), não foram observados quaisquer outros sinais de sobrecarga excessiva nesta estrutura portuária de concreto, na época com 50 anos de idade.

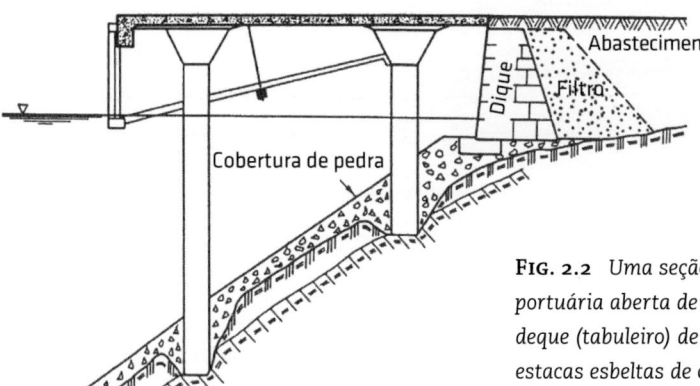

FIG. 2.2   Uma seção típica de estrutura portuária aberta de concreto, com um deque (tabuleiro) de concreto armado sobre estacas esbeltas de concreto armado
Fonte: adaptado de Gjørv (1968).

FIG. 2.3   Uma típica estrutura portuária industrial em concreto
Fonte: Gjørv (1968).

FIG. 2.4   As extensas pesquisas de campo sobre estruturas portuárias de concreto na Noruega nos anos 1960 foram realizadas por H. P. Sundh e O. E. Gjørv

FIG. 2.5   As estruturas portuárias de concreto ao longo da costa norueguesa são expostas a um ambiente marinho muito severo
Fonte: cortesia de B. Skarbøvik.

Fig. 2.6 Uma estrutura portuária industrial (1913), fotografada aos 50 anos de idade, armazenando barras de alumínio que representam uma carga distribuída sobre o deque (tabuleiro) de aproximadamente seis vezes a carga prevista no projeto original
Fonte: Gjørv (1968).

Quanto às partes permanentemente submersas de todas as estruturas investigadas sob a água, não foram observadas tendências específicas para o desenvolvimento de danos nem por deterioração do concreto, nem devido à corrosão das armaduras. Entre as estruturas na zona de variação de marés, só aquelas com 35 a 40 anos de idade apresentaram estacas de concreto com reduções de seção de mais de 20%, devido principalmente às ações expansivas ocasionadas pelo congelamento da água (gelo) e descongelamento (degelo) (Fig. 2.7). Acima da água, só estruturas de 35 a 40 anos de idade tinham as vigas do deque severamente enfraquecidas devido à corrosão do aço; no conjunto, tanto as lajes do deque como as paredes do frontão estavam em bem melhores condições.

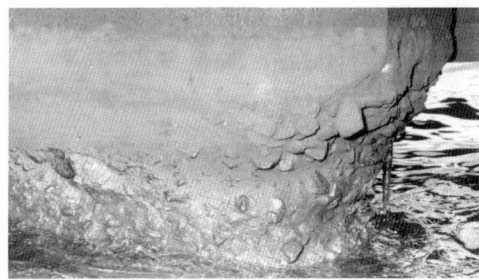

Fig. 2.7 Deterioração na zona de variação de marés, principalmente em virtude da ação do gelo e degelo
Fonte: Gjørv (1968).

Somente 13% de todas as estruturas submersas pesquisadas apresentaram concreto deteriorado em algumas áreas pequenas e confinadas. Nessas áreas localizadas, onde ocorreram problemas com o lançamento de concreto via tremonha, resultando em concreto muito poroso e permeável, ocorreu uma rápida deterioração química do concreto. Nesses casos, a resistência foi totalmente rompida num período relativamente curto de tempo e o concreto deteriorado caracterizava-se tipicamente por até 70% de perda de hidróxido de cal, devido à elevada lixiviação e a um teor de hidróxido de magnésio até dez vezes superior ao teor original (Gjørv, 1970). Note-se que, para todas essas estruturas de concreto, só foram utilizados, inadequadamente, cimentos Portland puros com teor médio de C3A da ordem de 9%, que são conhecidos por sua vulnerabilidade em ambientes tão agressivos.

Extensos ensaios de campo de longo prazo em ambientes marinhos já haviam começado em 1938, na estação experimental do porto de Trondheim. Esses ensaios de campo incluíram mais de 2.500 corpos de prova de concreto, com base em 18 tipos diferentes de cimento comercial. Depois de um período de 25 a 30 anos, os diferentes tipos de cimento exibiam grande variação na resistência contra a ação química da água salgada; quanto menos durável era o tipo de cimento, maior era a porosidade e a permeabilidade do concreto (Gjørv, 1971). A melhor resistência à ação química da água salgada foi observada na escória de cimento granulada de alto-forno, conquanto a menor resistência foi observada nos cimentos Portland, especialmente os que tinham maior teor de C3A. Mesmo os cimentos com baixo teor de C3A foram parcialmente afetados, mas os concretos com adições pozolânicas apresentaram melhora significativa da resistência à ação química deletéria da água salgada.

Embora todas as estruturas portuárias ao longo da costa norueguesa tenham sido construídas com cimento Portland puro de teor médio de C3A, a concretagem de estacas pelo procedimento tipo tremonha foi muito eficaz, resultando em concreto muito bem adensado. Para manter a coesão adequada do concreto fresco durante a concretagem via tremonha, o concreto foi produzido com um teor muito alto de cimento, da ordem de pelo menos 400 kg/m³. Onde não houve diluição do concreto devido ao procedimento de concretagem submersa via tremonha, uma densidade muito boa foi obtida, resultando em durabilidade também muito boa, mesmo depois de períodos de exposição de até 60 anos.

Até na zona de variação de marés, com todo o poder destrutivo da ação de gelo e degelo, a condição geral da concretagem das estacas via tremonha também estava muito boa. Observaram-se condições muito boas até no norte da Noruega, onde há muito gelo e variações de maré de até 2 m a 3 m, mesmo após uma exposição de 30 a 40 anos (Figs. 2.8A,B). Para as estacas em que se observou deterioração, o dano era muito localizado, demonstrando alta irregularidade e variabilidade da qualidade especificada da execução de uma estaca para outra (Fig. 2.9). Para a maioria das estacas de concreto, porém, o concreto estava protegido por formas de madeira que foram deixadas no lugar depois do lançamento, mas que, gradualmente, desapareceram. Devido à densidade muito alta do concreto tremonha, obteve-se uma resistência muito boa a gelo e degelo. Note-se, contudo, que a maioria das estruturas de concreto investigadas foi produzida há muito tempo, antes que qualquer aditivo incorporador de ar estivesse disponível no mercado.

FIG. 2.8 *Estacas de concreto moldadas no local pelo sistema de concretagem submersa com uso de tremonha, em excelente condição depois de (A) 34 anos de ação de gelo e degelo no porto de Narvik (1929) e de (B) 43 anos no porto de Glomfjord (1920)*
Fonte: Gjørv (1968).

Fig. 2.9 Deterioração desigual entre as estacas na zona de variação de marés, em virtude da alta dispersão e variabilidade na qualidade do concreto utilizado
Fonte: Gjørv (1968).

Acima da água, mais de 80% de todas as estruturas de concreto tinham uma extensão variável de danos causados pela corrosão do aço, e as que não exibiam danos tinham sido recentemente reparadas. Os primeiros sinais visíveis de corrosão do aço, na forma de manchas de ferrugem e fissuras, apareciam tipicamente depois de uma vida útil de cinco a dez anos. As partes mais vulneráveis à corrosão foram aquelas mais expostas a ciclos de molhagem e secagem, tipicamente as partes inferiores das vigas (Fig. 2.10) e as partes posteriores dos deques e tabuleiros de concreto, adjacentes ao frontão, onde ocorre a maior parte dos respingos de água marinha (Fig. 2.11). Quando o cobrimento de concreto nas partes inferiores das vigas do deque estava fissurado ou destacado nas primeiras idades, observou-se tipicamente que as barras longitudinais pareciam corroídas de maneira mais uniforme, enquanto a armadura de cisalhamento e os estribos das vigas mostravam uma corrosão mais severa do tipo *pitting* (Fig. 2.12).

Fig. 2.10 As partes inferiores das vigas do deque (tabuleiro) eram tipicamente mais vulneráveis à corrosão do aço do que as lajes entre elas
Fonte: Gjørv (1968).

Para as estruturas mais antigas, a resistência do projeto na superestrutura variava tipicamente de 25 MPa a 30 MPa, mas, gradualmente, a resistência do projeto aumentou para 35 MPa. O cobrimento mínimo de concreto especificado para as vigas e lajes do deque e para as estacas concretadas via tremonha era tipicamente de 25 mm, 40 mm e 70 mm, respectivamente. Para algumas das estruturas de concreto, uma espessura de cobrimento de 100 mm nas estacas também foi especificada.

Antes de 1930, a experiência já tinha demonstrado que as lajes apresentavam um desempenho muito melhor que as vigas nos deques ou tabuleiros de concreto expostos. Acreditava-se que isso era devido ao melhor lançamento e compactação

2 Experiência de campo | 31

Fig. 2.11 As partes detrás do deque de concreto, adjacentes ao dique ou muro de arrimo, são mais vulneráveis à corrosão do aço do que o resto do deque
Fonte: Gjørv (1968).

Fig. 2.12 Quando o cobrimento de concreto nas partes inferiores das vigas do deque apresentava fissuras e destacamento numa fase muito inicial, as barras de aço eram corroídas uniformemente, enquanto os estribos verticais de viga exibiam um *pitting* mais severo e quase sempre estavam completamente corroídos
Fonte: Gjørv (1968).

do concreto fresco nas lajes de deque do que nas vigas e longarinas profundas e estreitas. A consequência prática disso surgiu em 1932, quando foi introduzido, na construção de portos na Noruega, o primeiro deque de concreto do tipo laje plana maciça. A partir de então, construíram-se várias estruturas com o deque desse tipo, que apresentaram um desempenho muito melhor do que o deque com vigas e lajes (Fig. 2.13). Como esse tipo de projeto era quase sempre mais caro, voltou-se gradualmente ao deque do tipo laje e viga. Supôs-se, então, que bastaria fazer as vigas menos profundas e mais largas, tornando, assim, igualmente fácil o lançamento e a compactação do concreto fresco nesses elementos estruturais. Depois de algum tempo, porém, mesmo as vigas de deque menos profundas e mais largas sofreram corrosão precoce, enquanto o deque de concreto do tipo laje plana maciça, sem nenhuma viga, continuava a exibir um desempenho muito melhor.

Fig. 2.13 *Estruturas portuárias com um deque ou tabuleiro de concreto do tipo laje plana maciça exibem um desempenho muito melhor do que estruturas do tipo deque com vigas e lajes*
Fonte: Gjørv (1968).

O que não se sabia nessa época é que estruturas de concreto expostas a um ambiente contendo cloreto desenvolvem, depois de algum tempo, um sistema complexo de atividades de células de corrosão do tipo galvânico ao longo das armaduras. Nesse sistema, as partes mais expostas da estrutura, como as vigas do deque, sempre absorverão e acumularão mais cloretos e, portanto, desenvolverão áreas anódicas, enquanto as partes menos expostas, como as seções de laje entre as vigas, agirão como áreas de captura de oxigênio, portanto, como áreas catódicas. Como resultado, as partes mais expostas do deque ou tabuleiro, como as vigas e traves, seriam sempre mais vulneráveis à corrosão do aço do que o resto do deque de concreto. Pela mesma razão, as partes traseiras do deque, próximas ao dique ou muro de arrimo, sujeitas a mais respingos de água do mar, são mais vulneráveis à corrosão do aço do que o resto do deque de concreto (Fig. 2.11).

Os extensos reparos realizados para corrigir a corrosão do aço nas vigas do deque também mostravam, via de regra, uma vida útil muito curta, de menos de 10 anos na maior parte dos casos. Em geral, o aço corroído nas áreas localizadas com problemas de corrosão foi primeiro limpo e, depois, sofreu reparos localizados com novo concreto, como mostra a Fig. 2.14. Outra coisa que não era conhecida nessa época é que esses reparos localizados sempre estabeleciam mudanças localizadas nas condições eletrolíticas e, portanto, diferenças localizadas nos potenciais eletroquímicos ao longo das armaduras. Como resultado, desenvolveu-se uma corrosão acelerada em áreas adjacentes às áreas reparadas, como mostra a Fig. 2.15. Esse efeito negativo dos reparos localizados foi observado pela primeira vez e sistematicamente investigado e reportado no início dos anos 1950 no caso da ponte San Mateo-Hayward, na área da baía de San Francisco, na Califórnia (Gewertz et al., 1958). Mais tarde, esse efeito dos reparos localizados foi confirmado por muitas pesquisas de campo em vários países.

FIG. 2.14 *Típico reparo localizado de uma viga de deque corroída*
Fonte: Gjørv (1968).

FIG. 2.15 *Típica corrosão acelerada adjacente ao reparo localizado de uma viga de deque*
Fonte: Gjørv (1968).

A despeito da extensa corrosão do aço que vinha ocorrendo em quase todas as estruturas portuárias de concreto por um longo período de tempo, o efeito dessa corrosão na capacidade estrutural e de carga das estruturas parecia ser moderado e lento (Fig. 2.16). Para cada estrutura de concreto investigada, tanto o efeito na capacidade estrutural como a extensão dos danos em vários tipos de elementos estruturais foram classificados de acordo com um certo sistema de classificação. Assim, o efeito na capacidade estrutural foi classificado numa escala de 1 a 7, em que 1 era dano distinto observado, 3 era grande dano, mas os elementos ainda cumpriam sua função, e 7 era um dano tão severo que os elementos já não poderiam cumprir sua função. A extensão do dano foi classificada em três grupos, em que X incluía até um terço e XXX correspondia a mais de dois terços de todos os elementos estruturais do mesmo tipo em cada estrutura na qual se observaram danos. Como se pode ver na Fig. 2.16, só estruturas de 25 a 40 anos de idade (1925-1930) tinham vigas de deque com classificações estruturais superiores a 2 e extensões de danos de mais de 50%.

No período de 1982-1983, realizou-se uma investigação mais detalhada de uma das estruturas portuárias de concreto localizadas no porto de Oslo (Gjørv; Kashino, 1986). Era um píer de concreto que seria demolido para abrir espaço para novas construções. A demolição era, portanto, uma oportunidade única para investigar a condição geral de todas as armaduras, tanto no deque de concreto como em algumas das estacas concretadas via tremonha.

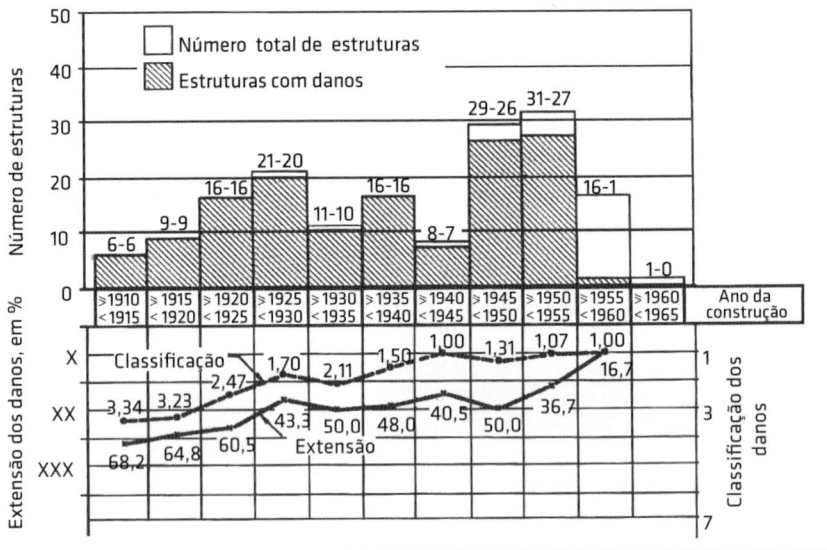

FIG. 2.16 Tendências do desenvolvimento da deterioração devido à corrosão do aço em vigas de deque
Fonte: adaptado de Gjørv (1968).

A Fig. 2.17 mostra uma planta geral do píer, que tinha um deque aberto de concreto com 12.500 m², suportado por cerca de 300 estacas concretadas via tremonha, com seção transversal de 90 cm × 90 cm e alturas ou comprimentos de até 17 m. De todas essas estacas, quatro foram trazidas à terra para uma investigação mais detalhada (Fig. 2.18). No período de 1919-1922, quando o píer foi construído, a resistência do projeto para a superestrutura era de 25 MPa a 30 MPa, mas, no momento da demolição, a resistência à compressão da obra variava de 40 MPa a 45 MPa. Embora a composição original do concreto não fosse conhecida, todas as estruturas de concreto desse período eram, via de regra, produzidas com um concreto baseado em cimentos Portland de granulação muito grossa, que resultavam num crescimento muito grande da resistência ao longo do tempo. Para essa estrutura em particular, os mínimos cobrimentos de concreto especificados para as lajes do deque, as vigas do deque e as estacas concretadas via tremonha eram, respectivamente, de 30 mm, 50 mm e 100 mm.

Embora uma extensa corrosão do aço tenha ocorrido em todas as vigas do deque, durante a maior parte da vida útil desse píer em particular, as condições gerais da estrutura eram muito boas, mesmo depois de um período de uso de mais de 60 anos. A despeito dos extensos danos causados pela corrosão e da profunda penetração do cloreto para além das armaduras em todo o deque de concreto, a demolição do deque revelou que a maioria das armaduras ainda estava em muito boas condições, praticamente sem danos por corrosão visíveis. *Grosso modo*, esse era o caso em 75% do sistema total de armaduras. Para o resto das armaduras, localizado principalmente na parte inferior das vigas do deque, os danos por corrosão observados estavam distribuídos de maneira muito desigual e parte deles era muito severa. Contudo, nas partes inferiores das vigas do deque, as seções transversais das barras de aço reduziram-se, em alguns casos, até mais de 30%, enquanto no resto do sistema de armaduras a redução da seção transversal da maioria das barras de aço era de menos de 10%. A melhor condição do sistema de armaduras foi observada nas lajes do deque. Essas observações demonstram como o aço em corrosão na parte inferior das vigas do deque funcionou eficientemente no papel de anodo de sacrifício, protegendo catodicamente o resto do sistema de armaduras no deque. Esse efeito de proteção das partes mais corroídas do sistema de armaduras também pode explicar a redução relativamente lenta da capacidade estrutural de todas as estruturas investigadas anteriormente (Fig. 2.16).

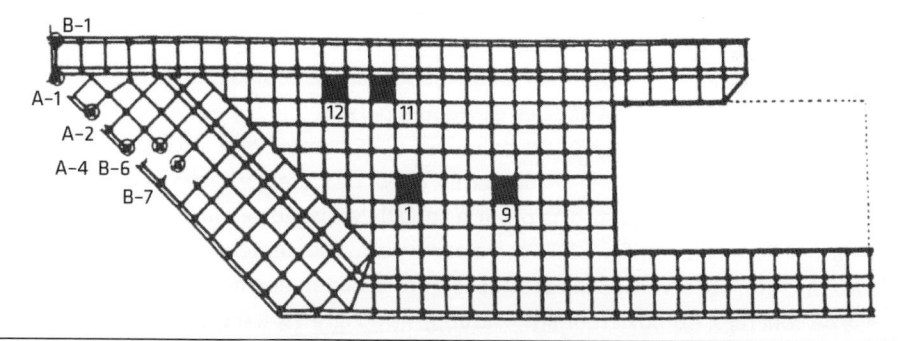

FIG. 2.17 *Planta geral do píer de concreto no porto de Oslo (1922), que foi investigado em detalhe durante a demolição da estrutura, depois de 61 anos de vida útil*
Fonte: Gjørv e Kashino (1986).

FIG. 2.18 *Quatro das estacas concretadas via tremonha de um píer de concreto do porto de Oslo (1922) foram levadas à terra para uma avaliação muito detalhada das condições das armaduras*

As quatro estacas concretadas via tremonha que foram trazidas à terra para novas investigações também mostraram uma condição geral muito boa. Alguns testemunhos de concreto removidos revelaram uma resistência à compressão variando de 40 MPa a 45 MPa. Depois de retirado o cobrimento de concreto, as armaduras das partes permanentemente submersas das estacas exibiram uma condição geral muito boa, principalmente devido à pouca disponibilidade de oxigênio. Acima do nível da maré baixa, observaram-se *pittings* ou cavidades de 1 mm de profundidade nas barras individuais, enquanto abaixo do nível da água os *pittings* tinham, em geral, menos de 0,2 mm de profundidade e só ocasionalmente atingiam 0,5 mm.

Para o píer de concreto como um todo, não foi possível encontrar nenhuma relação entre o mapeamento do potencial de corrosão da superfície, antes da demolição, e as condições das armaduras observadas depois da demolição. A profundidade da carbonatação, em geral muito pequena, variava de acordo com as condições de umidade do concreto. Portanto, nas partes superiores do deque, com um concreto mais seco, observou-se uma profundidade de carbonatação de 2 mm a 8 mm, enquanto o concreto da zona de variação de marés e abaixo dela tinha uma profundidade de carbonatação tipicamente muito pequena, variando de 1 mm a 2 mm e só ocasionalmente atingindo até 7 mm.

Para a maioria das vigas do deque, o cobrimento de concreto já se encontrava expulso ou destacado, portanto não foi fácil obter dados representativos com relação à penetração do cloreto. Para as lajes do deque, porém, o teor de cloreto no nível das armaduras variava de 0,05% a 0,10% da massa do concreto. Para a parte superior das estacas, acima da zona de variação de marés, o teor de cloreto variava de 0,15% a 0,25% da massa de concreto, enquanto na própria zona de variação de marés o teor de cloreto variava de 0,20% a 0,25% (Fig. 2.19). Para a parte permanentemente submersa das estacas de concreto, observou-se um teor de cloreto ainda mais alto, de 0,30% a 0,35% da massa de concreto. Como demonstra claramente a Fig. 2.19, a frente de cloreto chegou muito além da profundidade especificada para o cobrimento, de 100 mm.

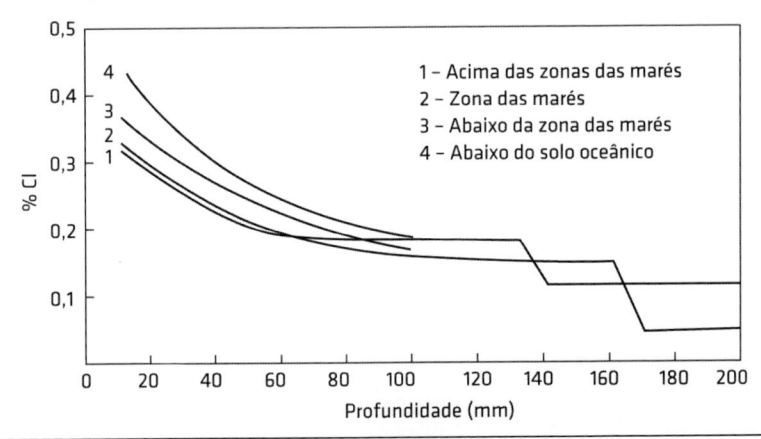

FIG. 2.19 *Penetração de cloretos nas estacas concretadas pelo processo submerso tipo tremonha depois de 61 anos de exposição*
Fonte: adaptado de Gjørv e Kashino (1986).

Mais recentemente, de maneira geral, melhoraram as qualidades intrínsecas do concreto, a precisão das especificações de durabilidade e a rigorosa execução das estruturas portuárias de concreto. No entanto, pesquisas de campo mais recentes em estruturas portuárias de concreto relativamente novas ao longo da costa norueguesa revelaram que a penetração do cloreto rápida e descontrolada ainda representa um grande problema; a corrosão do aço ainda pode ser observada depois de um período de menos de dez anos. Assim, pesquisas de campo detalhadas de 20 estruturas portuárias de concreto na Noruega, construídas no período de 1964-1991, mostraram que 70% delas apresentava corrosão do aço (Lahus; Gussiås; Gjørv, 1998; Lahus, 1999). Depois de cinco anos de exposição, observou-se que o teor médio de cloreto em profundidades de 25 mm e 50 mm era de 0,8% e 0,3%, respectivamente, por massa do cimento; depois de dez anos, o teor de cloreto subiu para 1,2% e 0,5%, respectivamente. Depois de 15 anos de exposição, o teor médio de cloreto na profundidade de 50 mm era de 0,9% da massa do cimento.

No porto de Trondheim, uma avaliação detalhada das condições do terminal de cruzeiros (Turistskipskaia), realizada em 1993, mostrou que a corrosão do aço ocorrera no deque de concreto já aos oito anos de serviço (Fig. 2.20). Os arquivos de concreto do tempo da construção revelaram que todos os requisitos relacionados à durabilidade especificada, de acordo com as normas então em vigor, haviam sido satisfeitos (Standard Norway, 1986); foi usado concreto com uma relação água/aglomerante de 0,45 e uma resistência à compressão de 28 dias de 45 MPa. Além disso, o concreto foi produzido com 380 kg/m³ de cimento Portland de alto desempenho, combinado com 19 kg/m³ de sílica ativa (5%). Extensas medidas do cobrimento de concreto nas vigas do deque mostraram um valor médio de cerca de 50 mm, também em acordo com a norma norueguesa NS 3473 (Standard Norway, 1989), então em vigor.

FIG. 2.20 *O terminal de cruzeiros Turistskipskaia (1993), no porto de Trondheim, com corrosão na maioria das vigas do deque em apenas oito anos de serviço*
Fonte: Gjørv (2002).

Apesar de atender a todos os requisitos de durabilidade da época, um mapeamento detalhado dos potenciais eletroquímicos da superfície e extensas medidas da penetração do cloreto revelaram uma extensão variável de corrosão do aço na maioria das vigas do deque; no entanto, não se observou qualquer dano visual devido à corrosão do aço. Depois de cerca de oito anos de exposição, a frente de cloreto atingiu uma profundidade variando de 40 mm a 50 mm, como mostra a Fig. 2.21. Como parte da avaliação das condições, vários testemunhos foram removidos das lajes do deque para o ensaio da difusividade do cloreto pelo método da rápida migração do cloreto (método RCM) (Nordtest, 1999). Um valor médio de difusividade do cloreto de

10,7 × 10⁻¹² m²/s, depois de oito anos em ambiente úmido, indicou apenas uma resistência moderada do concreto à penetração do cloreto.

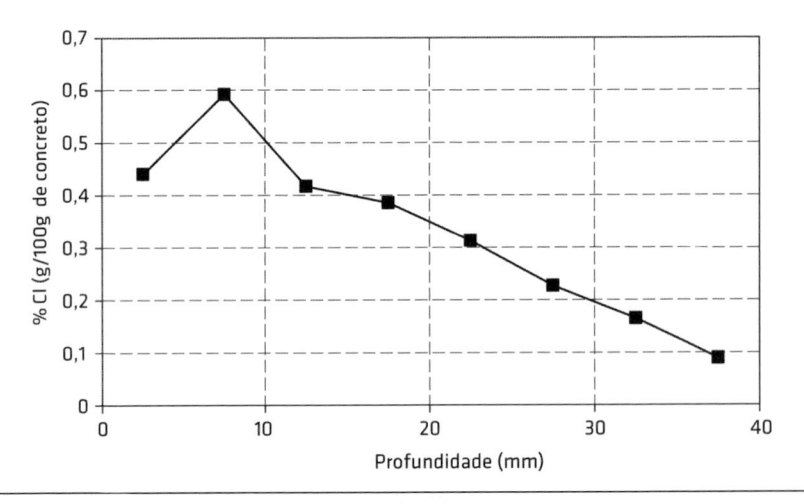

FIG. 2.21 *Típica penetração do cloreto nas vigas do deque do terminal de cruzeiros Turistskipskaia (1993), no porto de Trondheim, depois de oito anos de exposição*

Também em Tjeldbergodden, perto de Trondheim, uma profunda penetração do cloreto e a corrosão do aço foram observadas depois de oito anos de exposição em duas estruturas portuárias industriais de concreto, erguidas em 1995 e 1996. Lá tampouco havia sinal visual do dano, mas a frente de cloreto variava de 40 mm a 50 mm (Fig. 2.22) e os potenciais eletroquímicos da superfície revelaram corrosão na maioria das vigas do deque. Também no caso dessas duas estruturas, foram atendidos os requisitos especificados de durabilidade, tanto com relação à qualidade do concreto como ao cobrimento. Durante a avaliação das condições, porém, foi observada uma difusividade média do cloreto da ordem de 16,6 × 10⁻¹² m²/s (método RCM), com base nos testemunhos das lajes do deque, o que também indica uma resistência muito baixa do concreto à penetração do cloreto.

Observaram-se também alta dispersão e variabilidade da qualidade especificada da execução, com respeito à qualidade e ao cobrimento de concreto, tanto nas estruturas antigas como nas mais recentes que foram investigadas e discutidas anteriormente. Para as duas estruturas portuárias de concreto em Tjeldbergodden, a Fig. 2.23 demonstra a alta dispersão do cobrimento de concreto, variando de uma viga do deque para outra.

Além disso, em outra estrutura portuária industrial de concreto, construída em 2001 em Ulsteinvik, perto de Ålesund, na costa oeste da Noruega, a avaliação detalhada das condições revelou uma alta dispersão e uma grande variabilidade da difusividade do cloreto no deque de concreto (Fig. 2.24). Essa prova foi baseada em 12 testemunhos de concreto (Ø100 mm) removidos do deque e mostrou uma difusividade do cloreto variando de 8-9 a 12-13 × 10^{-12} m²/s (método RCM). Embora o concreto em questão tenha sido adequadamente produzido por uma central de concreto em conformidade com as normas então correntes, os resultados mostrados na Fig. 2.24 claramente demonstram que esse concreto apresentou uma resistência apenas moderada à penetração do cloreto, sendo que a relação água/aglomerante aplicada foi de 0,45 e o consumo mínimo de cimento foi de 425 kg/m³ (CEM I).

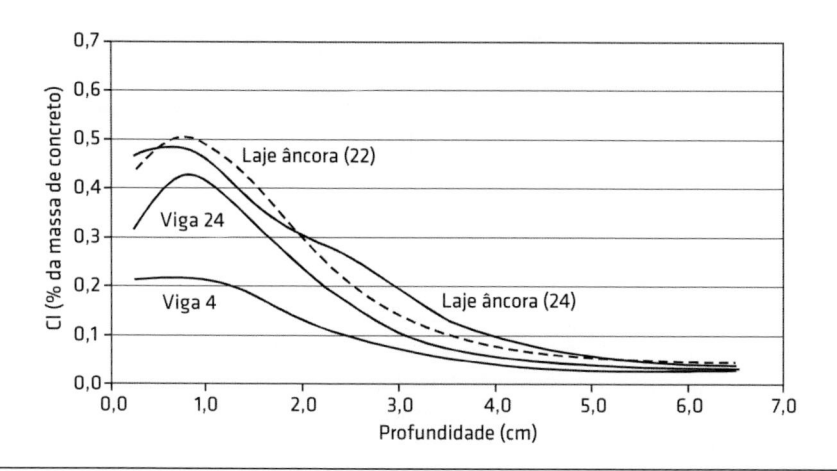

FIG. 2.22 *Penetração do cloreto depois de oito anos de exposição na estrutura portuária industrial Modulkaia (1995), em Tjeldbergodden*
Fonte: adaptado de Ferreira, Årskog e Gjørv (2003).

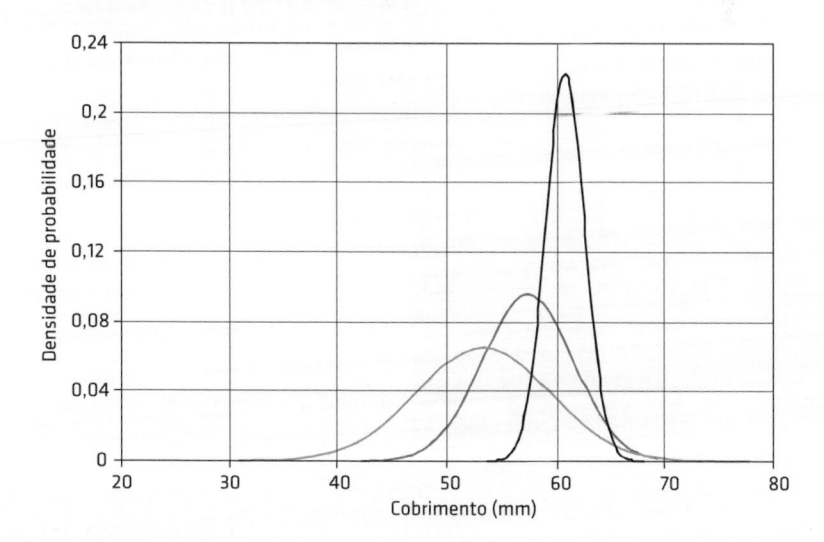

FIG. 2.23 *Típicas variações do cobrimento de concreto (mm) em três vigas de deque de duas estruturas portuárias industriais em Tjeldbergodden*
Fonte: adaptado de Ferreira (2004).

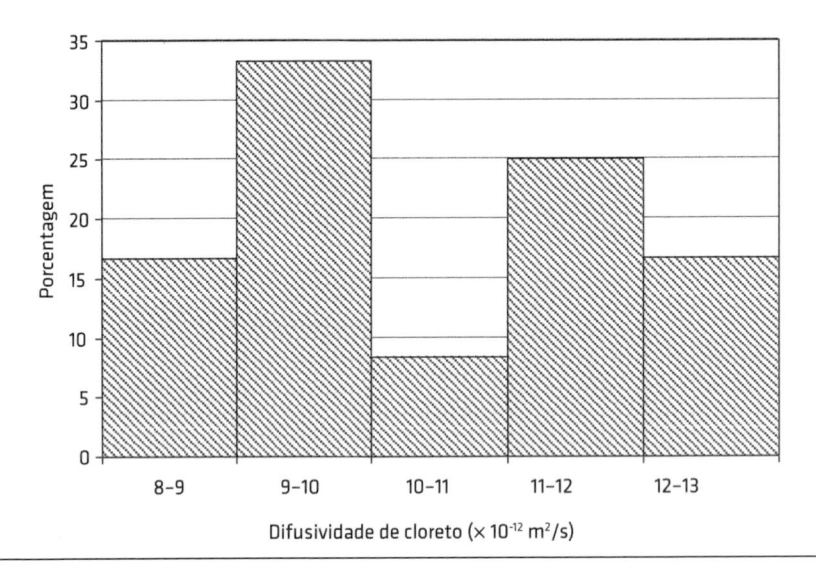

FIG. 2.24 Difusividade do cloreto no deque de concreto de uma estrutura portuária industrial de concreto em Ulsteinvik (2001)
Fonte: adaptado de Guofei, Årskog e Gjørv (2003).

Para todas as estruturas portuárias de concreto descritas e discutidas anteriormente, é preciso notar que as condições ambientais eram muito severas. Em certos períodos do ano, todas as estruturas foram expostas à mais severa combinação de respingos de água do mar e marés altas; a Fig. 2.25 mostra o terminal de cruzeiros Turistskipskaia, no porto de Trondheim, durante uma tempestade. Ocasionalmente, essas estruturas podem ser completamente submersas em marés muito altas durante períodos de tempestade (Fig. 2.26).

FIG. 2.25 O terminal de cruzeiros Turistskipskaia, no porto de Trondheim, durante uma tempestade
Fonte: cortesia de Trondheim Harbor KS.

A maior parte da construção em concreto nos ambientes marinhos da Noruega ocorre ao longo de todo o ano. Portanto, também é alto o risco de uma exposição precoce ao cloreto, antes que o concreto ganhe maturidade e densidade suficientes. Assim, durante a construção do terminal de contêineres Nye Filipstadkaia, no porto de Oslo, em 2002 (Fig. 2.27), a estrutura foi parcialmente exposta a ventos muito fortes e marés mais altas que o normal. O resultado foi que uma profunda penetração do cloreto ocorreu em muitas das vigas do deque recém-concretadas (Fig. 2.28). Durante a construção, nas primeiras idades, a maioria dos concretos são muito sensíveis e vulneráveis à exposição ao cloreto. Trata-se de um paradoxo e de um desafio: por um lado, é conveniente usar concretos baseados em cimentos de hidratação lenta, mas, por outro, esse tipo de concreto é mais vulnerável à penetração do cloreto nas primeiras idades e nos meses frios (nos quais ocorrem as tempestades), o que é frequentemente o caso em ambientes marinhos noruegueses.

FIG. 2.26 De vez em quando, estruturas portuárias de concreto podem ser completamente submersas em marés muito altas durante períodos de tempestade
Fonte: cortesia de Trondheim Harbor KS.

FIG. 2.27 Durante a construção do terminal de contêineres Nye Filipstadkaia (2002) no porto de Oslo, ocorreu uma profunda penetração do cloreto em muitas das vigas recém-lançadas, devido a ventos fortes e marés altas
Fonte: cortesia de Oslo Harbor KF.

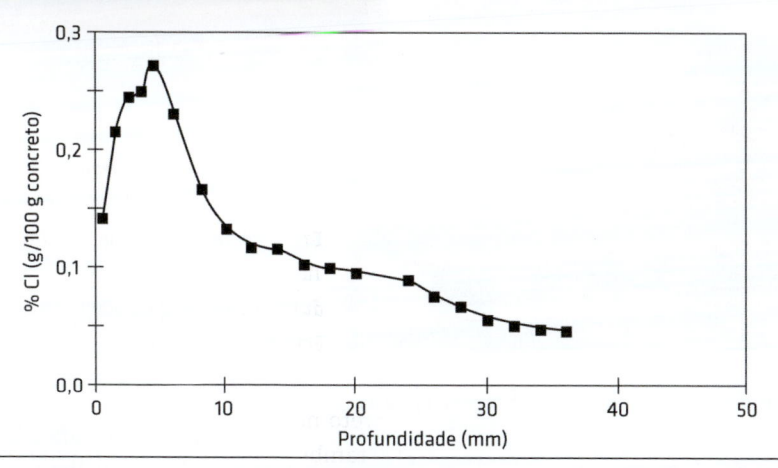

FIG. 2.28 Penetração do cloreto observada nas vigas do deque durante a construção do terminal de contêineres Nye Filipstadkaia (2002), no porto de Oslo
Fonte: adaptado de Gjørv (2002).

Em muitos países, o clima ameno com temperaturas elevadas também pode propiciar problemas de durabilidade, devido a taxas mais intensas de penetração do cloreto. Assim, nos países do Golfo Pérsico, ocorrem problemas muito graves de durabilidade (Matta, 1993; Alaee, 2000). Problemas semelhantes ocorreram em muitos outros países de clima quente, como demonstrado claramente no porto Progreso, na costa do Yucatán, no México, como revelam as Figs. 2.29 a 2.32. Devido a águas muito rasas, dois longos píeres de concreto foram construídos para oferecer instalações portuárias adequadas, uma das quais foi construída com armaduras tradicionais nos anos 1960. Desse píer, só pequenas partes da estrutura ainda subsistiam em 1998, enquanto o píer vizinho, construído no período de 1937-1941 com armaduras em aço inoxidável, ainda estava em muito boas condições quando foi examinado em 1998 (Knudsen; Skovsgaard, 1999). Nenhuma das qualidades do concreto nesses dois píeres era muito boa. Depois de uma vida útil de cerca de 60 anos, porém, pesquisas de campo detalhadas do velho píer mostraram que o aço inoxidável de Ø30 mm (AISI 304) ainda estava em boas condições, a despeito do alto teor de cloreto adjacente ao aço, via de regra, variando de 0,6% a 0,7% por massa do concreto a profundidades de 80 mm a 100 mm a partir da superfície do concreto (Rambøll, 1999).

FIG. 2.29 *Ruínas de um píer de concreto construído com armaduras de aço-carbono na costa do Yucatán, no México, nos anos 1960*
Fonte: cortesia de Rambøll Consulting Engineers.

FIG. 2.30 *Ruínas do deque de um píer de concreto construído com armaduras de aço-carbono na costa do Yucatán, no México, nos anos 1960*
Fonte: cortesia de Rambøll Consulting Engineers.

Mais recentemente, o velho píer Progreso foi estendido para águas mais profundas (Fig. 2.33) e hoje provê novas instalações portuárias para um tráfico pesado de diferentes tipos de navios (Fig. 2.34). Como base para o projeto do velho píer no final dos anos 1930, foi de vital importância para o proprietário manter o píer em operação segura, com o mínimo possível de interrupções futuras. Assim, o proprietário aceitou pagar custos adicionais para que a estrutura fosse construída com armaduras de aço inoxidável. Portanto, esse projeto claramente demonstra como os custos adicionais do aço inoxidável acabaram por se revelar um investimento extremamente bom para o proprietário da estrutura (API, 2008).

FIG. 2.31 Diferentes durabilidade e desempenho de longo prazo nos dois píeres de concreto da costa do Yucatán, construídos com aço-carbono nos anos 1960 (em primeiro plano) e com armaduras em aço inoxidável no período de 1937-1941, respectivamente
Fonte: cortesia de Rambøll Consulting Engineers.

FIG. 2.32 O píer Progreso, na costa do Yucatán, foi construído com armaduras de aço inoxidável no período de 1937-1941
Fonte: cortesia de Rambøll Consulting Engineers.

FIG. 2.33 Panorâmica do píer Progreso, com armaduras de aço inoxidável ainda em boas condições depois de cerca de 70 anos de operação
Fonte: cortesia da Administración Portuaria Integral (API).

FIG. 2.34 A parte externa do píer Progreso é uma extensão importante do velho píer de concreto, que foi construído com armaduras de aço inoxidável entre 1937 e 1941
Fonte: cortesia Administración Portuaria Integral (API).

2.2 PONTES

Como indicado na introdução deste capítulo, extensos problemas de corrosão também ocorreram em pontes de concreto expostas tanto a sais de degelo como a ambientes marinhos. De todas as pontes com corrosão ao longo da costa norueguesa, uma delas estava tão completamente corroída que foi demolida após um período de uso de apenas 25 anos (Fig. 2.35); essa ponte foi construída em 1970 e pertencia a uma geração anterior de pontes costeiras de concreto na Noruega. Durante os 25 anos de vida em serviço dessa ponte, os reparos realizados custaram quase tanto quanto o que se gastou para construir a ponte (Hasselø, 1997).

FIG. 2.35 A ponte Ullasundet (1970) foi demolida depois de 25 anos de serviço, devido a forte ou intensa corrosão das armaduras
Fonte: cortesia de Jørn A. Hasselø.

Cerca de dez anos depois, a ponte Gimsøystraumen (1981) foi construída no norte da Noruega (Fig. 2.36); trata-se de uma ponte suspensa, um tipo muito comum de ponte ao longo da costa norueguesa. No entanto, essa ponte também teve uma profunda penetração do cloreto e extensa corrosão depois de um período de tempo relativamente curto. Durante os reparos dessa ponte, depois de 12 anos de serviço, a Norwegian Public Roads Administration, administração de estradas norueguesas, selecionou-a como base para um extenso programa de pesquisa sobre o efeito dos vários tipos de materiais usados para os reparos (Blankvoll, 1997).

Durante esse extenso programa de pesquisa, realizado entre 1993 e 1997, observou-se que a penetração mais profunda do cloreto ocorrera nas partes da ponte que eram menos expostas aos ventos e a respingos de sal (Figs. 2.37 e 2.38). Para as partes mais expostas da ponte, a chuva periodicamente lavava o sal da superfície de concreto, enquanto nas partes e superfícies mais protegidas o sal se acumulava. A penetração do cloreto observada também variava tipicamente com a distância acima do nível do mar, como mostra a Fig. 2.39.

Para a superestrutura da ponte Gimsøystraumen, uma resistência de projeto do concreto de 40 MPa fora aplicada e um cobrimento mínimo de concreto de 30 mm fora especificado. Embora essa especificação de cobrimento fosse muito pequena para uma ponte em ambiente marinho agressivo, a qualidade do cobrimento observada durante os extensos reparos era ainda menor devido à má qualidade da mão de obra e à falta do adequado controle de qualidade durante a obra. A Fig. 2.40 exibe os resultados de mais de 2.028 medidas da qualidade do cobrimento de concreto.

Para a ponte Gimsøystraumen, o teor de umidade observado nos 40 mm a 50 mm externos do concreto era muito alto, com umidade relativa variando entre 70% e

80%, o que corresponde a um grau de saturação capilar de 80-90% (Sellevold, 1997). Além disso, para outras pontes de concreto ao longo da costa norueguesa, observaram-se teores muito altos de umidade no concreto. Embora o teor de umidade possa variar de uma estrutura para outra, foram relatados valores típicos para um grau de saturação capilar de 80-90% (Holen Relling, 1999). Para o concreto em zonas de variação de marés e de respingos de água do mar, o grau de saturação capilar pode ser superior a 90%, enquanto nas áreas mais protegidas os valores podem ser mais próximos de 80%. Portanto, em pontes de concreto em ambientes marinhos típicos da costa norueguesa, a combinação de alto teor de cloreto e alto teor de umidade parece oferecer excelentes condições para altas taxas de corrosão do aço. Em outros países, com outras condições climáticas, o teor de umidade no concreto pode ser muito mais baixo ou pode variar muito mais durante o ano, mas a temperatura pode ser

Fig. 2.36 *A Gimsøystraumen (1981) é uma ponte suspensa, um tipo muito comum ao longo da costa norueguesa*
Fonte: cortesia de Johan Brun.

mais alta. Embora as condições de temperatura na costa norueguesa possam variar, uma temperatura média anual de 10 °C pode ser a mais típica (Gjørv, 1968).

Já no início dos anos 1950, foram realizadas extensas medidas de campo dos potenciais eletroquímicos e resistividades elétricas ao longo da superfície de concreto da ponte San Mateo-Hayward (1929) (Gewertz et al., 1958). Para a avaliação das condições dessa ponte específica, foram utilizados – e registrados na literatura pela primeira vez – equipamentos de medição de potencial de corrosão, como eletrodos meia célula de sulfato de cobre, e o dispositivo de quatro sondas de Wenner, para medir a resistividade elétrica superficial (Fig. 2.41). Durante essas extensas investigações de campo, observou-se uma relação muito próxima entre a resistência ôhmica e o teor de umidade do concreto; a resistência variava de uma parte da ponte para outra e também de um período do ano para outro. Nos períodos secos, quando a resistividade elétrica do concreto excedia um nível de cerca de 65.000 ohm · cm, observou-se uma taxa de corrosão muito baixa e quase desprezível.

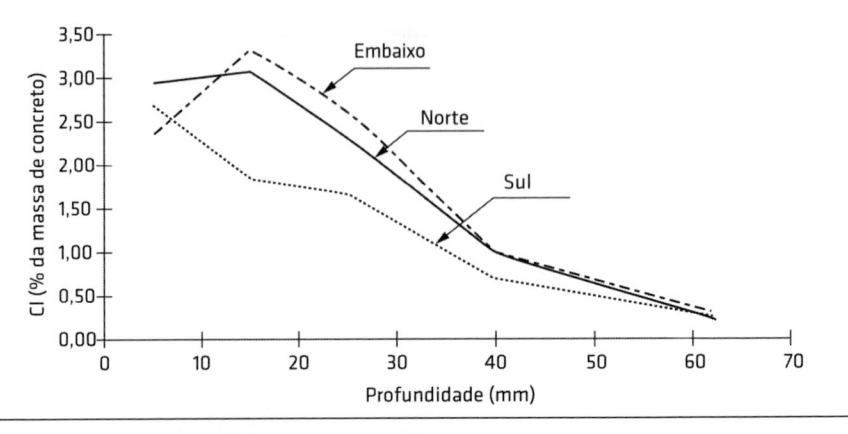

Fig. 2.37 *Ponte Gimsøystraumen (1981) com profunda penetração do cloreto na caixa de viga 11,9 m acima do nível do mar depois de 11 anos de exposição*
Fonte: adaptado de Fluge (1997).

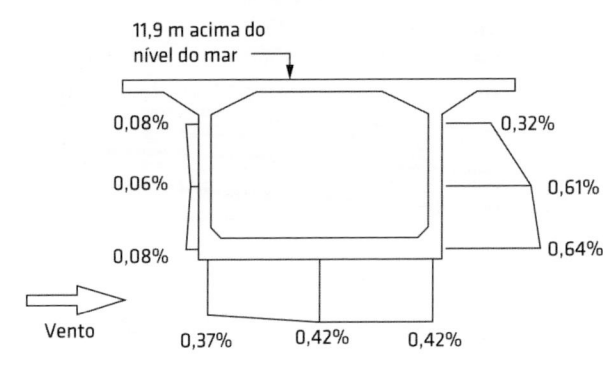

Fig. 2.38 *Profunda penetração do cloreto observada nas partes da ponte Gimsøystraumen (1981) observando maior concentração de cloretos nas partes com menor exposição aos ventos e a respingos de maré*
Fonte: adaptado de Fluge (1997).

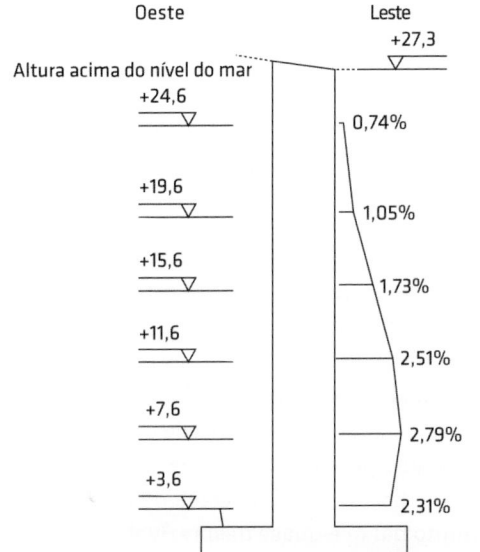

Fig. 2.39 *Típica variação da penetração do cloreto acima do nível do mar na ponte Gimsøystraumen (1981)*
Fonte: adaptado de Fluge (1997).

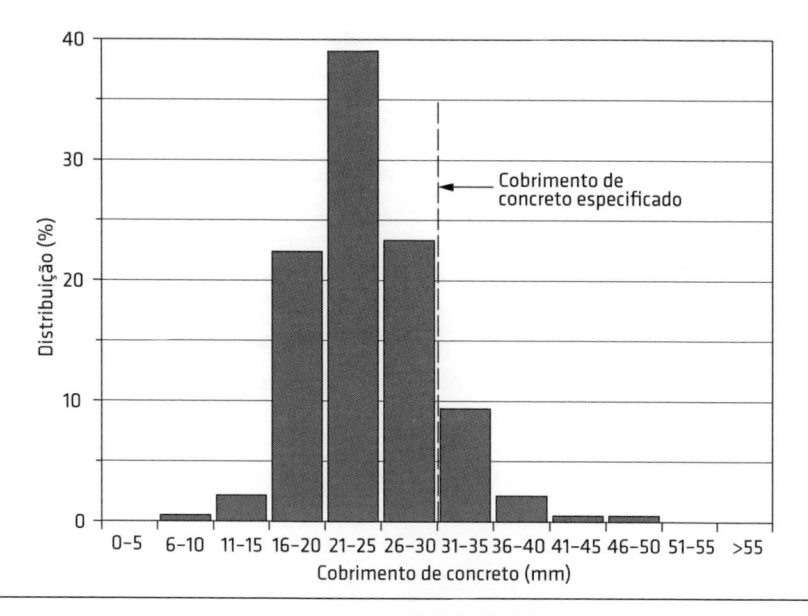

FIG. 2.40 Variação observada da qualidade do cobrimento de concreto na ponte Gimsøystraumen (1981)
Fonte: adaptado de Kompen (1998).

FIG. 2.41 O dispositivo artesanal de quatro eletrodos (Wenner) criado por Richard Stratfull no início dos anos 1950 para medir a resistividade elétrica na superfície de concreto da ponte San Mateo-Hayward (1929)
Fonte: cortesia de Richard Stratfull (1970).

A ponte San Mateo-Hayward sofrera grandes reparos anteriormente, primeiro pela limpeza cuidadosa de todas as áreas danificadas e, em seguida, pelo preenchimento dessas áreas com concreto projetado. Também pela primeira vez na literatura, o efeito prejudicial desses reparos localizados, sob a forma de crescentes taxas de corrosão adjacentes às áreas reparadas, foi sistematicamente investigado e relatado (Gewertz et al., 1958).

Também na ponte Gimsøystraumen, poucos anos depois dos extensos reparos localizados de 1997, observou-se uma contínua e grave corrosão do aço. Portanto, depois de 29 anos de vida útil da ponte, novos reparos foram realizados, extensos e caros, mas dessa vez com base em proteção catódica.

Para a nova geração de pontes de concreto na costa norueguesa, foram gradualmente utilizados tanto concretos de melhor qualidade quanto cobrimentos mais espessos. Nessas novas pontes de concreto, resistências de projeto entre 45 MPa a 65 MPa e relações água/aglomerante da ordem de 0,40 ou menos, melhoraram consideravelmente a durabilidade e o desempenho. Como já foi apontado, porém, as condições ambientais ao longo da costa norueguesa podem ser muito agressivas (Fig. 2.42). Portanto, para a ponte Storseisund, construída em 1988, observou-se profunda penetração do cloreto depois de cerca de 15 anos de exposição (Fig. 2.43). Essa ponte é uma das várias pontes construídas ao longo da estrada do oceano Atlântico, na costa oeste da Noruega. Durante o verão, essa estrada é uma rota turística muito popular e agradável (Fig. 2.44), mas nos tempestuosos invernos, essas pontes são gravemente expostas aos respingos de água do mar.

Em 1991, a longa ponte estaiada Helgelands (Fig. 2.45), com 1.065 m, foi construída mais ao norte da costa norueguesa. Durante sua construção, porém, a ponte foi muito exposta a inóspitas condições climáticas, com respingos de água do mar mesmo durante a construção em concreto, antes que o concreto tivesse alcançado maturidade e densidade suficientes (Figs. 2.46A,B). Como resultado, a penetração do cloreto já foi observada logo depois da construção (Fig. 2.47).

Fig. 2.42 *Durante as tempestades de inverno, a ponte Storseisund (1988) é gravemente exposta aos respingos de água do mar*
Fonte: cortesia de Rolf Jarle Ødegaaard.

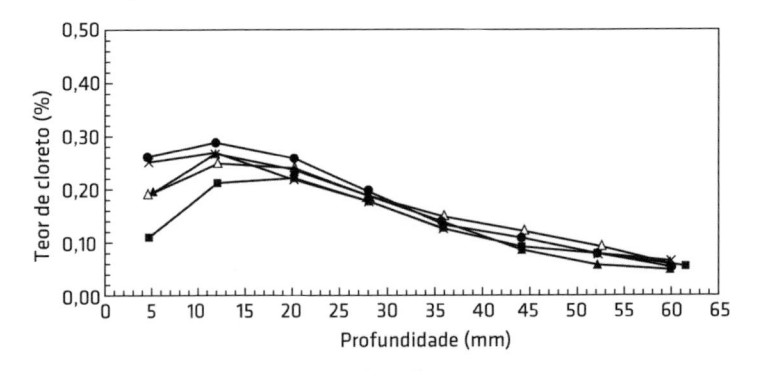

Fig. 2.43 *A penetração do cloreto observada na ponte Storseisund (1988) após 15 anos de exposição*
Fonte: adaptado de Hasselø (2007).

FIG. 2.44 Durante o verão, a estrada do oceano Atlântico, na costa oeste da Noruega, é uma rota turística muito popular e agradável

FIG. 2.45 A ponte Helgelands (1991) é uma longa ponte estaiada de 1.065 m, com 425 m de extensão em seu maior vão
Fonte: cortesia de Hallgeir Skog.

FIG. 2.46 Durante a construção, partes da ponte Helgelands (1991) foram muito expostas a condições climáticas inóspitas, com respingos de água do mar
Fonte: cortesia de Hallgeir Skog.

Para a ponte Helgelands, utilizou-se um concreto de 45 MPa, com resistência de 57 MPa observada dois anos depois; o concreto foi produzido com 415 kg/m^3 de cimento (CEM I), combinado com 21 kg/m^3 de sílica ativa (5%), resultando numa relação água/aglomerante de 0,35.

Entre 1993 e 1995, quando foi construída a ponte Aursundet (Fig. 2.48) na costa oeste da Noruega, a Norwegian Public Roads Administration a selecionou para um estudo de caso de um novo projeto de durabilidade. Assim, numa base experimental, especificaram-se tanto um teor bem mais alto de sílica ativa no concreto como um cobrimento de concreto bem maior na zona de respingos. Como resultado, aplicou-se um concreto de 400 kg/m³ de cimento (CEM I) com 50 kg/m³ de sílica ativa (12,5%), dando uma relação água/aglomerante de 0,40. Esse concreto, que exibiu uma resistência à compressão de 55 MPa em 28 dias, foi combinado com um cobrimento mínimo de concreto de 80 mm na zona de respingos.

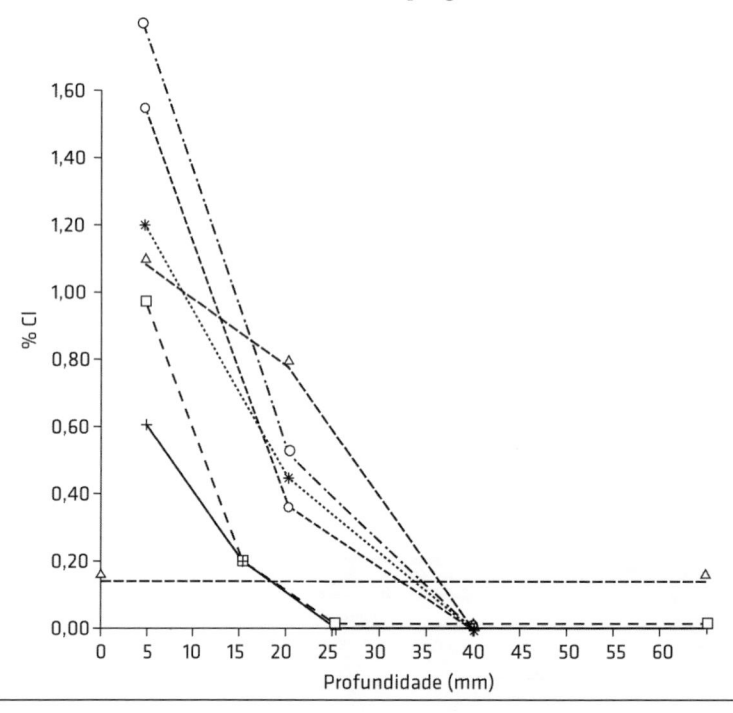

FIG. 2.47 Penetração do cloreto observada na ponte Helgelands (1991) logo após o lançamento de concreto
Fonte: adaptado de NPRA (1993).

FIG. 2.48 A ponte Aursundet (1995) é uma ponte suspensa com extensão total de 486 m

Depois de três e dez anos de exposição, as pesquisas de campo revelaram a média de penetração do cloreto mostrada na Fig. 2.49, nas partes leste e oeste da ponte. Depois de dez anos, um ensaio da difusividade do cloreto (método RCM) no concreto também foi realizado, observando-se um valor médio de $6,2 \times 10^{-12}$ m²/s. Esse nível de difusividade do cloreto após dez anos num ambiente úmido indica uma resistência apenas moderada do concreto à penetração do cloreto. No entanto, a resistência observada foi muito mais alta do que aquela nas pontes mais velhas.

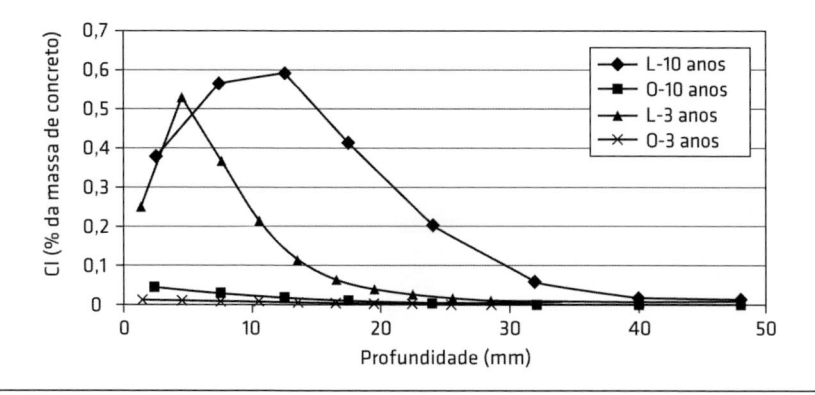

FIG. 2.49 *A penetração do cloreto observada na ponte Aursundet (1995) depois de três e dez anos de exposição à zona de respingos*
Fonte: adaptado de Årskog, Gjørv e Sengul (2005).

Em vários outros países, extensas pesquisas de campo em pontes de concreto expostas a ambientes marinhos mostraram o mesmo tipo de problemas de durabilidade devido à corrosão do aço, como os descritos e discutidos para as pontes ao longo da costa norueguesa citadas anteriormente (Malhotra, 1980, 1988, 1996; Mehta, 1989, 1996; Nilsson, 1991; Stoltzner; Sørensen, 1994; Sakai; Banthia; Gjørv, 1995; Beslac et al., 1997; Wood; Crerar, 1997; Gjørv; Skai; Banthia, 1998; Banthia; Sakai; Gjørv, 2001; Oh et al., 2004; Toutlemonde et al., 2007; Castro-Borges et al., 2010; Li et al., 2013).

2.3 ESTRUTURAS EM ALTO-MAR

Desde o início dos anos 1970, um total de 34 grandes estruturas de concreto para exploração de gás e petróleo foram instaladas no mar do Norte. A despeito do ambiente marinho muito rigoroso e hostil (Figs. 2.50 e 2.51), a durabilidade e o desempenho dessas estruturas de concreto, em geral, foram muito bons (Fjeld; Røland, 1982; Hølaas, 1992; Gjørv, 1994; FIP, 1996; Moksnes e Sandvik, 1996; Helland; Aarstein; Maage, 2010).

FIG. 2.50 *A plataforma Frigg TCP 2 (1977) em uma tempestade*

FIG. 2.51 Todas as plataformas de concreto do mar do Norte estão expostas a uma pesada carga de ondas e a respingos de água do mar

FIG. 2.52 A plataforma Oseberg A (1988)
Fonte: cortesia de Trond Østmoen.

Apesar dessa boa durabilidade e desempenho em geral, foi necessário fazer vários reparos muito caros devido à corrosão das armaduras. Portanto, depois de 13 anos de serviço, foram feitos extensos reparos baseados na proteção catódica (Figs. 2.52 e 2.53) da plataforma Oseberg A (1988). Especificamente para essa estrutura, a qualidade do cobrimento de concreto era claramente menor do que o especificado para as partes superiores dos poços (Østmoen, 1998). Um cobrimento de concreto nominal de 75 mm fora especificado, mas o cobrimento realizado era altamente variável e parcialmente muito baixo. Para as partes superiores dos poços, foi utilizado um concreto de 60 MPa, com uma relação água/cimento (CEM I) de 0,37.

Embora não se tenha realizado nenhum monitoramento sistemático da penetração do cloreto em qualquer das estruturas em alto-mar, algumas pesquisas de campo revelaram que, também nesse caso, ocorreu uma taxa de penetração do cloreto. A Fig. 2.54 mostra a típica penetração do cloreto na plataforma Heidrun (1995) após dois anos de exposição. Esta é uma plataforma flutuante ancorada por cabos, produzida com concreto leve de alto desempenho. Com uma resistência de projeto de 60 MPa, esse concreto foi feito com cimento do tipo CEM I, combinado com 5% de sílica ativa, numa relação água/aglomerante de 0,39. Acima da água, a estrutura é parcialmente protegida por uma fina camada de epóxi, que, como se pode constatar na Fig. 2.54, não foi particularmente eficiente para manter os cloretos à distância.

FIG. 2.53 *Depois de 13 anos, a plataforma Oseberg A (1988) sofreu reparos extensos e muito caros com base em proteção catódica*
Fonte: cortesia de Trond Østmoen.

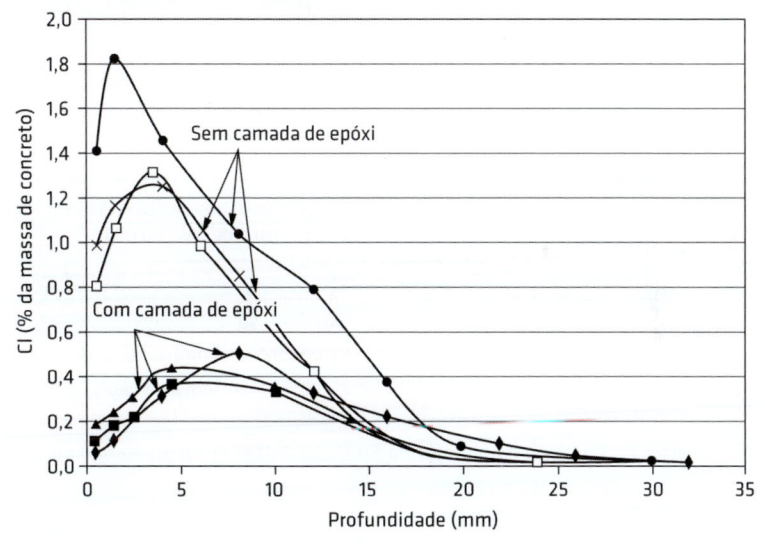

FIG. 2.54 *Penetração do cloreto na plataforma Heidrun (1995) depois de dois anos de exposição*
Fonte: adaptado de Gjørv (2002).

Depois de oito anos de exposição da plataforma Statfjord A (1977), a penetração do cloreto acima da água ocorreu como mostra a Fig. 2.55. Com uma resistência de projeto de 50 MPa, esse concreto foi feito com cimento do tipo CEM I com relação água/cimento de 0,38. Na Fig. 2.55, pode-se ver também que as partes da estrutura protegidas por uma sólida camada de epóxi na área de variação de marés e de respingos não apresentaram nenhuma penetração do cloreto durante oito anos. Tipicamente, na maioria das estruturas de concreto construídas antes de 1980, uma sólida camada de epóxi com espessura de 2-3 mm fora aplicada como proteção adicional nas estruturas acima da água. Como esse revestimento de proteção fora continuamente aplicado durante a utilização da forma deslizante quando o concreto ainda estava novo e úmido, mantendo, dessa forma, a capacidade de sucção capilar, foi possível obter uma aderência muito boa. Mesmo depois de 15 anos de exposição, pesquisas posteriores revelaram que essa camada de proteção ainda estava intacta e tinha prevenido de maneira muito eficaz qualquer penetração do cloreto (Årstein et al., 1998).

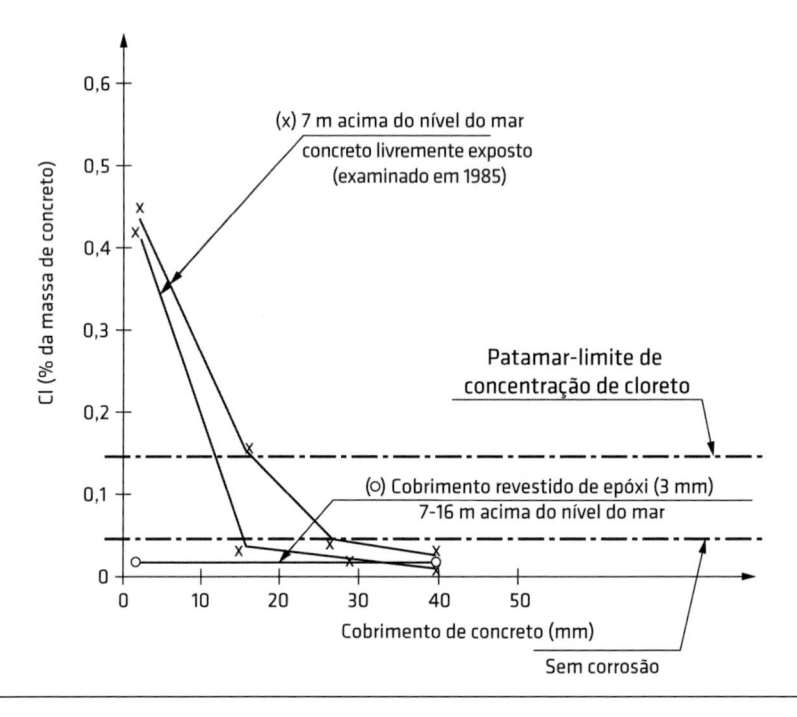

FIG. 2.55 *Penetração do cloreto na plataforma Statfjord A (1977) depois de oito anos de exposição Fonte: adaptado de Sandvik e Wick (1993).*

A Fig. 2.56 mostra a típica penetração de cloretos no tanque Ekofisk depois de 17 anos de exposição. Com uma resistência de projeto de 45 MPa, o concreto foi produzido com um cimento Portland comum (CEM I) com uma relação água/aglomerante de 0,45. No início dos anos 1970, não era tão fácil fazer um concreto com requisitos rigorosos de alta resistência à compressão, nem concretos com ar incorporado mais resistentes ao gelo-degelo. No entanto, o tanque Ekofisk é a única plataforma do mar do Norte que foi feita com concreto com relação água/aglomerante acima de 0,40 nas zonas de variação e de respingos de marés.

Embora a plataforma Brent B (1975) fosse também uma das primeiras plataformas construídas para o mar do Norte, o concreto aplicado nas áreas de variação de marés e de respingos, nessa estrutura, tinha uma relação água/aglomerante de 0,40, combinada com um teor de cimento de mais de 400 kg/m^3 (CEM I). Durante o lançamento do concreto sob um rigoroso controle de qualidade, foi possível obter concreto com ar incorporado para utilização acima do nível de água da maré baixa, com resistência à compressão de 48,5 MPa aos 28 dias. O concreto submerso, utilizado abaixo do nível mínimo de água (maré baixa), não tinha ar incorporado e sua resistência à compressão era de 56,9 MPa aos 28 dias. Acima da água, foi especificado um cobrimento nominal de concreto de 75 mm, e esse cobrimento foi garantido pelo uso de pastilhas e espaçadores de argamassa de cimento com resistência e durabilidade comparáveis às do concreto estrutural. Para essa plataforma em particular, contudo, não foi aplicada uma camada de proteção na superfície.

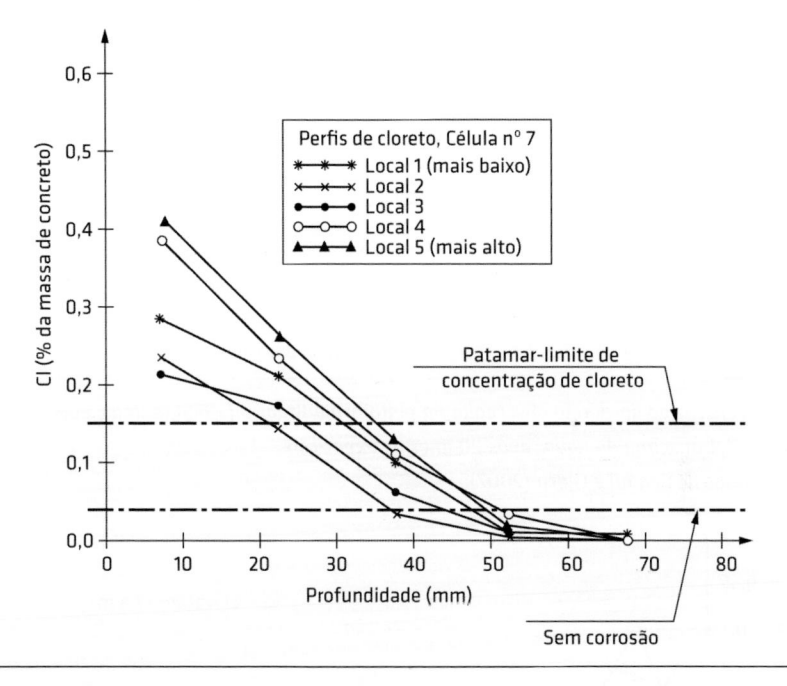

FIG. 2.56 *Penetração do cloreto no tanque Ekofisk (1973) após 17 anos de exposição*
Fonte: adaptado de Sandvik, Haug e Erlien (1994).

Junto com extensos trabalhos de instalação realizados na plataforma Brent B em 1994, um grande número de testemunhos de concreto de Ø100 mm foi removido do poço de serviço para duas diferentes elevações acima da água e uma elevação abaixo da água. Portanto, surgiu uma oportunidade única para investigar os níveis de penetração do cloreto na parte externa de todos esses testemunhos de concreto, tanto acima como abaixo da água, depois de cerca de 20 anos de exposição (Segul; Gjørv, 2007). Outras propriedades do concreto também foram investigadas com base nesses testemunhos.

Como se pode ver nas Figs. 2.57 a 2.60, uma significativa penetração do cloreto havia ocorrido, com a penetração mais profunda na parte superior da zona de respingos e a penetração mais superficial na parte constantemente submersa do poço, numa elevação de -11,5 m. Na parte superior do poço, a cerca de 14 m acima do nível da água, observou-se uma frente de cloreto de aproximadamente 0,07% por massa do concreto, numa profundidade de cerca de 60 mm. Para um cobrimento nominal do concreto, como especificado, de 75 mm, isso indica que um estágio inicial de despassivação havia sido provavelmente atingido.

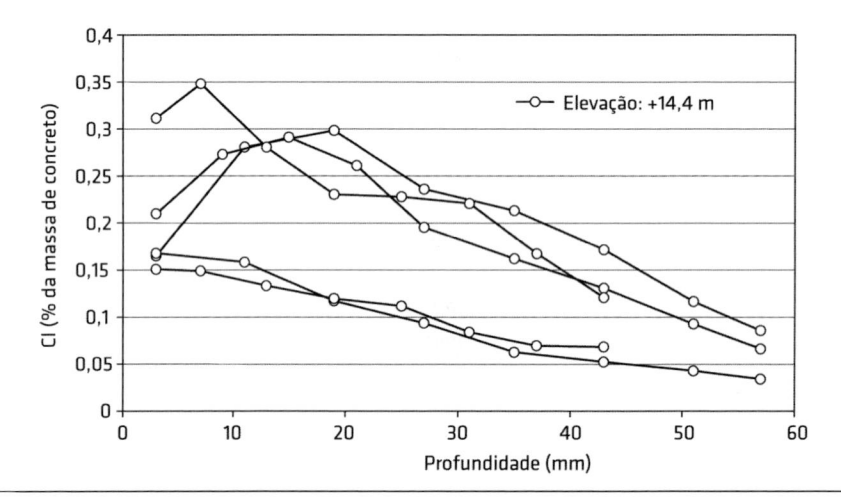

FIG. 2.57 *Penetração do cloreto observada na plataforma Brent B (1975), numa elevação de 14,4 m acima da água, após 20 anos de exposição*
Fonte: adaptado de Sengul e Gjørv (2007).

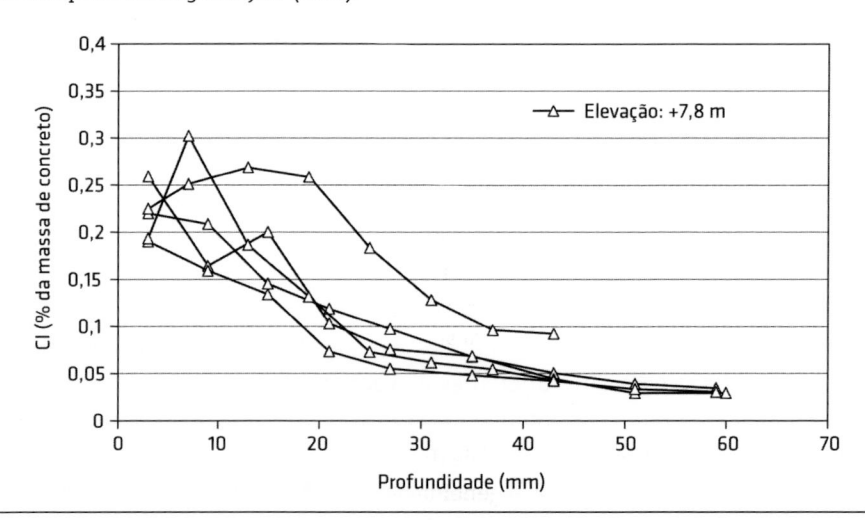

FIG. 2.58 *Penetração do cloreto observada na plataforma Brent B (1975), numa elevação de 7,8 m acima da água, após 20 anos de exposição*
Fonte: adaptado de Sengul e Gjørv (2007).

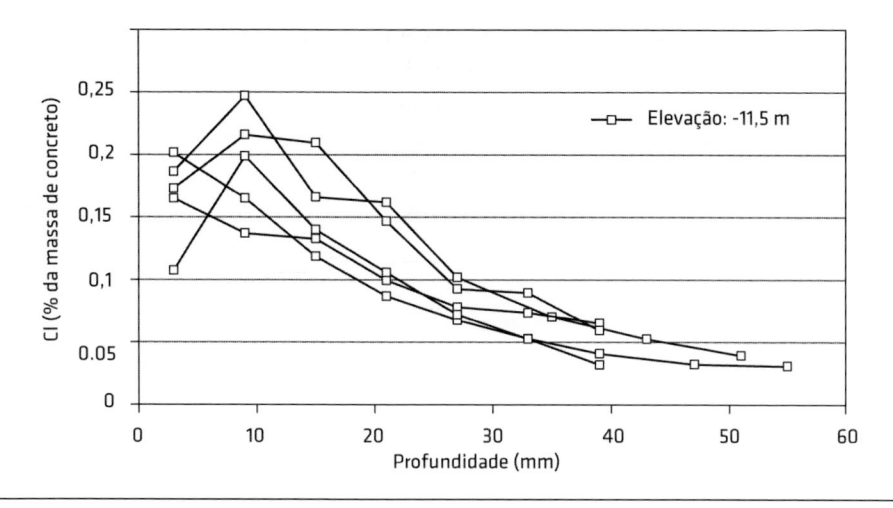

FIG. 2.59 *Penetração do cloreto observada na plataforma Brent B (1975), numa elevação de 11,5 m abaixo da água, após 20 anos de exposição*
Fonte: adaptado de Sengul e Gjørv (2007).

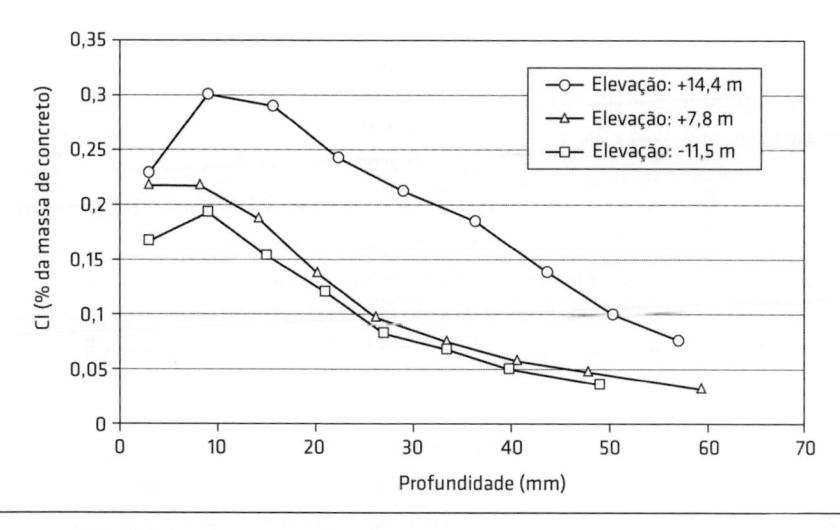

FIG. 2.60 *Penetração do cloreto observada na plataforma Brent B (1975) após 20 anos de exposição*
Fonte: adaptado de Sengul e Gjørv (2007).

Mais abaixo da camada de superfície dos testemunhos de concreto, foram testadas tanto a qualidade como a homogeneidade do concreto por meio do método RCM (Nordtest, 1999). Esses ensaios foram realizados em várias profundidades a partir da superfície do concreto em 14 testemunhos de Ø100 mm de todos os três níveis do poço de concreto. Como se vê na Fig. 2.61, a difusividade do cloreto observada variou de aproximadamente 18-20 a 32-34 × 10^{-12} m^2/s. Embora tenha havido grande esforço para produzir o concreto mais homogêneo possível, os resultados da Fig. 2.61 demonstram claramente a alta dispersão e variabilidade da qualidade do concreto. Os níveis observados de difusividade do cloreto após cerca de 20 anos de cura em um ambiente úmido também demonstram uma resistência relativamente baixa do concreto à penetração do cloreto.

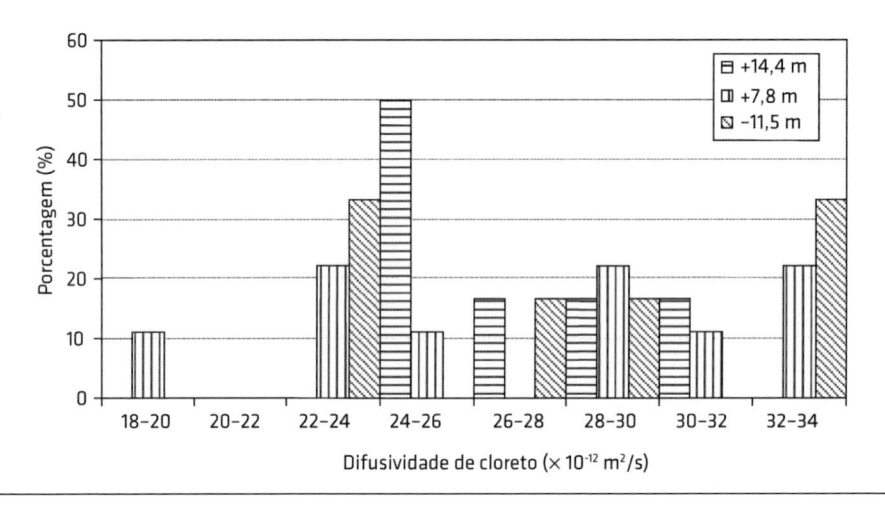

FIG. 2.61 *Difusividade do cloreto observada no poço de serviço da plataforma Brent B (1975) Fonte: adaptado de Årskog e Gjørv (2008).*

Em 1994, vários testemunhos de concreto submersos também foram removidos na plataforma Brent C (1978). Depois de cerca de 17 anos de exposição, a investigação desses testemunhos de concreto, vindos de elevações de -9 m a -18,5 m, também revelou uma profunda e variada penetração do cloreto, como mostra a Fig. 2.62. A alta dispersão da penetração do cloreto observada tanto na Brent B como na Brent C pode ainda refletir a alta dispersão e variabilidade da qualidade do concreto.

Grandes esforços foram feitos para produzir a maior homogeneidade possível do concreto utilizado nas plataformas de concreto em alto-mar. O contínuo controle de qualidade durante a construção de todas as plataformas de concreto no período de 1972-1984 revelou que o desvio padrão do ensaio de 28 dias da resistência à compressão variou tipicamente de 2,3 MPa a 3,9 MPa, como mostra a Tab. 2.1.

Para melhorar ainda mais a homogeneidade do concreto usado na construção de plataformas, um novo tipo de processamento industrial do agregado miúdo destinado aos concretos foi lançado no início dos anos 1980 (Moksnes, 1982). Nesse processamento, todo o agregado miúdo (0-5 mm) passa por um tanque de água e é separado por flutuação em oito grupos de tamanho, antes de ser automaticamente reunido de novo, de maneira a obter uma curva de gradação ótima e constante. Como resultado, um concreto ainda mais homogêneo foi produzido para todas as outras plataformas de concreto.

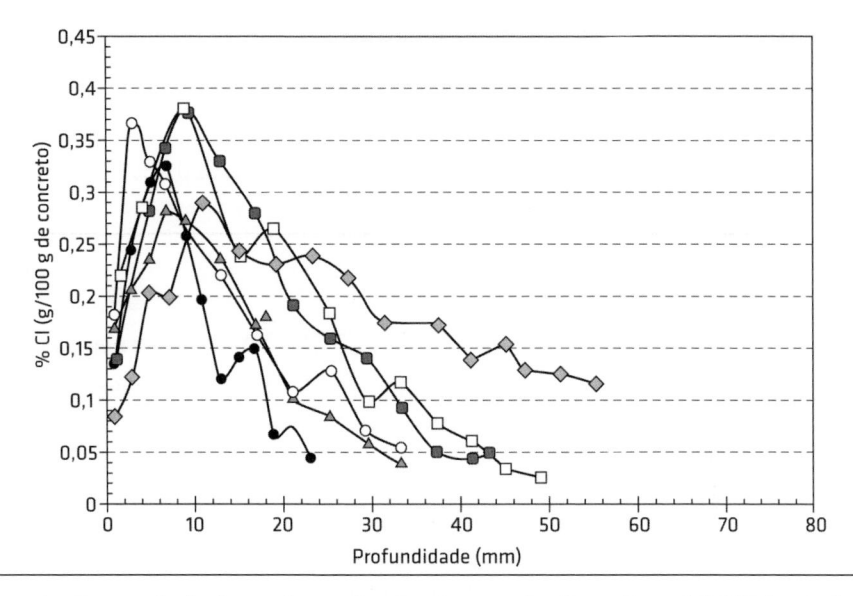

FIG. 2.62 *Penetração do cloreto observada sob a água na plataforma Brent C (1978) depois de 17 anos de exposição*
Fonte: adaptado de Gjørv (2002).

TAB. 2.1 CONTROLE DE QUALIDADE DO CONCRETO COM BASE EM CUBOS DE 100 MM EXTRAÍDOS DA OBRA DA PLATAFORMA DURANTE O PERÍODO DE 1972-1984

Plataforma (ano)	Resistência à compressão aos 28 dias (MPa)			
	Grau especificado	Mediana obtida	Desvio padrão	Grau obtido[a]
Ekofisk I (1972)	40[b]	45[h]	2,3[b]	41,6[b]
		57	3,5	51,9
Beryl A (1974)	45	55	3,0	50,7
Brent B (1974)	45	53	3,1	48,5
Brent D (1975)	50	54,2	2,5	50,6
Statfjord A (1975)	50	54,6	3,0	50,2
Statfjord B (1979)	55	62,5	3,9	56,9
Statfjord C (1982)	55	67,5	3,8	62,0
Gullfalks A (1984)	55	65,2	3,3	60,3

[a] Grau obtido = mediana obtida − 1,45 × desvio padrão.
[b] Cilindro de 150 mm × 300 mm.
Fonte: adaptado de Moksnes e Jakobsen (1985).

Na Tab. 2.1, pode-se ver que o concreto produzido para a plataforma Brent B tinha um desvio padrão típico de 3,1 MPa. Apesar desse concreto tão homogêneo, observou-se uma dispersão e uma variabilidade muito altas na qualidade final do concreto (Fig. 2.61). Devido a estruturas muito densamente reforçadas com mais de 600 kg de aço por metro cúbico de concreto e a um tipo muito fluido de concreto, foi muito difícil evitar alguma segregação e heterogeneidade durante o lançamento e a compactação do concreto; o tamanho máximo do aglomerado era de 20 mm. Assim, mesmo novas plataformas de concreto mostravam uma certa dispersão e variabilidade na qualidade final do concreto. Ocasionalmente, também era muito difícil manter o cobrimento especificado de concreto.

2.4 Outras estruturas

Além do desempenho em campo de várias categorias de estruturas de concreto, como descrito anteriormente, há também uma variedade de outros tipos de estruturas de concreto que têm problemas devidos à falta de controle da durabilidade e da vida útil. No ambiente marinho, há alguns prédios e outras instalações que também estão sofrendo corrosão induzida por cloreto. Além de todas as pontes rodoviárias expostas a sais de degelo, também há um grande número de edifícios de estacionamento que sofre severos problemas de corrosão devido à contaminação por sal de degelo, cujas consequências têm sido muito graves (Fig. 2.63).

Fig. 2.63 *Ocasionalmente, podem ser muito graves as consequências da corrosão das armaduras em edifícios de estacionamento expostos à contaminação de sais de degelo*
Fonte: Simon (2004).

Quando os carros trazem para o estacionamento as soluções de sal de degelo aplicadas no exterior, e assim contaminam os deques (tabuleiros, ou lajes de pavimento) de concreto das garagens, observa-se com frequência um padrão de atividades de corrosão nas vagas de estacionamento, como mostra a Fig. 2.64. O mapeamento da atividade corrosiva, por meio de medidas de potencial e resistividade ao longo do deque de concreto, é uma ferramenta muito eficiente para avaliar as condições das estruturas de concreto existentes em ambientes de severa agressividade (Pruckner, 2002; Pruckner; Gjørv, 2002).

2.5 Durabilidade

Note-se que a maioria das estruturas de concreto descritas anteriormente foram expostas a condições climáticas com temperaturas tipicamente baixas a moderadas. No entanto, como a maioria dos mecanismos de degradação de estruturas de concreto depende muito da temperatura, as estruturas de concreto expostas a outras condições climáticas, com temperaturas mais elevadas, podem, portanto, comportar-se de maneira diferente. Além disso, quase todas as estruturas de concreto descritas anteriormente foram tipicamente construídas com cimento Portland puro tipo (CEM I), enquanto estruturas de concreto produzidas com outros tipos de sistemas aglomerantes também podem mostrar desempenho e durabilidade diferentes. Portanto, a extensa experiência demonstra que as estruturas de concreto produzidas com cimentos de escória granulada de alto-forno revelam um desempenho claramente melhor em ambientes contendo cloreto do que aquelas construídas com cimentos Portland puros (Bijen, 1998). Sobre todas as estruturas de concreto anteriores, porém, a experiência de campo pode ser brevemente resumida a seguir.

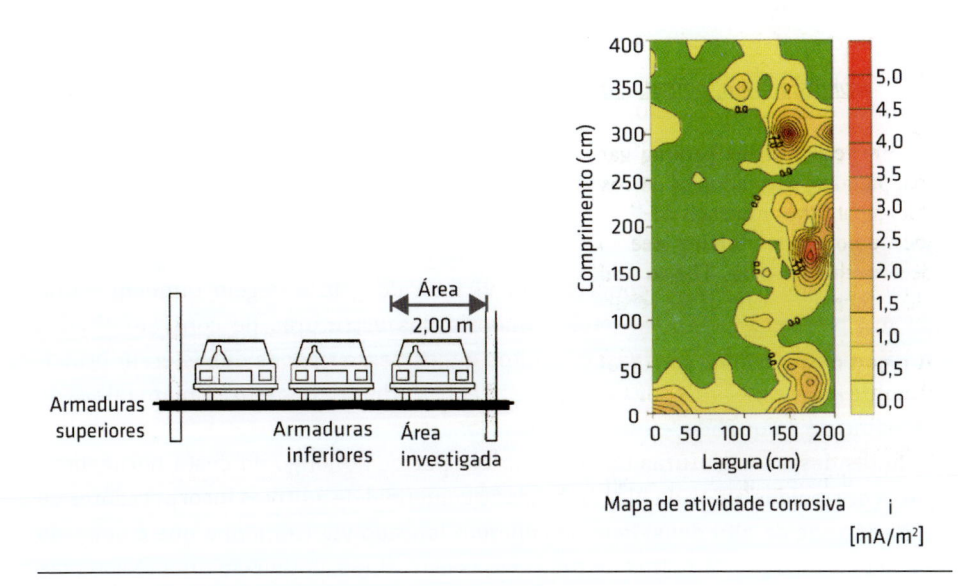

FIG. 2.64 *Típico padrão de atividades corrosivas nas vagas de estacionamento de um edifício-garagem contaminado com sais de degelo*
Fonte: adaptado de Pruckner (2002).

2.5.1 MECANISMOS DE DETERIORAÇÃO

Corrosão das armaduras

De todas as estruturas de concreto citadas, a corrosão das armaduras induzida por cloreto foi o problema dominante e mais grave a afetar a durabilidade e o desempenho; a carbonatação do concreto, por sua vez, não foi um problema para a corrosão do aço observada. Para novas estruturas de concreto em ambientes de severa agressividade, portanto, a corrosão induzida por carbonatação não precisa ser objeto de preocupação especial no projeto de durabilidade. Para estruturas de concreto em climas mais quentes, no entanto, podem-se esperar taxas muito mais altas de penetração do cloreto, em comparação com o que se observou tipicamente nas estruturas da Noruega. Para novas estruturas de concreto em climas mais quentes, portanto, o grande desafio pode ser o controle adequado da penetração do cloreto, tanto no projeto de durabilidade como na operação das estruturas de concreto.

Reação álcali-agregado

Como a maioria das estruturas de concreto citadas foi construída na Noruega, deve-se notar que também nesse país a reação álcali-agregado (RAA) representa um certo problema para a durabilidade das estruturas de concreto. No entanto, à parte de alguns raros casos de danos observados, a deterioração do concreto em virtude da RAA não foi um problema especial para a durabilidade das estruturas relatadas.

Em certos países, porém, a RAA ainda pode ser um grande problema e um desafio para a durabilidade e o desempenho de muitas estruturas de concreto importantes. Nos últimos anos, no entanto, ganhou-se muita experiência internacional em procedimentos aperfeiçoados e diretrizes para selecionar as qualidades apropriadas tanto do agregado de concreto como dos sistemas de aglomerantes para controle da RAA.

Gelo e degelo

Embora a deterioração do concreto em virtude do gelo e degelo também tenha sido um problema potencial para a maioria das estruturas de concreto citadas anteriormente, não se observaram muitos danos desse tipo; os danos eram principalmente localizados nos pontos em que as estruturas de concreto exibiam falhas de adensamento na qualidade final do concreto.

Muitas dessas estruturas de concreto em portos ao longo da costa norueguesa foram construídas antes da disponibilidade comercial de aditivos incorporadores de ar. Em virtude da alta densidade do concreto lançado via tremonha que é aplicado na zona de variação de marés de todas essas estruturas, obteve-se uma resistência muito boa ao gelo, mesmo depois de 30 a 40 anos de exposição.

Mesmo para concreto baseado em cimentos de escória granulada de alto-forno, que é geralmente mais suscetível à escamação causada pelo gelo, a experiência mostra que uma boa resistência ao gelo é obtida se o concreto for suficientemente denso, com proporções água/aglomerante $\leq 0{,}40$. Assim, na Estação Experimental da Ilha de Treat, na costa leste do Canadá, o concreto baseado em escória de cimentos com mais de 80% de escória teve um desempenho muito bom depois de 25 anos de gelo e degelo muito agressivos na zona de variação de marés; esse concreto foi produzido com uma relação água/aglomerante de 0,40 (Thomas; Bremner; Scott, 2011).

2.5.2 Normas e prática

Para as estruturas de concreto em alto-mar mencionadas, por muito tempo especificou-se uma vida útil de 30 anos. No entanto, à medida que se aperfeiçoava a tecnologia para a produção de gás e petróleo e a vida útil dos campos aumentava gradualmente, a vida útil especificada para novas estruturas de concreto em alto-mar também cresceu gradualmente para até 60 anos. Contudo, para todas as estruturas de concreto terrestres construídas ao longo da costa norueguesa durante o mesmo período, a vida útil especificada era de 60 anos, crescendo gradualmente para até cem anos. A despeito dessa diferença na vida útil exigida, os requisitos de durabilidade eram muito mais rigorosos para todas as estruturas de concreto em alto-mar do que para as estruturas de concreto marinhas baseadas em terra.

Para atender aos rigorosos requisitos da indústria de construção em alto-mar, que é muito exigente com relação ao uso de concreto estrutural em instalações do mar do Norte, a Fédération Internationale de la Précontrainte (FIP – em português, Federação Internacional para Estruturas em Concreto Protendido) emitiu, em 1973, algumas recomendações especiais para o projeto e a construção de estruturas de concreto no mar (FIP, 1973). De acordo com as exigências de durabilidade nessas recomendações, a relação água/aglomerante não deve exceder 0,45 para as partes mais expostas das estruturas, combinadas com um teor mínimo de cimento de 400 kg/m^3, mas, de preferência, a relação água/cimento não deve exceder 0,40. Para as partes mais expostas das estruturas, o mínimo cobrimento nominal de concreto para a armadura principal deve ser de 75 mm e de no mínimo 100 mm nos cabos protendidos. Já em 1976 essas recomendações para estruturas de concreto marinhas foram adotadas tanto pelo Norwegian Petroleum Directorate (NPD, 1976) quanto pela Det Norske Veritas[1] (DNV, 1976) para estruturas de concreto no mar do Norte. Em grande medida, os requisitos de durabilidade nessas recomendações da FIP basearam-se nas conclusões e recomendações da abrangente pesquisa de campo realizada de 1962 a 1968 nas estruturas portuárias de concreto ao longo da costa norueguesa (Gjørv, 1968).

No início dos anos 1970, não era fácil produzir concreto com uma relação água/cimento de 0,40 ou menos. Para o tanque Ekofisk, que foi a primeira plataforma de concreto instalada, em 1973, produziu-se um concreto com uma relação água/aglomerante de 0,45 para a zona de variação de marés e de respingos de água do mar. Para todas as outras estruturas construídas depois, a relação água/aglomerante variou tipicamente entre 0,35 e 0,40, sempre combinada com um teor de cimento superior a 400 kg/m^3.

Como será discutido em mais detalhe no Cap. 12, os requisitos de durabilidade para todas as estruturas de concreto terrestres produzidas ao longo da costa norueguesa estavam muito defasados em relação ao conhecimento e estado da arte atuais. Assim, no início dos anos 1970, a norma norueguesa do concreto não tinha nenhum requisito referente à relação água/cimento em estruturas de concreto em ambientes marinhos, e exigia um cobrimento mínimo de concreto de 25 mm, absolutamente insuficiente (Standard Norway, 1973).

---

[1] N. da T.: Det Norske Veritas (The Norwegian Veritas), mais conhecida pela sigla DNV, é uma fundação privada internacional que trabalha com classificação de plataformas de petróleo, entre outras estruturas. Confira: <https://www.dnvgl.com>.

Enquanto a FIP adotou em apenas cinco anos as conclusões e recomendações da pesquisa de campo realizada durante os anos 1960, a Norma Norueguesa de Concreto precisou de 18 anos para adotar uma relação água/cimento ≤ 0,45 para as zonas de respingos e de variação de marés das estruturas de concreto em ambientes marinhos (Standard Norway, 1986). Também precisou de 35 anos para adotar o requisito de relação água/cimento ≤ 0,40 (Standard Norway, 2003a). Passaram-se 21 e 35 anos para que a entidade alterasse o cobrimento mínimo de concreto de 25 mm para 50 mm e 60 mm, respectivamente (Standard Norway, 1989, 2003b). Mesmo assim, muitas das atuais normas europeias do concreto só exigem uma relação água/cimento ≤ 0,45 para as partes mais expostas das estruturas de concreto em ambientes marinhos (CEN, 2009).

2.5.3 Qualidade especificada da execução

Para todas as estruturas de concreto citadas, tanto a qualidade final do concreto como do cobrimento de concreto exibiam uma alta dispersão e variabilidade; e, nos ambientes de severa agressividade, as fraquezas ou deficiências revelavam-se logo, quaisquer que fossem as especificações de durabilidade e materiais utilizados. Mesmo para as estruturas em alto-mar, nas quais houve grande esforço na aplicação de procedimentos rigorosos, tanto para a produção do concreto como para o controle da qualidade do concreto, constatou-se uma alta dispersão e variabilidade da qualidade especificada da execução.

2.5.4 Operação das estruturas

Na operação de todas as estruturas de concreto citadas, a manutenção e os reparos foram tipicamente de natureza corretiva, percebendo-se a necessidade de medidas adequadas já num estágio avançado de degradação. No caso de corrosão das armaduras induzida por cloreto, os reparos nesse estágio são tecnicamente difíceis e desproporcionalmente caros quando comparados à manutenção preventiva com base em avaliações e inspeções frequentes.

Referências bibliográficas

Alaee, M. J. (ed.). (2000). *Proceedings, Fourth International Conference on Coasts, Ports and Marine Structures* – ICOPMAS 2000. Iranian Ports and Shipping Organization – PSO, Teheran.

API - Administración Portuaria Integral. (2008). *Private communication.*

Årskog, V., and Gjørv, O. E. (2008). Unpublished Results. Department of Structural Engineering, Norwegian University of Science and Technology – NTNU, Trondheim.

Årskog, V., Gjørv, O. E., Sengul, Ö., and Dahl, R. (2005). Chloride Penetration into Silica Fume Concrete after 10 Years of Exposure in Aursundet Bridge. In *Proceedings*, Nordic Concrete Research Meeting, ed. T. Kanstad and E. A. Hansen. Norwegian Concrete Association, Oslo, pp. 97–99.

Årstein, R., Rindarøy, O. E., Liodden, O., and Jenssen, B. W. (1998). Effect of Coatings on Chloride Penetration into Offshore Concrete Structures. In *Proceedings, Second International Conference on Concrete under Severe Conditions – Environment and Loading*, vol. 2, ed. O.E. Gjørv, K. Sakai, and N. Banthia. E & FN Spon, London, pp. 921–929.

Banthia, N., Sakai, K., and Gjørv, O. E. (eds.). (2001). *Proceedings, Third International Conference on Concrete under Severe Conditions – Environment and Loading*. University of British Columbia, Vancouver.

Beslac, J., Hranilovic, M., Maric, Z., and Sesar, P. (1997). The Krk Bridge: Chloride Corrosion and Protection. In *Proceedings, International Conference on Repair of Concrete Structures – From Theory to Practice in a Marine Environment*, ed. A. Blankvoll. Norwegian Public Roads Administration, Oslo, pp. 501–506.

Bijen, J. (1998). *Blast Furnace Slag for Durable Marine Structures*. VNC/BetonPrisma, Hertogenbosch.

Blankvoll, A. (ed.). (1997). *Proceedings, Repair of Concrete Structures – From Theory to Practice in a Marine Environment*. Norwegian Road Research Laboratory, Oslo.

Castro-Borges, P., Moreno, E. I., Sakai, K., Gjørv, O. E., and Banthia, N. (eds.). (2010). *Proceedings Vol. 1 and 2, Sixth International Conference on Concrete under Severe Conditions – Environment and Loading*. CRC Press, London.

CEN (2009). *Survey of National Requirements Used in Conjunction with EN 206- 1:2000*, Technical Report CEN/TR 15868. CEN, Brussels.

Darwin, D. (2007). President's Memo: It's Time to Invest. *Concrete International*, 29(10), 7.

DNV. (1976). *Rules for the Design, Construction and Inspection of Fixed Offshore Structures*. Det Norske Veritas—DNV, Oslo.

Ferreira, M. (2004). Probability Based Durability Design of Concrete Structures in Marine Environment, Doctoral Dissertation. Department of Civil Engineering, University of Minho, Guimarães.

Ferreira, M., Årskog, V., and Gjørv, O. E. (2003). *Concrete Structures at Tjeldbergodden*, Project Report BML 200303. Department of Structural Engineering, Norwegian University of Science and Technology – NTNU, Trondheim.

FIP. (1973). *Recommendations for the Design and Construction of Concrete Sea Structures*. Féderation Internationale de la Précontrainte – FIP, London.

FIP. (1996). *Durability of Concrete Structures in the North Sea, State-of-the-Art Report*. Féderation Internationale de la Précontrainte – FIP, London.

Fjeld, S., and Røland, B. (1982). Experience from In-Service Inspection and Monitoring of 11 North Sea Structures. In *Offshore Technology Conference*, Paper 4358, Houston.

Fluge, F. (1997). Environmental Loads on Coastal Bridges. In *Proceedings, International Conference on Repair of Concrete Structures – From Theory to Practice in a Marine Environment*, ed. A. Blankvoll. Norwegian Public Roads Administration, Oslo, pp. 89–98.

Gewertz, M. W., Tremper, B., Beaton, J. L., and Stratfull, R. F. (1958). *Causes and Repair of Deterioration to a California Bridge due to Corrosion of Reinforcing Steel in a Marine Environment*, Highway Research Board Bulletin 182, National Research Council Publication 546. National Academy of Sciences, Washington, DC.

Gjørv, O. E. (1968). *Durability of Reinforced Concrete Wharves in Norwegian Harbours*. Ingeniørforlaget AS, Oslo.

Gjørv, O. E. (1970). Thin Underwater Concrete Structures. *Journal of the Construction Division*, ASCE, 96, 9–17.

Gjørv, O. E. (1971). Long-Time Durability of Concrete in Seawater. *Journal of American Concrete Institute*, 68(1), 60–67.

Gjørv, O. E. (1975). Concrete in the Oceans. *Marine Science Communications*, 1(1), 51–74.

Gjørv, O. E. (1994). Steel Corrosion in Concrete Structures Exposed to Norwegian Marine Environment. *Concrete International*, 16(4), 35–39.

Gjørv, O. E. (1996). Performance and Serviceability of Concrete Structures in the Marine Environment. In *Proceedings, Odd E. Gjørv Symposium on Concrete for Marine Structures*, ed. P.K. Mehta. ACI/CANMET, Ottawa, pp. 259–279.

Gjørv, O. E. (2002). Durability and Service Life of Concrete Structures. In *Proceedings, The First FIB Congress*, session 8, vol. 6. Japan Prestressed Concrete Engineering Association, Tokyo, pp. 1–16.

Gjørv, O. E. (2006). The Durability of Concrete Structures in the Marine Environment. In *Durability of Materials and Structures in Building and Civil Engineering*, ed. C.W. Yu and J.W. Bull. Whittles Publishing, Dunbeath, Scotland, pp. 106–127.

Gjørv, O. E., and Kashino, N. (1986). Durability of a 60 Year Old Reinforced Concrete Pier in Oslo Harbour. *Materials Performance*, 25(2), 18–26.

Gjørv, O. E., Sakai, K., and Banthia, N. (eds.) (1998). *Proceedings, Second International Conference on Concrete under Severe Conditions – Environment and Loading*. E & FN Spon, London.

Guofei, L., Årskog, V., and Gjørv, O. E. (2005). *Field Tests with Surface Hydrophobation – Ulsteinvik*, Project Report BML 200503. Department of Structural Engineering, Norwegian University of Science and Technology – NTNU, Trondheim.

Hasselø, J. A. (1997). Ullasundet Bridge – The Life Cycle of a Concrete Structure. In *Proceedings, Seminar on Life Cycle Management of Concrete Structures*. Department of Building Materials, Norwegian University of Science and Technology – NTNU, Trondheim (in Norwegian).

Hasselø, J. A. (2007). Personal information.

Helland, S., Aarstein, R., and Maage, M. (2010). In-Field Performance of North Sea Off-shore Platforms with Regard to Chloride Resistance. *Structural Concrete*, 11(1), 15–24.

Hølaas, H. (1992). *Condition of the Concrete Structures at the Statfjord and Gullfaks Oil Fields*, Report OD 92/87. Norwegian Petroleum Directorate, Stavanger (in Norwegian).

Holen Relling, R. (1999). Coastal Concrete Bridges: Moisture State, Chloride Permeability and Aging Effects, Dr. Ing. Thesis 1999:74. Department of Structural Engineering, Norwegian University of Science and Technology – NTNU, Trondheim.

Horrigmoe, G. (2000). Future Needs in Concrete Repair Technology. In *Concrete Technology for a Sustainable Development in the 21st Century*, ed. O. E. Gjørv and K. Sakai. E & FN Spon, London, pp. 332–340.

Kompen, R. (1998). What Can Be Done to Improve the Quality of New Concrete Structures? In *Proceedings, Second International Conference on Concrete Under Severe Conditions – Environment and Loading*, vol. 3, ed. O. E. Gjørv, K. Sakai, and N. Banthia. E & FN Spon, London, pp. 1519–1528.

Knudsen, A., Jensen, F. M., Klinghoffer, O., and Skovsgaard, T. (1998). Cost-Effective Enhancement of Durability of Concrete Structures by Intelligent Use of Stainless Steel Reinforcement. In *Proceedings, Conference on Corrosion and Rehabilitation of Reinforced Concrete Structures*, Florida.

Knudsen, A., and Skovsgaard, T. (1999). Ahead of Its Peers – Inspection of 60 Years Old Concrete Pier in Mexico Reinforced with Stainless Steel. *Concrete Engineering International*.

Lahus, O. (1999). An Analysis of the Condition and Condition Development of Concrete Wharves in Norwegian Fishing Harbours, Dr.Ing. Thesis 1999:23. Department of Building Materials, Norwegian University of Science and Technology – NTNU, Trondheim (in Norwegian).

Lahus, O., Gussiås, A., and Gjørv, O.E. (1998). *Condition, Operation and Maintenance of Norwegian Concrete Harbour Structures*, Report BML 98008. Department of Building Materials, Norwegian University of Science and Technology—NTNU, Trondheim (in Norwegian).

Li, Z. J., Sun, W., Miao, C. W., Sakai, K., Gjørv, O. E, and Banthia, N. (eds.). (2013). *Proceedings, Seventh International Conference on Concrete under Severe Conditions – Environment and Loading.* RILEM, Bagneux.

Malhotra, V. M. (ed.). (1980). *Proceedings, First International Conference on Performance of Concrete in Marine Environment*. ACI SP-65.

Malhotra, V. M. (ed.). (1988). *Proceedings, Second International Conference on Performance on Concrete in Marine Environment*. ACI SP-109.

Malhotra, V. M. (ed.). (1996). *Proceedings, Third International Conference on Performance on Concrete in Marine Environment*. ACI SP-163.

Matta, Z. G. (1993). Deterioration of Concrete Structures in the Arabian Gulf. *Concrete International*, 15, 33–36.

Mehta, P. K. (ed.). (1989). *Proceedings, Ben C. Gerwick Symposium on International Experience with Durability of Concrete in Marine Environment*. Department of Civil Engineering, University of California at Berkeley, Berkeley, California.

Mehta, P. K. (ed.). (1996). *Proceedings, Odd E. Gjørv Symposium on Concrete for Marine Structures*. CANMET/ACI, Ottawa.

Moksnes, J. (1982). *Offshore Concrete – Recent Developments in Concrete Mix Design*. Nordisk Betong, pp. 2–4.

Moksnes, J., and Jakobsen, B. (1985). *High-Strength Concrete Development and Potentials for Platform Design*, OTC Paper 5073. Annual Offshore Technology Conference, Houston, TX, pp. 485–495.

Moksnes, J., and Sandvik, M. (1996). Offshore Concrete in the North Sea – A Review of 25 Years Continuous Development and Practice in Concrete Technology. In *Proceedings, Odd E. Gjørv Symposium on Concrete for Marine Structures*, ed. P.K. Mehta. ACI/CANMET, Ottawa, pp. 1–22.

Nilsson, I. (1991). *Repairs of the Øland Bridge, Experience and Results of the First Six Columns Carried Out in 1990*, Report. NCC, Malmø (in Swedish).

NORDTEST. (1999). *NT Build 492: Concrete, Mortar and Cement Based Repair Materials, Chloride Migration Coefficient from Non-Steady State Migration Experiments*. NORDTEST, Espoo.

NPD. (1976). *Regulations for the Structural Design of Fixed Structures on the Norwegian Continental Shelf*. Norwegian Petroleum Directorate, Stavanger.

NPRA. (1993). *The Helgelands Bridge – Chloride Penetration*, Internal Report. Norwegian Public Road Administration – NPRA, Oslo (in Norwegian).

NTNU. (2005). *Private Archive No. 60: Concrete in Seawater*, University Library, Norwegian University of Science and Technology, Trondheim.

Oh, B. H., Sakai, K., Gjørv, O. E., and Banthia, N. (eds.). (2004). *Proceedings, Fourth International Conference on Concrete under Severe Conditions – Environment and Loading.* Seoul National University and Korea Concrete Institute, Seoul.

Østmoen, T. (1998). Field Tests with Cathodic Protection of the Oseberg A Platform. *Ingeniørnytt*, 34(6), 16–17 (in Norwegian).

Østmoen, T., Liestøl, G., Grefstad, K. A., Sand, B. T., and Farstad, T. (1993). *Chloride Durability of Coastal Concrete Bridges*, Report. Norwegian Public Roads Administration, Oslo (in Norwegian).

Pruckner, F. (2002). Diagnosis and Protection of Corroding Steel in Concrete, PhD Thesis 2002:140. Department of Structural Engineering, Norwegian University of Science and Technology – NTNU, Trondheim.

Pruckner, F., and Gjørv, O. E. (2002). Patch Repair and Macrocell Activity in Concrete Structures. *ACI Materials Journal*, 99(2), 143–148.

Rambøll. (1999). *Pier in Progreso, Mexico – Evaluation of the Stainless Steel Reinforcement*, Inspection Report 990022. Rambøll Consulting Engineers, Copenhagen.

Sakai, K., Banthia, N., and Gjørv, O. E. (eds.). (1995). *Proceedings, First International Conference on Concrete under Severe Conditions – Environment and Loading.* E & FN Spon, London.

Sandvik, M., Haug, A. K., and Erlien, O. (1994). *Chloride Permeability of High-Strength Concrete Platforms in the North Sea*, ACI SP-145, ed. V. M. Malhotra. Detroit, pp. 121–130.

Sandvik, M., and Wick, S.O. (1993). Chloride Penetration into Concrete Platforms in the North Sea. In *Proceedings, Workshop on Chloride Penetration into Concrete Structures*, ed. L.-O. Nilsson. Division of Building Materials, Chalmers University of Technology, Gothenburg.

Sellevold, E. J. (1997). Resistivity and Humidity Measurements of Repaired and Non-Repaired Areas of Gimsøystraumen Bridge. In *Proceedings, Repair of Concrete Structures – From Theory to Practice in a Marine Environment*, ed. A. Blankvoll. Norwegian Road Research Laboratory, Oslo, pp. 283–295.

Sengul, Ö., and Gjørv, O. E. (2007). Chloride Penetration into a 20 Year Old North Sea Concrete Platform. In *Proceedings, Fifth International Conference on Concrete under Severe Conditions – Environment and Loading*, ed. F. Toutlemonde, K. Sakai, O.E. Gjørv, and N. Banthia, vol. 1. Laboratoire Central des Ponts et Chaussées, Paris, pp. 107–116.

Simon, P. (2004). Improved Current Distribution due to a Unique Anode Mesh Placement in a Steel Reinforced Concrete Parking Garage Slab CP System. In NACE Corrosion 2004, Paper 04345.

Standard Norway. (1973). *NS 3473: Concrete Structures – Design and Detailing Rules.* Standard Norway, Oslo (in Norwegian).

Standard Norway. (1986). *NS 3420: Specification Texts for Buildings and Construction Works.* Standard Norway, Oslo (in Norwegian).

Standard Norway. (1989). *NS 3473: Concrete Structures – Design and Detailing Rules.* Standard Norway, Oslo (in Norwegian).

Standard Norway. (2003a). *NS-EN 206-1: Concrete—Part 1: Specification, Performance, Production and Conformity*, Amendment prA1:2003 Incorporated. Standard Norway, Oslo (in Norwegian).

Standard Norway. (2003b). NS 3473: *Concrete Structures – Design and Detailing Rules.* Standard Norway, Oslo (in Norwegian).

Stoltzner, E., and Sørensen, B. (1994). Investigation of Chloride Penetration into the Farø Bridges. *Dansk Beton*, 11(1), 16–18 (in Danish).

Stratfull, R. F. (1970). Personal communication.

Thomas, M. D. A., Bremner, T., and Scott, A. C. N. (2011). Actual and Modeled Performance in a Tidal Zone. *Concrete International*, 33(11), 23–28.

Toutlemonde, F., Sakai, K., Gjørv, O. E., and Banthia, N. (eds.). (2007). *Proceedings, Fifth International Conference on Concrete under Severe Conditions – Environment and Loading.* Paris, Laboratoire Central des Ponts et Chauseés, Paris.

Transportation Research Board. (1986). *Strategic Highway Research Program Research Plans.* American Association of State Highway and Transportation Officials.

U.S. Accounting Office. (1979). *Solving Corrosion Problems of Bridge Surfaces Could Save Billions.* Comptroller General of the United States, U.S. Accounting Office PSAD-79-10.

Wood, J. G. M., and Crerar, J. (1997). *Tay Road Bridge: Analysis of Chloride Ingress, Variability and Prediction of Long Term Deterioration.* Construction and Building Materials, 11(4), 249–254.

Yunovich, M., Thompson, N. G., Balvanyos, T., and Lave, L. (2001). *Corrosion Cost and Preventive Strategies in the United States – Highway Bridges*, Appendix D, FHWA--RD-01-156. Office of Infrastructure Research and Development, U.S. Federal Highway Administration.

três
Corrosão das armaduras

EMBORA EXISTAM diferentes processos de deterioração que podem causar problemas à durabilidade e ao desempenho de estruturas de concreto em ambientes de severa agressividade, recentemente adquiriu-se muita experiência internacional no aperfeiçoamento de procedimentos e diretrizes para controle tanto da reação álcali-agregado como da ação deletéria do congelamento e degelo. Esses dois processos de deterioração, no entanto, ainda representam um grande desafio em muitos casos. Como mostrado no Cap. 2, o controle adequado da penetração do cloreto e a corrosão prematura das armaduras ainda aparecem como grandes desafios tanto para o projeto de durabilidade como para a operação de estruturas de concreto em ambientes de severa agressividade. Ocasionalmente, a penetração precoce do cloreto pode também ser um desafio durante a concretagem, conforme demonstrado no Cap. 2. Neste capítulo, portanto, serão descritas e discutidas detalhadamente a penetração de cloretos e a corrosão de armaduras.

É bem conhecida a elevada capacidade do concreto de proteger armaduras contra a corrosão, o que se deve principalmente à passivação eletroquímica das armaduras na solução altamente alcalina presente nos poros do concreto. No entanto, a corrosão pode começar quando a passivity é rompida, parcial ou completamente, seja devido à carbonatação do concreto ou à presença de cloretos. Quando há corrosão, o potencial eletroquímico da armadura torna-se mais negativo e forma algumas áreas anódicas, enquanto outras porções do aço, cujo potencial passivo está intacto, atuarão como áreas de captação de oxigênio e formarão áreas catódicas. Se a resistividade elétrica (iônica) do concreto está suficientemente baixa, um sistema complexo de atividades de células de corrosão do tipo galvânico desenvolve-se ao longo das armaduras.

Em todas essas células galvânicas ocorre um fluxo de corrente, cuja intensidade determina a taxa de corrosão. Embora o tamanho e a geometria das áreas anódica e catódica nessas células galvânicas sejam fatores importantes, a taxa de corrosão é controlada principalmente pela resistividade elétrica (iônica) do concreto e pela disponibilidade de oxigênio para o processo catódico. Para o concreto denso e de alta qualidade, com a espessura de cobrimento apropriada, a carbonatação do concreto e a corrosão induzida por carbonatação normalmente não são um problema. Para estruturas de concreto em ambientes úmidos, as experiências descritas no Cap. 2 parecem demonstrar que a carbonatação do concreto não é um problema, mesmo para concretos de qualidade moderada.

Para estruturas de concreto em ambientes com alto teor de cloretos, o Cap. 2 demonstrou claramente que é apenas uma questão de tempo antes que quantidades prejudiciais de cloreto cheguem às armaduras, mesmo através de cobrimentos adequados de concreto de alta qualidade. A alta dispersão e variabilidade da qualidade especificada da execução também representam um desafio especial à durabilidade e ao desempenho das estruturas de concreto, pois falhas localizadas induzem deficiências e fraquezas que são logo reveladas, por melhor que tenham sido as especificações de durabilidade e os materiais utilizados.

3.1 PENETRAÇÃO DO CLORETO

Para estruturas de concreto em ambientes com alto teor de cloretos, a penetração dos cloretos pode ocorrer de maneiras diferentes. No concreto sem fissuras, a penetração ocorre principalmente por absorção capilar e difusão. Quando um concreto relativamente seco é exposto à água salgada, pode absorvê-la rapidamente. Os processos de molhagem, que ocorrem em virtude de movimentos de maré e chuva, e secagem favorecem o acúmulo de sal no interior do concreto, elevando a concentração de sal (Helene et al., 2013). Para estruturas de concreto em ambientes marinhos, a exposição intermitente a respingos de água do mar pode também resultar num teor flutuante de umidade na camada exterior do concreto, como mostra a Fig. 3.1. Para muitas das estruturas de concreto ao longo da costa norueguesa, no entanto, observaram-se constantes altos teores de umidade na camada exterior do concreto; em algumas das pontes costeiras de concreto, o grau de saturação capilar variava tipicamente de 80% a 90% na camada exterior de 40 mm a 50 mm de concreto (Cap. 2). Portanto, dada a espessura do cobrimento tipicamente especificado para estruturas de concreto em ambientes de severa agressividade, o teor de umidade no cobrimento pode ser muito alto e, assim, a difusão iônica parece ser o mecanismo de transporte mais comum para a penetração de cloretos.

Embora a penetração de cloretos no concreto tenha sido objeto de extensa pesquisa teórica e aplicada, ainda parece ser uma questão muito complexa e difícil (Poulsen; Mejlbro, 2006; Tang; Nilsson; Basher, 2012). Mesmo a pura difusão de íons de cloreto no concreto é um processo de transporte muito complexo (Zhang; Gjørv, 1996). Assim, quando se aplica a segunda lei da difusão de Fick para calcular as taxas de penetração do cloreto no concreto, deve-se notar que esse cálculo é baseado em certas premissas e numa simplificação muito grosseira do real mecanismo de transporte.

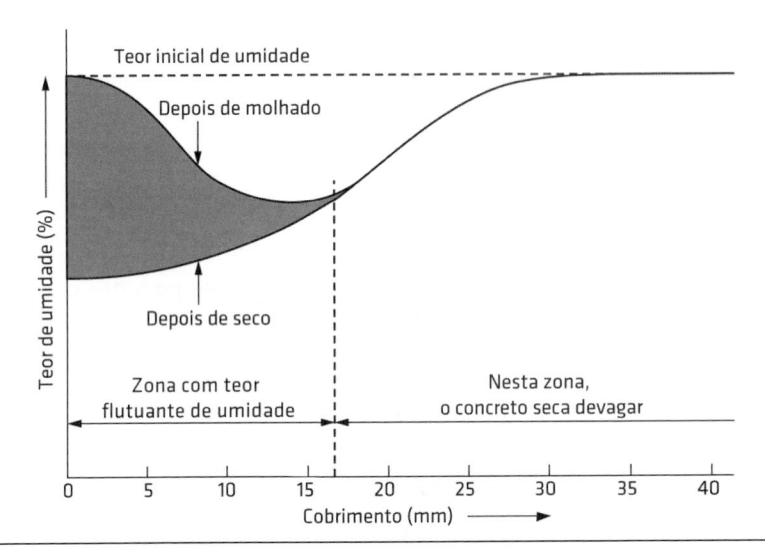

FIG. 3.1 *Camada externa do concreto, com alterações no teor de umidade sob condições de respingos de água do mar, ao longo da costa do mar do Norte, segundo Bakker (1992)*
Fonte: adaptado de Bijen (1998).

Para uma boa avaliação da resistência do concreto à penetração do cloreto, vários fatores devem ser considerados. Em geral, a relação água/cimento do concreto é um dos fatores de controle mais importantes. Para obter a resistência adequada do concreto, com base em cimentos Portland puros (CEM I), a relação água/cimento não pode exceder o nível de 0,40; acima desse nível, o concreto adquire claramente uma porosidade mais alta, como mostra a Fig. 3.2. Embora a baixa relação água/cimento seja importante, está muito bem documentado na literatura que a seleção do cimento ou do sistema aglomerante adequados pode ser tão ou mais importante do que selecionar uma baixa relação água/cimento. Portanto, quando a relação água/cimento foi reduzida de 0,50 para 0,40 para um concreto baseado em cimento Portland puro (CEM I), a difusividade do cloreto também foi reduzida por um fator de dois a três, enquanto a adição de vários tipos de materiais cimentícios suplementares (como escória granulada de alto-forno, cinzas volantes ou sílica ativa) à mesma relação de água/aglomerante pode reduzir a difusividade do cloreto por um fator de até 20 vezes (Thomas; Bremner; Scott, 2011). Enquanto uma relação reduzida de água/cimento, de 0,45 para 0,35 para um concreto baseado em cimentos Portland puros, pode reduzir a difusividade do cloreto por um fator de dois, a substituição do cimento Portland por um cimento composto adequado e com alto teor de escória de alto-forno pode reduzir a difusividade por um fator de até 50 vezes (Bijen, 1998).

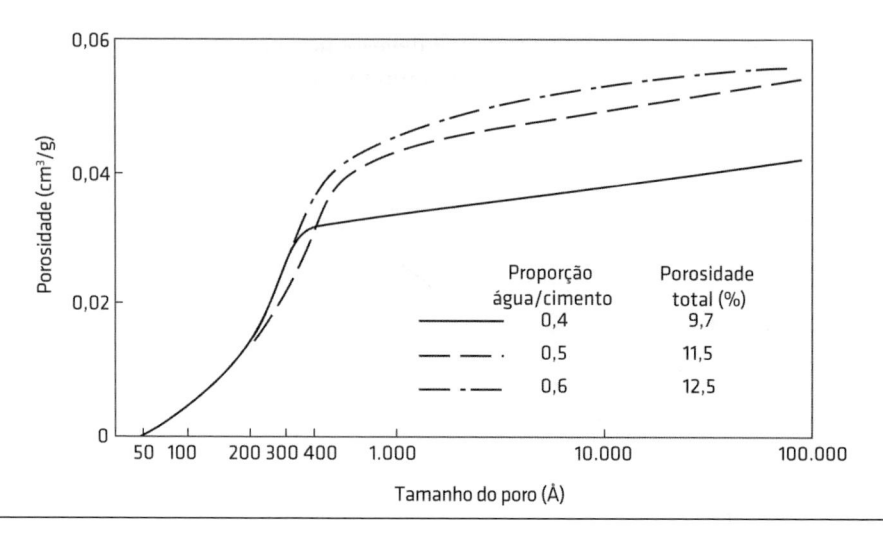

FIG. 3.2 *Efeito da relação água/cimento na porosidade do concreto baseado em cimento Portland puro (CEM I)*
Fonte: adaptado de Gjørv e Vennesland (1979).

O efeito benéfico dos materiais pozolânicos, naturais ou industriais (como sílica ativa, cinzas volantes e cinzas de casca de arroz) na resistência do concreto à penetração do cloreto está bem documentado na literatura (Gjørv, 1983; Berry; Malhotra, 1986; Malhotra et al., 1987; FIP, 1998; Malhotra; Ramezanianpour, 1994; Gjørv; Ngo; Mehta, 1998; Filho et al., 2013). O efeito superior dos cimentos de escória granulada de alto-forno também tem sido documentado na literatura por mais de cem anos (Bijen, 1998). Ao combinar cimentos de alto teor de escória de alto-forno com vários tipos de materiais pozolânicos, mantida uma relação baixa de água/aglomerante, obtêm-se difusividades muito baixas do cloreto e se produzem, assim, concretos com resistência muito alta à penetração de cloretos.

3.1.1 Efeito do tipo de cimento

A Fig. 3.3 mostra a resistência à penetração de cloretos em quatro tipos diferentes de cimento comercial produzidos com a mesma composição de concreto, numa relação água/aglomerante fixa de 0,45. Esses cimentos incluem dois cimentos de alto teor de escória de alto-forno do tipo CEM II/B-S 42,5 R NA (GGBS1, similar ao CP II E 40 no Brasil), com 34% de escória e do tipo CEM III/B 42,5 LH HS (GGBS2, similar ao CP III 40 no Brasil), com 70% de escória; um cimento Portland puro de alto desempenho do tipo CEM I 52,5 LA (HPC, similar ao CP V no Brasil) e um cimento de cinzas volantes CEM II/A V 42,5 R, com 18% de cinzas volantes (PFA, similar ao cimento composto CP II Z 40 no Brasil). A resistência à penetração do cloreto foi determinada pelo método da rápida migração do cloreto (método RCM) (Nordtest, 1999) e todos os ensaios foram realizados em concreto curado na água a 20 °C por períodos de até 180 dias. Para comparar os mesmos tipos de cimento num concreto mais denso, os mesmos cimentos também foram testados combinados com 10% de sílica ativa por massa do cimento numa relação água/aglomerante de 0,38 (Fig. 3.4).

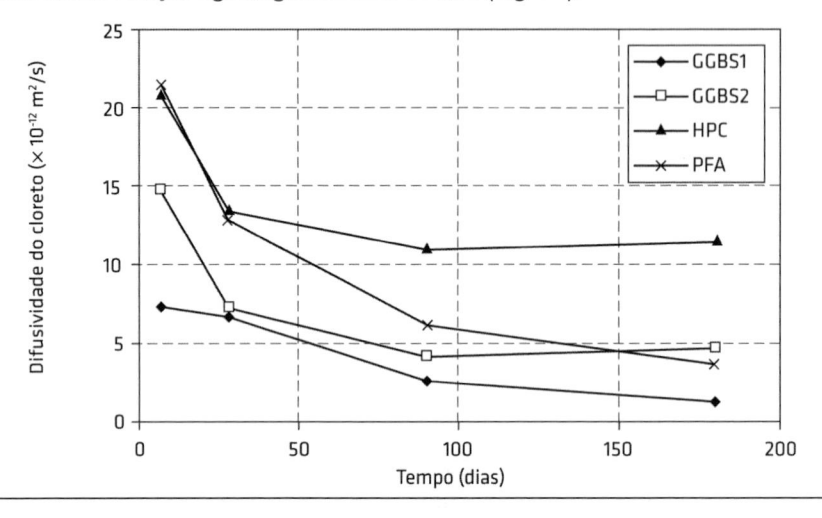

FIG. 3.3 *Efeito do tipo de cimento na resistência do concreto à penetração do cloreto, com a relação água/aglomerante de 0,45*
Fonte: adaptado de Årskog (2007).

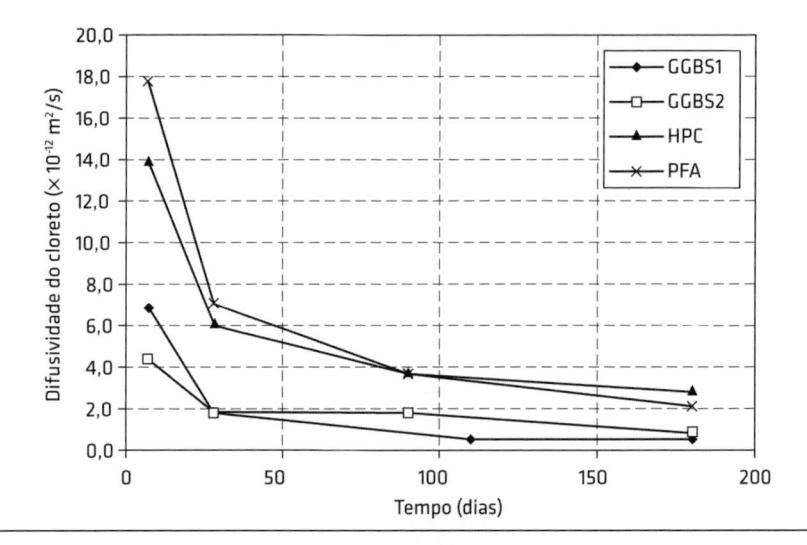

FIG. 3.4 *Efeito do tipo de cimento na resistência do concreto à penetração do cloreto, com a relação água/aglomerante de 0,38*
Fonte: adaptado de Årskog et al. (2007).

As Figs. 3.3 e 3.4 mostram que os dois cimentos de escória têm uma resistência à penetração do cloreto claramente mais alta que a do cimento de cinzas volantes e uma resistência substancialmente mais alta que a do cimento Portland puro.

No concreto mais denso, a diferença entre diferentes tipos de cimento foi menor do que no concreto mais poroso. No entanto, mesmo no concreto mais denso de todos, ainda há uma diferença clara entre os cimentos de escória e os outros cimentos. Além disso, os dois tipos de cimento de escória exibiram uma resistência precoce à penetração do cloreto muito alta quando comparada à dos outros tipos de cimento. Isso pode ser importante nos casos de exposição precoce ao cloreto durante o lançamento do concreto em ambientes marinhos inóspitos, como mostra o Cap. 2.

Nos últimos anos tem havido uma tendência para usar mais cimentos Portland compostos em vez de puros. Materiais substitutos, como cinzas volantes e escória de alto-forno, também são muito usados como aditivos à composição do concreto durante a produção. Há sempre a pergunta sobre quanto do cimento Portland deveria ser substituído para obter uma resistência adequada à penetração do cloreto. Enquanto as escórias de alto-forno são aglomerantes hidráulicos, a maioria dos tipos de cinzas volantes são materiais pozolânicos, cujo principal efeito depende do volume de $Ca(OH)_2$ disponível para a reação pozolânica. Portanto, quando o cimento Portland puro é substituído por mais de 30% de cinzas volantes de baixo teor de cálcio, vê-se na Fig. 3.5 que só ocorre um efeito muito pequeno – ou nenhum efeito – na resistência à penetração do cloreto. Esses resultados basearam-se no método da rápida permeabilidade do cloreto (RCP, *rapid chloride permeability method*) (ASTM, 2005) aplicado a concreto produzido numa relação água/aglomerante de 0,35 e curado em água a 20 °C durante um ano.

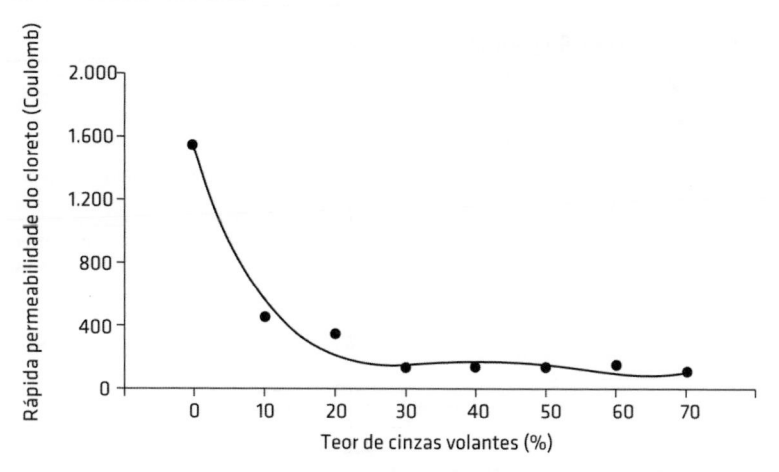

Fig. 3.5 *Efeito das cinzas volantes na rápida permeabilidade do cloreto (RCP) depois de um ano de cura em água a 20 °C*
Fonte: adaptado de Sengul (2005).

Para estabelecer a composição apropriada de concreto numa nova estrutura portuária de concreto, realizaram-se, no canteiro de obra, alguns ensaios preliminares com diferentes tipos de sistemas de aglomerantes. Esses ensaios incluíram a produção de três elementos sólidos de concreto, em que o cimento Portland puro de alto desempenho (CEM I 52,5 LA) foi parcialmente substituído por 20%, 40% e 60% de cinzas volantes; todos os compostos de concreto tinham uma relação água/aglomerante de 0,39. De cada elemento de teste, removeram-se testemunhos para testar a difusividade do cloreto em várias idades até três anos de cura em campo (Tabs. 3.1 e 3.2). Os resultados da Tab. 3.1 foram baseados em ensaios pelo método RCM (Nordtest, 1999), e os da Tab. 3.2, em ensaios paralelos por meio do método de imersão (Nordtest, 1995). As duas tabelas, porém, revelam que não se observou qualquer efeito adicional na difusividade do cloreto para além da substituição de 20% do cimento Portland puro.

TAB. 3.1 EFEITO DAS CINZAS VOLANTES (FLY ASH) NA DIFUSIVIDADE DO CLORETO (MÉTODO RCM) DEPOIS DE TRÊS ANOS DE CURA EM CAMPO, NO CANTEIRO DE OBRA[a]

Concreto	Primeiro ano	Segundo ano	Terceiro ano
20% de cinzas volantes	1,4	1,1	0,66
	0,2	0,2	0,27
40% de cinzas volantes	1,4	1,2	1,13
	0,1	0,1	0,38
60% de cinzas volantes	1,7	1,5	1,07
	0,1	0,1	0,22

[a] Valores medianos e desvio padrão ($\times 10^{-12}$ m^2/s).

Fonte: adaptado de Årskog e Gjørv (2009).

TAB. 3.2 EFEITO DAS CINZAS VOLANTES NA DIFUSIVIDADE DO CLORETO (MÉTODO DA IMERSÃO) DEPOIS DE DOIS ANOS DE CURA EM CAMPO, NO CANTEIRO DE OBRA[a]

Difusividade do cloreto ($\times 10^{-12}$ m^2/s)	20% de cinzas volantes	40% de cinzas volantes	60% de cinzas volantes
	0,48	0,44	0,50
	0,16	0,05	0,13

[a] Valores medianos e desvio padrão.

Fonte: adaptado de Årskog e Gjørv (2009).

Os cimentos Portland puros podem ser substituídos por grandes quantidades de escória de alto-forno (ao contrário das cinzas volantes). Assim, na Fig. 3.6 o cimento Portland (CEM I 42,5 R) foi parcialmente substituído por 40%, 60% e 80% de escória de alto-forno com uma finura Blaine de 5.000 cm^2/g. Com base em concreto produzido na relação água/aglomerante de 0,40 e curado em água a 20 °C por até um ano, a resistência do concreto à penetração do cloreto foi testada por meio do método RCM. Depois de 28 dias, pode-se ver que volumes crescentes de escória reduziram com sucesso a difusividade inicial do concreto de 11,2 para 4,9, 3,6 e 2,3 × 10^{-12} m^2/s, enquanto depois de um ano essa difusividade pode variar de 3,0 a 1,2 × 10^{-12} m²/s, em contraste com 7,0 × 10^{-12} m²/s no caso do cimento Portland puro. Em paralelo, o ensaio de difusão pelo método de imersão também mostrou um efeito semelhante das crescentes substituições de cimento Portland por escória (Fig. 3.7). Depois de 28 dias de cura em água e mais 35 dias de imersão numa solução de sal, a difusividade do cloreto foi reduzida de 12,8 × 10^{-12} m²/s no cimento Portland puro para 4,0, 3,1 e 3,2 × 10^{-12} m²/s para o teor de escória a 40%, 60% e 80%, respectivamente. Todos esses resultados de ensaios confirmam outros resultados relatados na literatura (Bijen, 1998). Portanto, a Fig. 3.8 mostra que quase não houve efeito na difusividade do cloreto com teor de escória inferior a cerca de 25%, tendo havido uma grande queda na difusividade com teores de escória de 25% a 50%; para além de 50%, ainda houve queda, mas muito pequena.

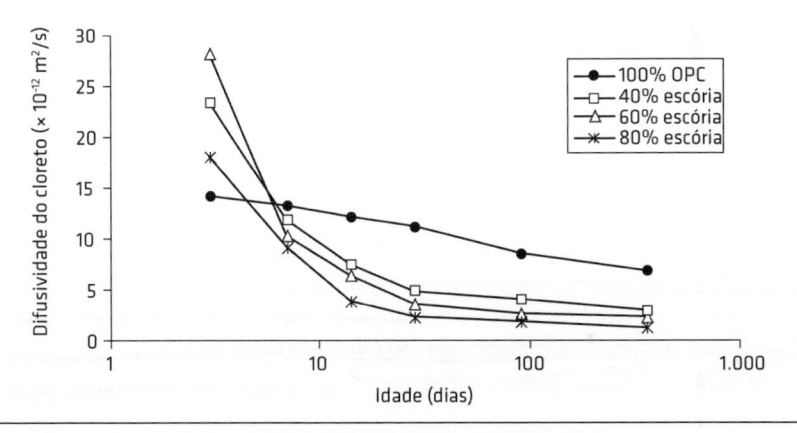

FIG. 3.6 *Efeito da escória de alto-forno na difusividade do cloreto no concreto (método RCM)*
Fonte: adaptado de Sengul e Gjørv (2007).

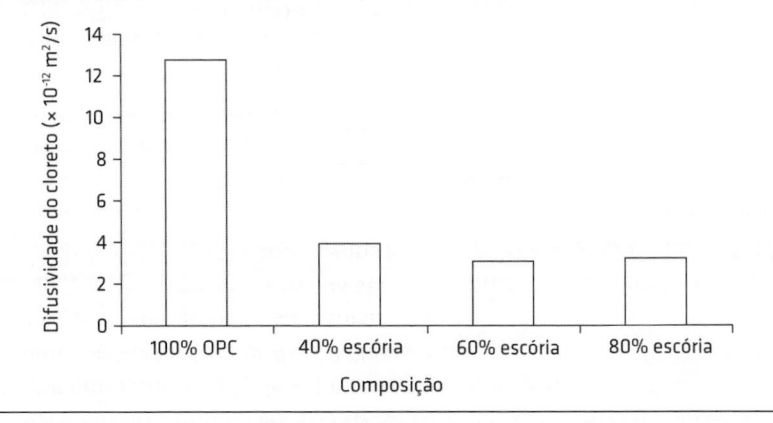

FIG. 3.7 *Efeito da escória de alto-forno na difusividade do cloreto no concreto (imersão)*
Fonte: adaptado de Sengul (2005).

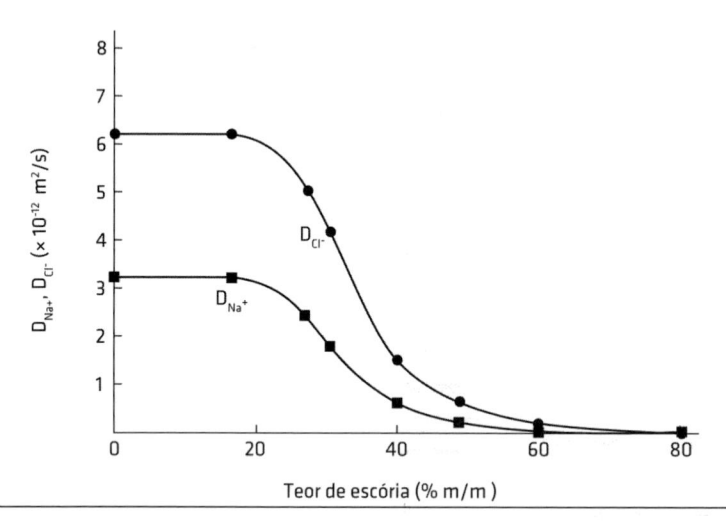

FIG. 3.8 *Efeito da escória de alto-forno na difusividade da pasta pura de cimento na relação água/aglomerante de 0,60, de acordo com Brodersen (1982)*
Fonte: adaptado de Bijen (1998).

Para muitos materiais de substituição do cimento, podem-se obter outros efeitos benéficos na resistência à penetração do cloreto por meio de crescente finura no material substituto. Assim, observou-se altíssima resistência à penetração do cloreto quando a escória é reduzida à finura Blaine de 16.000 cm^2/g (Gjørv et al., 1998b). Com base no método de migração *steady-stade* (Nordtest, 1989), obtiveram-se difusividades do cloreto finais variando de 0,04 a 0,08 × 10^{-12} m^2/s. Com a substituição do cimento Portland por 30% de escória de alto-forno com finura Blaine de 8.700 cm^2/g e 10% de sílica ativa, também se obteve uma resistência muito alta à penetração do cloreto, tanto no concreto novo como no produto final (Teng; Gjørv, 2013). Assim, depois de 3 e 28 dias de cura, as difusividades do cloreto eram 1,7 e 0,1 × 10^{-12} m^2/s (método RCM), respectivamente, atingindo 0,01 × 10^{-12} m^2/s depois de 90 dias.

A literatura refere-se com frequência ao efeito benéfico do C_3A no cimento Portland puro, por fixar quimicamente os cloretos penetrantes. A Fig. 3.9 mostra o efeito benéfico do C_3A, incluído em dois diferentes tipos de cimento Portland à proporção de 0% e 8,6%. Demonstra-se, novamente, a resistência superior da composição de 80% de cimento de escória de alto-forno à penetração do cloreto, em comparação com a resistência de dois tipos de cimento Portland, a da composição com 30% de escória e a da composição com 26% de cimento de cinza volante. Esses resultados basearam-se em ensaios de campo de argamassas com uma relação água/aglomerante de 0,50, submersas em água do mar em circulação, numa temperatura de cerca de 7 °C. De acordo com Mehta (1977), a fixação química de cloretos penetrantes não ocorre a menos que o teor de C_3A seja muito superior a 8%. Para um concreto produzido com um cimento Portland com 16% C_3A, a uma relação água/aglomerante de 0,34, porém, uma penetração do cloreto de até 80 mm foi observada numa estrutura portuária de concreto no Japão após cerca de cem anos de exposição à água do mar (Gjørv et al., 1998a).

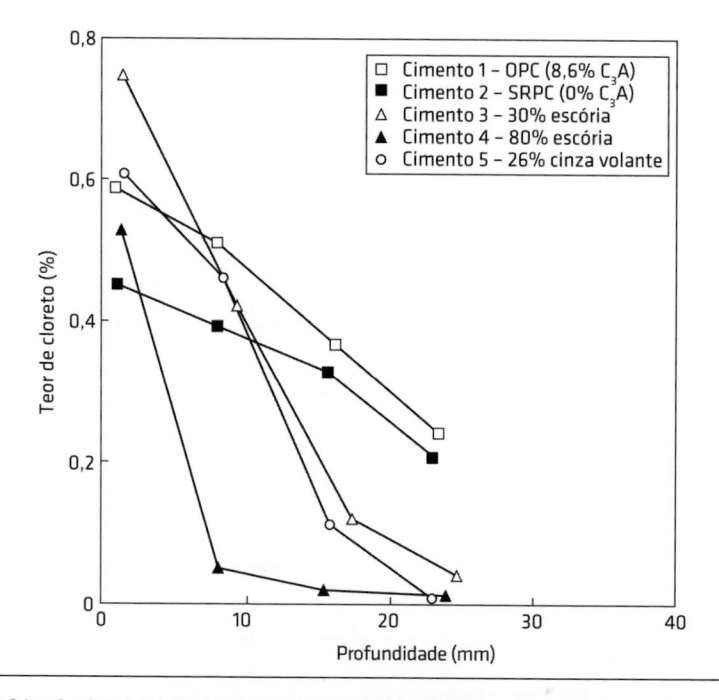

FIG. 3.9 *Efeito do tipo de cimento na penetração do cloreto (por massa do cimento) em concreto exposto a água do mar em circulação*
Fonte: adaptado de Gjørv e Vennesland (1979).

De acordo com Sluijter (1973), a capacidade de fixar cloretos penetrantes numa pasta de cimento hidratada é principalmente uma questão de adsorção física à superfície do gel CSH (silicato cálcico hidratado) e não de aglomeração química. No caso dos cimentos Portland compostos tanto com materiais pozolânicos como com cimentos de escória de alto-forno, obtém-se uma formação substancialmente maior de gel CSH, com um volume também maior de pequenos poros de gel (< 30 nm) e um volume menor de grandes poros capilares do que em concretos feitos com cimentos Portland puros. Para o cimento com 80% de cimento de escória que aparece na Fig. 3.9, até 80% da porosidade total era composta de poros menores que 200 Å, porcentual reduzido a apenas cerca de 30% para os dois cimentos Portland (Fig. 3.10).

As pesquisas também indicam que a capacidade de fixar cloreto em cimentos de escória também pode ser devida a níveis mais altos de aluminato na escória, formando volumes maiores de sal de Friedel (Dihr; El-Mohr; Dyer, 1996). O volume substancialmente menor de cal livre na solução de poro também pode beneficiar uma baixa difusividade do cloreto.

No entanto, um volume reduzido de cal livre reduz a alcalinidade da solução de poro, o que também pode reduzir o nível crítico da concentração do cloreto para romper a passividade da armadura. Para concretos muito densos, porém, tal redução do nível crítico de concentração do cloreto não representa necessariamente um problema prático de durabilidade. A escória também aumenta muito a resistividade elétrica do concreto, de tal forma que se obtém tipicamente um controle ôhmico do processo corrosivo subsequente.

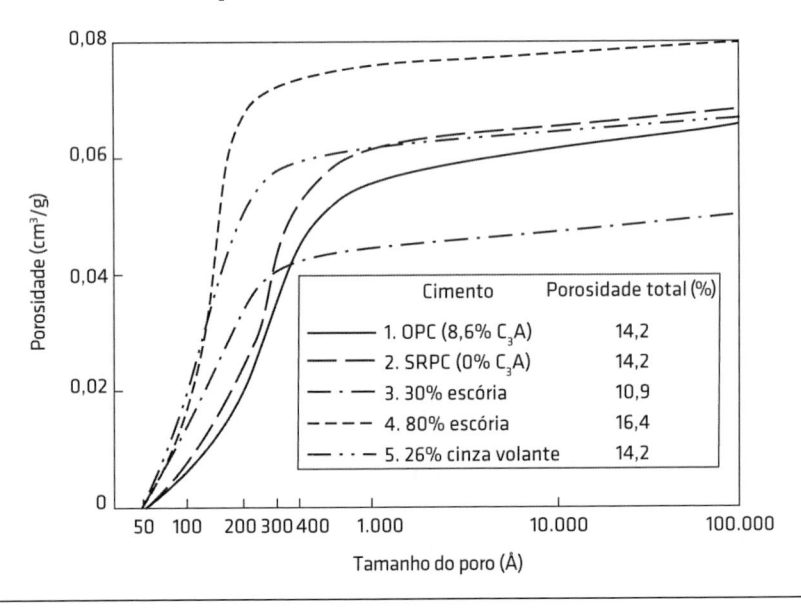

FIG. 3.10 *Efeito do tipo de cimento na distribuição do tamanho do poro e na porosidade do concreto*
Fonte: adaptado de Gjørv e Vennesland (1979).

Conforme já mencionado, até mesmo a simples difusão de íons de cloreto em uma solução salina isolada é um processo de transporte muito complexo. Como parte desse processo, a composição química da solução salina também é muito importante para o resultado final da penetração de cloretos (Theissing; Wardenier; Wind, 1975). Esse efeito é claramente demonstrado na Fig. 3.11, na qual se vê a comparação entre uma profunda penetração do cloreto a partir de uma solução salina baseada em $CaCl_2$ com a de uma solução salina baseada em NaCl, ambas com a mesma concentração de cloretos. Portanto, não apenas a porosidade do concreto e sua capacidade de fixar cloretos, mas também a capacidade total de troca de íons do sistema todo são muito importantes para a penetração de cloretos resultante. Assim, como demonstra a Fig. 3.11, o uso de sais de degelo baseados em $CaCl_2$ representa uma exposição mais grave à penetração do cloreto no concreto do que o NaCl da água do mar.

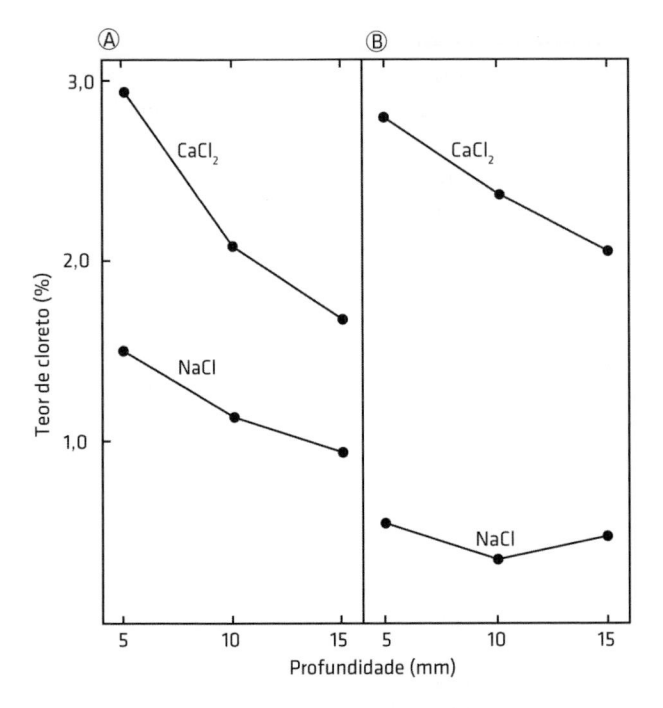

FIG. 3.11 Penetração do cloreto (por massa do cimento) na pasta de cimento de dois diferentes tipos de soluções salinas com a mesma concentração de cloretos: (A) após dois dias de hidratação e (B) após 40 dias de hidratação antes da exposição
Fonte: adaptado de Trætteberg (1977) e Gjørv e Vennesland (1987).

3.1.2 Efeito da temperatura

Como discutido no Cap. 2, a temperatura é também um fator importante de controle para a taxa de penetração do cloreto, cujo efeito precisa de atenção especial para um projeto adequado de durabilidade, até porque ela pode afetar também a taxa de hidratação de vários tipos de cimentos e sistemas de aglomerantes. Como demonstrado no Cap. 2, o risco de uma exposição precoce ao cloreto, antes que o concreto ganhe suficiente maturidade e densidade, pode ocasionalmente ser muito alto durante a concretagem e pode ser um desafio especialmente em períodos de baixas temperaturas.

Para investigar o efeito da baixa temperatura de cura na resistência precoce à penetração do cloreto, testaram-se concretos produzidos com quatro diferentes cimentos comerciais em temperaturas de cura de 5 °C, 12 °C e 20 °C (Figs. 3.12 a 3.14). Esses cimentos incluíam cimento de escória de alto-forno do tipo CEM III/B 42,5 LH HS (GGBS2) com 70% de escória; cimento Portland puro de alto desempenho do tipo CEM I 52,5 LA (HPC); cimento Portland puro comum do tipo CEM I 42,5 R (OPC – *ordinary Portland cement*, ou cimento Portland puro – similar ao CP I no Brasil); cimento com cinzas volantes do tipo CEM II/A V 42,5, com 18% de cinzas volantes (PFA). Usou-se um composto de concreto com uma relação água/aglomerante de 0,45. A resistência à penetração do cloreto foi testada com o método RCM. Todos os ensaios foram executados com corpos de prova curados em água por períodos de até 90 dias.

Em todas as temperaturas de cura, como se vê nas Figs. 3.12 a 3.14, o cimento com 70% de escória (GGBS2) apresentou uma resistência substancialmente mais alta à penetração do cloreto do que o cimento de cinzas volantes (PFA) e os dois cimentos Portland (HPC e OPC). Assim, a 5 °C, a difusividade do cloreto aos 28 dias no cimento de escória era de 7,9 × 10^{-12} m²/s, comparada a 17,4 × 10^{-12} m²/s para o cimento de cinzas volantes (PFA) e a 19,3 e 20,3 × 10^{-12} m²/s para os dois cimentos Portland puros (HPC e OPC), respectivamente. Depois de 90 dias de cura, os valores correspondentes eram 4,1, 17,2, 17,6 e 14,5 × 10^{-12} m²/s, respectivamente.

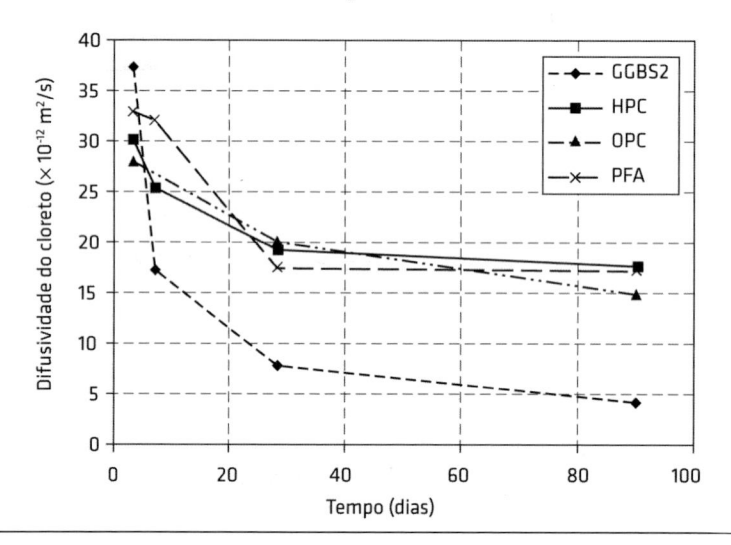

Fig. 3.12 *Efeito do tipo de cimento na resistência do concreto contra a penetração do cloreto numa temperatura de cura de 5 °C*
Fonte: adaptado de Liu e Gjørv (2004).

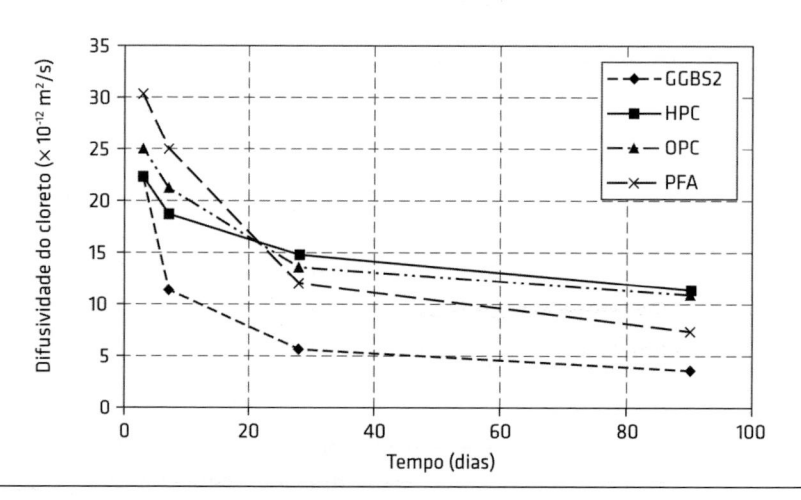

Fig. 3.13 *Efeito do tipo de cimento na resistência do concreto contra a penetração do cloreto numa temperatura de cura de 12 °C*
Fonte: adaptado de Liu e Gjørv (2004).

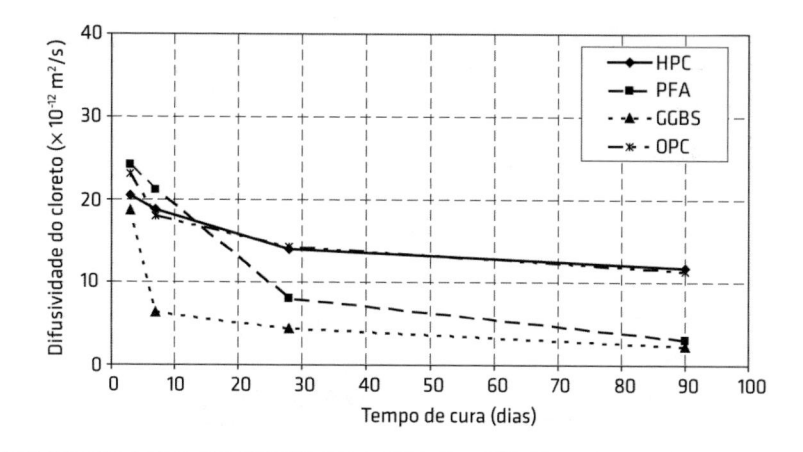

FIG. 3.14 *Efeito do tipo de cimento na resistência do concreto contra a penetração do cloreto numa temperatura de cura de 20 °C*
Fonte: adaptado de Liu e Gjørv (2004).

A despeito da temperatura de cura, os resultados nas Figs. 3.12 a 3.14 demonstram como o cimento de escória ofereceu a resistência mais alta, enquanto os dois cimentos Portland ofereceram a mais baixa resistência à penetração de cloreto para períodos de cura de até 90 dias. Para ambientes marinhos de severa agressividade com baixas temperaturas de cura, os resultados anteriores demonstram que as estruturas de concreto produzidas com cimentos Portland ou cimentos de cinzas volantes são muito mais vulneráveis à exposição precoce ao cloreto do que as estruturas produzidas com aglomerantes baseados em escória de alto-forno.

3.2 Passividade das armaduras

A solução de poro do concreto baseado em cimentos Portland normalmente atinge um nível de alcalinidade acima do pH 13. Na presença de oxigênio, essa solução alcalina forma um fino filme óxido na superfície do aço, que protege as armaduras com grande eficiência contra a corrosão. No entanto, a integridade e a qualidade protetora desse filme dependem de vários fatores, como a disponibilidade de oxigênio e alcalinidade da solução de poro; quanto mais baixa a disponibilidade de oxigênio, mais baixa será a alcalinidade e mais fino será o filme óxido e sua qualidade protetora. A experiência indica que o pH da solução de poro nunca deve cair abaixo do nível aproximado de 11,5, de forma a manter a adequada proteção eletroquímica da armadura (Shalon; Raphael, 1959). Assim que o pH desce a cerca de 9,0, porém, o filme óxido protetor é completamente dissolvido.

Para concreto baseado em cimentos Portland, a alta alcalinidade deve-se às pequenas quantidades de NaOH e KOH prontamente solúveis. A pasta de cimento também contém uma grande proporção de $Ca(OH)_2$, que amortece o sistema de tal forma que o pH nunca cai abaixo de 12,5. Para cimentos de escória granulada de alto-forno e cimentos Portland compostos com adições pozolânicas, como cinzas volantes ou sílica ativa condensada, uma porção importante de Ca(OH)$_2$ reage e forma novo CSH, reduzindo assim, proporcionalmente, a "reserva alcalina". A Fig. 3.15 demonstra isso, ou seja, que adições crescentes de sílica ativa reduzem claramente a alcalinidade do concreto.

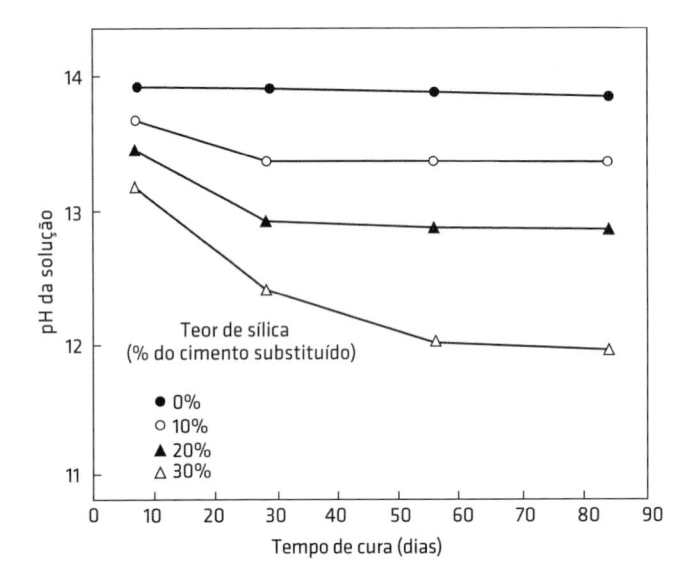

FIG. 3.15 *Efeito de crescentes adições de sílica ativa à basicidade do concreto baseado em cimento Portland Fonte: adaptado de Page e Vennesland (1983).*

Mesmo para cimentos com a mais alta reserva alcalina, a alcalinidade ainda pode ser reduzida, seja pela lixiviação de substâncias alcalinas com percolação de água, seja pela neutralização depois da carbonatação com CO_2. A solução de poro em concreto carbonatado tem um pH de apenas cerca de 8,5.

Como discutido anteriormente, a carbonatação de concreto denso de alta qualidade não é considerada um problema prático. No entanto, o filme óxido protetor pode ser facilmente destruído pela presença de cloretos no concreto; quanto mais fino o filme óxido, menos cloretos são necessários para destruí-lo. É notório que mesmo teores mínimos de cloreto na solução de poro podem destruir a passividade do aço. No entanto, só uma pequena parte do volume total de cloretos no concreto é dissolvida na solução de poro. Alguns cloretos são quimicamente ligados ou fixados e alguns são fisicamente ligados, mas o resto deles existe na forma de cloretos livres dissolvidos em solução de poro. Somente esses cloretos livres da solução de poro podem destruir o filme protetor e, assim, começar a corrosão. Mas, como há um equilíbrio muito complexo entre as diferentes formas de cloreto no concreto, o volume de cloretos livres na solução de poro de um dado concreto depende tanto do grau de saturação de água como da temperatura do concreto.

Diferentes tipos de sistemas de aglomerantes também podem afetar significativamente tanto a alcalinidade da solução de poro como o volume de cloretos presentes no concreto, sejam estes fixados ou ligados física e quimicamente. Se os cloretos foram incluídos ainda durante a preparação do concreto ou se penetraram mais tarde é outro fator que pode alterar essa relação complexa. Se o teor de cloreto já era muito alto desde o começo, o filme protetor das armaduras pode nem sequer ser formado.

O patamar-limite de concentração de cloretos necessário para destruir a passividade das armaduras foi objeto de muitas pesquisas (Bertolini et al., 2004; Angst, 2011). Várias técnicas diferentes de medida foram utilizadas e vários resultados diferentes foram obtidos, variando tipicamente de 0,02% a 3,04% da massa de cimento. Há vários fatores que afetam o patamar-limite de concentração de cloretos, como o pH da solução de poro, o potencial do aço e as condições locais na interface do concreto com a armadura (Glass; Buenfeld, 1997, 2000). Logo, não é possível afirmar um único valor para o patamar-limite no caso de corrosão de armaduras. No entanto, basta uma quantidade muito pequena de cloretos para romper a passividade e, assim que ela é rompida e a corrosão começa, a taxa de corrosão é então controlada por vários outros fatores.

3.3 Taxa de corrosão

Para a corrosão em ativa ou em progresso em estruturas de concreto expostas à atmosfera, a experiência indica que a taxa de corrosão pode variar de muitos décimos de μm/ano a até 1 mm/ano, dependendo das condições de umidade e do teor de cloreto no concreto (Bertolini et al., 2004). Diferentes temperaturas também podem afetar a taxa de corrosão de forma muito diferente (Andrade; Alonso, 1995; Østvik, 2005). O Cap. 2 mostrou que somente nas estruturas de concreto permanentemente submersas no mar a taxa de corrosão era tão baixa que o dano observado era negligenciável mesmo depois de uma vida útil de mais de 60 anos (Gjørv; Kashino, 1986). Também no Cap. 2, viu-se ainda que a corrosão em certas partes do sistema de armaduras acabava protegendo catodicamente, com sucesso, outras partes do mesmo sistema. Assim, tanto a forma geométrica da estrutura quanto as condições ambientais locais são fatores muito importantes para a taxa de corrosão, o que dificulta sobremaneira prever matematicamente o efeito a longo prazo da corrosão ativa na capacidade total de carga da estrutura de concreto. No entanto, para que a corrosão se torne um sério processo de deterioração, a resistividade do concreto também é um dos mais importantes fatores de controle.

3.3.1 Resistividade elétrica

Como o fluxo de corrente elétrica em todas as células de corrosão do tipo galvânico ao longo das armaduras é transportado por íons carregados através do concreto, a resistividade elétrica depende da permeabilidade do concreto, do volume da solução de poro e da concentração de íons nessa solução. Na Fig. 3.16, vê-se que a redução da relação água/cimento de 0,70 para 0,50 aumentou a resistividade elétrica por um fator de mais de dois no caso da argamassa, mas a mesma alteração teve apenas um pequeno efeito no concreto. Esses resultados demonstram claramente o efeito da porosidade na resistividade elétrica. Quando o grau de saturação de água no concreto foi gradativamente reduzido de 100% para um pouco menos de 20% de umidade relativa (UR), a resistividade elétrica aumentou de cerca de 7×10^3 para aproximadamente 6×10^6 ohm · cm (Fig. 3.17). Esses resultados demonstram claramente o efeito muito importante das condições de umidade do concreto e, portanto, o volume de solução de poro disponível para transportar os íons. Quando o cimento Portland puro no concreto foi gradativamente substituído por sílica ativa condensada, tanto a porosidade como a concentração de íons na solução de poro foram afetadas significativamente (Fig. 3.18).

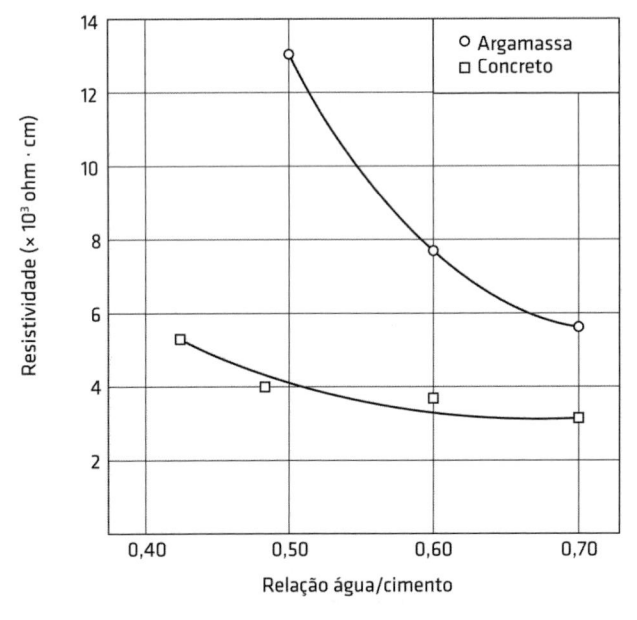

FIG. 3.16 Efeito da relação água/cimento na resistividade elétrica do concreto
Fonte: adaptado de Gjørv, Vennesland e El-Busaidy (1977).

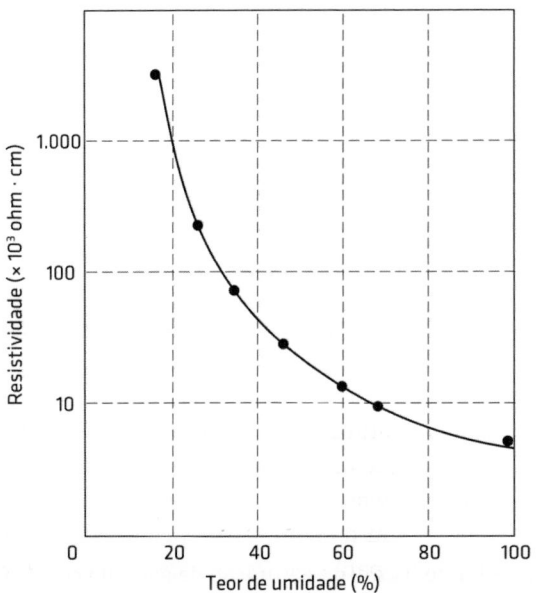

FIG. 3.17 Efeito das condições de umidade na resistividade elétrica do concreto
Fonte: adaptado de Gjørv, Vennesland e El-Busaidy (1977).

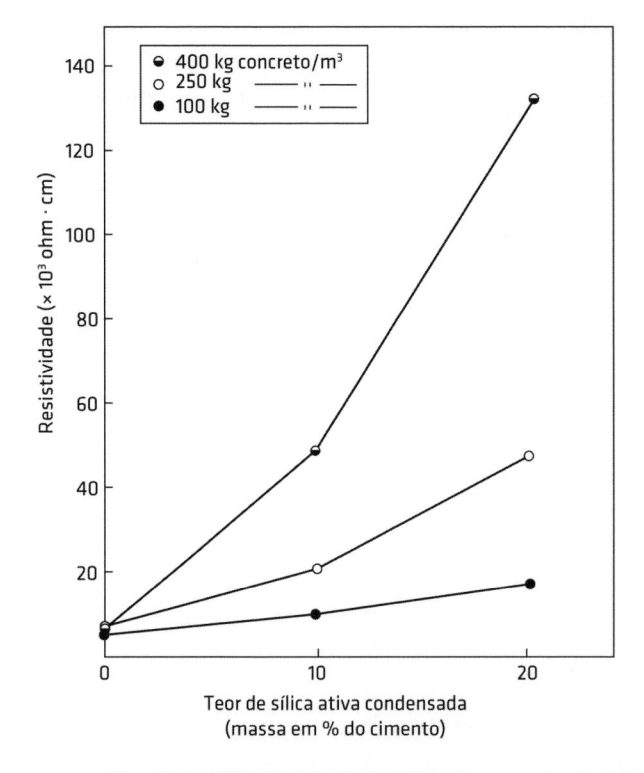

FIG. 3.18 *Efeito de adições crescentes de sílica ativa na resistividade elétrica do concreto*
Fonte: adaptado de Vennesland e Gjørv (1983).

Se a resistividade elétrica do concreto torna-se suficientemente alta, pode ocorrer uma taxa de corrosão muito pequena ou mesmo desprezível. Quando uma extensa inspeção e avaliação das condições da ponte San Mateo-Hayward foi feita, constatou-se um patamar-limite de $50\text{-}70 \times 10^3$ ohm · cm para o concreto, para além do qual só uma pequena taxa de corrosão foi observada (Cap. 2). Contudo, mesmo para a combinação de passividade rompida com baixa resistividade elétrica, a taxa de corrosão ainda pode ser muito baixa ou desprezível, dependendo da disponibilidade de oxigênio.

3.3.2 Disponibilidade de oxigênio

A disponibilidade de oxigênio depende de muitos fatores. Enquanto a concentração de oxigênio na atmosfera é de cerca de 210 mL/L, a máxima concentração de oxigênio na água, disponível para corrosão de estruturas de concreto submersas, é de apenas 5-10 mL/L. A taxa de difusão do oxigênio através do cobrimento de concreto também depende de o oxigênio estar em estado gasoso ou dissolvido na água. Embora tanto a porosidade como a espessura do cobrimento afete a disponibilidade de oxigênio, vê-se na Fig. 3.19 que o grau de saturação de água no concreto é um fator muito importante. Para participar da reação catódica eletroquímica na armadura, o oxigênio precisa estar em estado dissolvido. No caso de concreto submerso em água, a Fig. 3.20 demonstra que a espessura do cobrimento só tem um efeito mínimo na disponibilidade de oxigênio. Assim, para um concreto com uma relação água/cimento de 0,40, a redução do cobrimento de 70 mm para 10 mm só diminuiu o fluxo de oxigênio por um fator de cerca de 2,6. Esses resultados indicam que há uma fase de transição entre o concreto e a armadura que funciona como uma barreira ao oxigênio; isso pode explicar por que a espessura do cobrimento não é tão importante para a disponibilidade de oxigênio dissolvido.

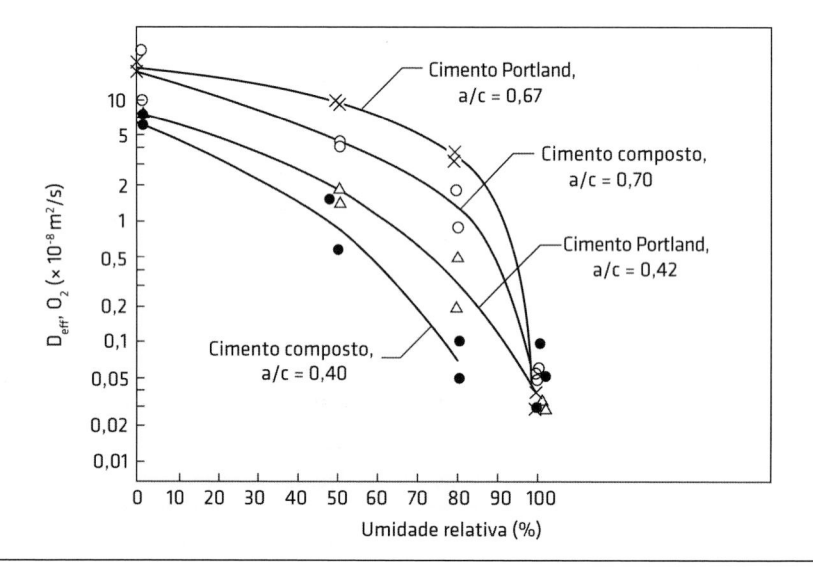

FIG. 3.19 *Efeito da saturação de água na taxa de difusão do oxigênio*
Fonte: adaptado de Tuutti (1982).

Embora a corrosão de armaduras possa não apresentar um problema prático em estruturas de concreto submersas, devido à falta de oxigênio dissolvido, a corrosão de macrocélulas pode ainda se desenvolver devido à disponibilidade de oxigênio do interior de partes ocas das estruturas de concreto submersas (Bertolini et al., 2004). Para estruturas de concreto acima da água, porém, o oxigênio é tão abundantemente disponível que não constitui nenhum tipo de fator limitante de altas taxas de corrosão.

3.4 Fissuras

As condições eletrolíticas para o início da corrosão podem ser significativamente afetadas em estruturas de concreto com fissuras no cobrimento. É razoável supor que, no concreto fissurado, a maior penetração e disponibilidade de substâncias corrosivas como cloretos, água e oxigênio aumentarão também a probabilidade de corrosão local. Com base em procedimentos detalhados para calcular a abertura das fissuras, a maioria das normas e recomendações especifica limites máximos de 0,4 mm em ambientes não agressivos e de 0,3 mm para ambientes mais agressivos, ou até menores aberturas para casos de reservatórios.

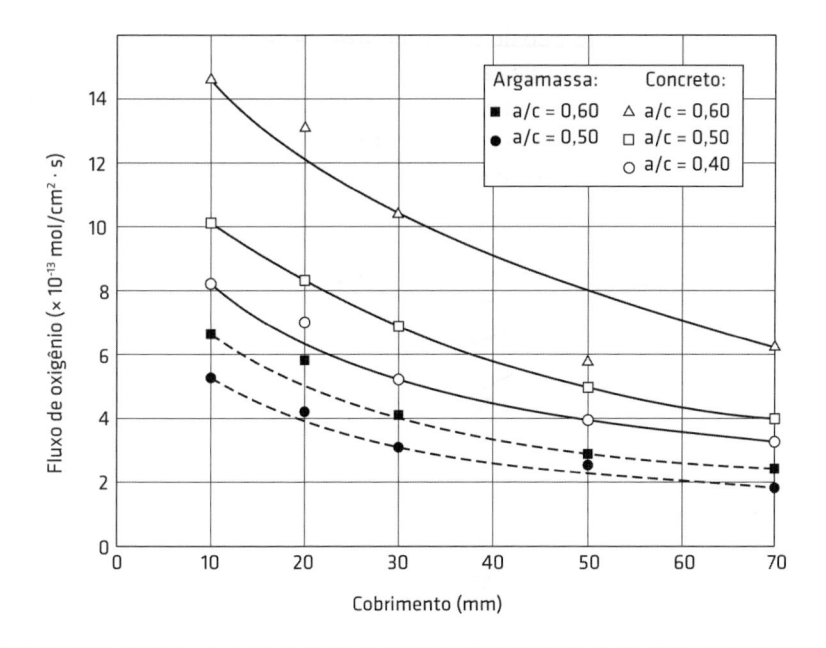

FIG. 3.20 *Efeito do cobrimento de concreto na taxa de difusão do oxigênio através de concreto submerso em água*
Fonte: adaptado de Gjørv, Vennesland e El-Busaidy (1977).

No entanto, a despeito do grande número de experimentos relatados na literatura, não é possível estabelecer uma simples relação entre abertura de fissura e probabilidade de corrosão para uma determinada estrutura de concreto num determinado ambiente. Extensa pesquisa revelou que muitos fatores afetam a possibilidade de corrosão e tanto os possíveis mecanismos como as consequências práticas têm sido objeto de muito debate (Gjørv, 1989). A Fig. 3.21 mostra que a geometria das fissuras também pode ser muito complexa, observando-se diferentes efeitos das fissuras paralelas ou perpendiculares às barras de aço. A corrosão observada também pode ser afetada diferentemente por fissuras em diferentes tipos de ambiente ou fissuras devidas a diferentes condições de carga, como carga estática ou dinâmica.

A maioria das investigações experimentais sobre o efeito das fissuras registrada na literatura foi realizada em concreto exposto a vários tipos de ambientes atmosféricos. Na maioria dos casos, não foi possível estabelecer uma relação simples entre a abertura da fissura e o desenvolvimento da corrosão. Muitas vezes, um certo efeito da abertura da fissura foi observado num momento inicial da exposição para mais tarde se tornar muito pequeno ou quase desprezível.

Para estruturas de concreto continuamente submersas no mar, o efeito das fissuras não pode ser avaliado sem levar em conta o par galvânico formado pelo aço exposto pela fissura e as porções maiores do sistema de armaduras adjacentes à fissura (Gjørv, 1977). Portanto, os resultados obtidos com base em pequenos elementos de concreto não podem necessariamente ser extrapolados para grandes estruturas submersas de concreto.

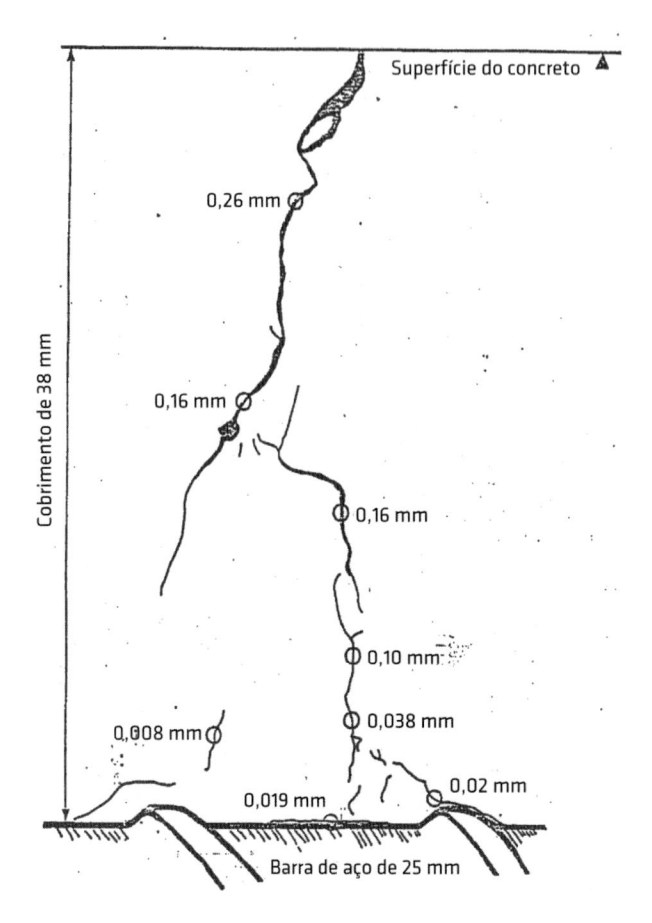

FIG. 3.21 A geometria das fissuras pode ser muito complexa
Fonte: adaptado de Beeby (1977).

Ao simular o par galvânico e o mecanismo de corrosão que pode ocorrer em grandes estruturas submersas de concreto, experimentos de laboratório revelaram que a corrosão observada em concreto fissurado era bem menor do que se esperava (Vennesland; Gjørv, 1981). Isso também é verdade para ensaios semelhantes realizados sob condições de carga dinâmica (Espelid; Nilsen, 1988).

Dependendo das condições ambientais, parece que a taxa de corrosão pode ser reduzida com o tempo pelo preenchimento ou colmatação da fissura tanto por produtos da corrosão como por outros produtos reativos. Esse efeito parece ser particularmente eficiente para concreto fissurado sob a água do mar. No entanto, quando a relação entre área exposta (ânodo) e área protegida (cátodo) crescer muito em estruturas de concreto em presença de água, a taxa de corrosão poderá se tornar significativa (Gjørv, 1977).

3.5 Par galvânico entre aço exposto e embutido

Para grandes estruturas de concreto submersas, como as que são usadas para exploração de gás e petróleo em alto-mar, há uma variedade de componentes externos de aço, como bordas, tubulações, suportes e acessórios, que estão em contato elétrico com o sistema de armaduras. Como o aço externo exposto será então anódico contra a armadura, que será catódica, problemas especiais podem surgir, tanto com relação à taxa de corrosão como com relação à proteção contra a corrosão desses componentes de aço externos (Gjørv, 1977). A taxa de corrosão será, então, principalmente controlada pela proporção de áreas cátodo-ânodo e pela eficiência catódica das armaduras. Assim, para proteção catódica desse aço exposto, a demanda de corrente será também controlada tanto pela área do cátodo como pela eficiência catódica de todo o sistema de armaduras.

Para uma avaliação apropriada da proporção de área cátodo-ânodo, porém, é preciso avaliar individualmente tanto o projeto estrutural como a continuidade elétrica interna dentro do sistema de armaduras. Mas as medidas em grandes plataformas de concreto em alto-mar indicam que essas estruturas pesadamente reforçadas têm uma continuidade elétrica muito boa em quase todo o sistema de armaduras. Assim, a proporção de área cátodo-ânodo para uma pequena área de componentes de aço externos pode ser extremamente alta em relação à área de aço embutido. A eficiência catódica, que depende da taxa de difusão de oxigênio através do cobrimento do aço embutido, também é um fator importante. Pesquisas de laboratório sobre concreto submerso, do mesmo tipo usado em plataformas de concreto no mar do Norte, indicam a disponibilidade de oxigênio com valores de fluxo de até $0,5 \times 10^{13}$ mol O_2/s e cm^2 (Gjørv; Vennesland; El-Busaidy, 1986). No campo, contudo, a experiência em plataformas de concreto existentes no mar do Norte mostrou que tanto a vegetação marinha como as atividades biológicas sobre a superfície do concreto reduzem com sucesso a disponibilidade de oxigênio. As pesquisas de campo revelaram que apenas num estágio inicial da exposição há uma alta fuga de corrente para as armaduras – e, portanto, altas taxas de consumo dos ânodos sacrificiais –, mas essa parece reduzir-se mais tarde (Espelid, 1996).

3.6 Projeto estrutural

Como foi observado e discutido para todas as estruturas portuárias de concreto no Cap. 2, aquelas com um deque do tipo laje plana maciça exibiram melhor durabilidade e desempenho do que as estruturas com deque do tipo vigas e lajes (Fig. 2.13). Para um deque deste último tipo, as vigas mais expostas sempre absorverão e acumularão mais cloretos e, portanto, desenvolverão áreas anódicas, enquanto as partes menos expostas do deque, como as seções de laje entre as vigas, atuarão como áreas de captura de oxigênio, ou seja, áreas catódicas. Portanto, as partes mais expostas do deque, como vigas e longarinas, sempre estarão mais vulneráveis à corrosão do aço do que o resto da estrutura de concreto. O Cap. 2 mostrou como as vigas e longarinas corroídas do porto de Oslo (1922) funcionaram eficazmente como ânodos de sacrifício, protegendo catodicamente as seções de laje entre elas durante um período de até 60 anos. Tais exemplos demonstram claramente como a forma geométrica e o projeto estrutural podem afetar distintamente a durabilidade e o desempenho de estruturas de concreto em ambientes de severa agressividade.

Do ponto de vista da durabilidade, pode ser uma boa estratégia basear o desenho estrutural em elementos estruturais pré-fabricados, sempre que possível. Esses elementos pré-fabricados podem ser produzidos de maneira mais protegida e controlada durante a construção, como se verá no Cap. 5.

Referências bibliográficas

Andrade, C., and Alonso, C. (1995). Corrosion Rate Monitoring in the Laboratory and On-Site. In *Construction and Building Materials*. Elsevier Science, London, pp. 315–328.

Angst, U. (2011). Chloride Induced Reinforcement Corrosion in Concrete, Ph.D. Thesis 2011:113. Department of Structural Engineering, Norwegian University of Science and Technology – NTNU, Trondheim.

Årskog, V., Ferreira, M., Liu, G., and Gjørv, O. E. (2007). Effect of Cement Type on the Resistance of Concrete against Chloride Penetration. In *Proceedings, Fifth International Conference on Concrete under Severe Conditions – Environment and Loading*, vol. 1, ed. F. Toutlemont, K. Sakai, O.E. Gjørv, and N. Banthia. Laboratoire Central des Ponts et Chauseés, Paris, pp. 367–374.

Årskog, V., and Gjørv, O. E. (2009). *Container Terminal Sjursoya – Low Heat Concrete – Three-Year Durability*, Report BML200901. Department of Structural Engineering, Norwegian University of Science and Technology – NTNU, Trondheim (in Norwegian).

ASTM. (2005). *ASTM C 1202-05: Standard Test Method for Electrical Indication of Concrete's Ability to Resist Chloride Ion Penetration*. ASTM International, West Conshohocken, PA.

Bakker, R. F. M. (1992). *The Critical Chloride Content in Reinforced Concrete*, CUR-Report. Gouda.

Beeby, A.W. (1977). *Cracking and Corrosion*, Report 2/11. UK Research Program on Concrete in the Oceans.

Berry, E. E., and Malhotra, V. M. (1986). *Fly Ash in Concrete*, CANMET SP85. Ottawa.

Bertolini, L., Elsener, B., Pediferri, P., and Polder, R. (2004). *Corrosion of Steel in Concrete*. Wiley-VCH, Weinheim.

Bijen, J. (1998). *Blast Furnace Slag for Durable Marine Structures*. VNC/BetonPrisma, Hertogenbosch.

Brodersen, H. A. (1982). The Dependence of Transport of Various Ions in Concrete from Structure and Composition of the Paste, Dissertation RWTH. Aachen (in German).

Dihr, R. K., El-Mohr, M. A. K., and Dyer, T. D. (1996). Chloride Binding in GGBS Concrete. *Cement and Concrete Research*, 26(12), 1767–1773.

Espelid, B. (1996). *Cathodic Protection of Concrete Structures – Current Drain to Reinforcement*, Technical Report BGN R795253, Det Norske Veritas – DNV, Bergen.

Espelid, B., and Nilsen, N. (1988). A Field Study of the Corrosion Behavior on Dynamically Loaded Marine Concrete Structures, ACI SP-109, ed. V. M. Malhotra, pp. 85–104.

Filho, J. H.; Medeiros, M. H. F.; Pereira, E.; Helene, P. and Isaia, G. C. (2013). High-Volume Fly Ash Concrete with and without Hydrated Lime: Chloride Diffusion Coefficient from Accelerated Test. *Virginia, Journal of Materials in Civil Engineering. ASCE – American Society of Civil Engineers*, May.

FIP. (1998). *Condensed Silica Fume in Concrete – State of the Art Report*. Fédération Internationale de la Précontrainte – FIP, Thomas Telford, London.

Gjørv, O. E. (1977). Corrosion of Steel in Offshore Concrete Platforms. In *Proceedings, Conference on the Ocean – Our Future*. Norwegian Institute of Technology – NTH, Trondheim, pp. 390–401 (in Norwegian).

Gjørv, O. E. (1983). Durability of Concrete Containing Condensed Silica Fume. In *Proceedings, CANMET/ACI International Conference on Fly Ash Silica Fume and Natural Pozzolans in Concrete*, vol. II, ACI SP-79, ed. V. M. Malhotra, pp. 695–708.

Gjørv, O. E. (1989). Mechanisms of Corrosion of Steel in Concrete Structures. In *Proceedings, International Conference on Evaluation of Materials Performance in Severe Environments*, vol. 2. Iron and Steel Institute of Japan, Tokyo, pp. 565–578.

Gjørv, O. E., and Kashino, N. (1986). Durability of a 60 Year Old Reinforced Concrete Pier in Oslo Harbour. *Materials Performance*, 25(2), 18–26.

Gjørv, O. E., Ngo, M. H., and Mehta, P. K. (1998). Effect of Rice Husk Ash on the Resistance of Concrete against Chloride Penetration. In *Proceedings, Second International Conference on Concrete under Severe Conditions – Environment and Loading*, vol. 3, ed. O. E. Gjørv, K. Sakai, and N. Banthia. E & FN Spon, London, pp. 1819–1826.

Gjørv, O. E., Ngo, M. H., Sakai, K., and Watanabe, H. (1998b). Resistance against Chloride Penetration of Low-Heat High-Strength Concrete. In *Proceedings, Second International Conference on Concrete under Severe Conditions – Environment and Loading*, vol. 3, ed. O. E. Gjørv, K. Sakai, and N. Banthia. E & FN SPON, London, pp. 1827–1833.

Gjørv, O. E., Tong, L., Sakai, K., and Shimizu, T. (1998a). Chloride Penetration into Concrete after 100 Years of Exposure to Seawater. In *Proceedings, Second International Conference on Concrete under Severe Conditions – Environment and Loading*, vol. 1, ed. O.E. Gjørv, K. Sakai, and N. Banthia. E & FN Spon, London, pp. 198–206.

Gjørv, O. E., and Vennesland, Ø. (1979). Diffusion of Chloride Ions from Seawater into Concrete. *Cement and Concrete Research*, 9, 229–238.

Gjørv, O. E., and Vennesland, Ø. (1987). Evaluation and Control of Steel Corrosion in Offshore Concrete Structures. In *Proceedings, the Katharine and Bryant Mather International Conference*, vol. 2, ed. J. Scanlon, ACI SP-1, pp. 1575–1602.

Gjørv, O. E., Vennesland, Ø., and El-Busaidy A. H. S. (1977). Electrical Resistivity of Concrete in the Ocean. In *Proceedings, Ninth Annual Offshore Technology Conference*, OTC Paper 2803, Houston, pp. 581–588.

Gjørv, O. E., Vennesland, Ø., and El-Busaidy A. H. S. (1986). Diffusion of Dissolved Oxygen through Concrete. *Materials Performance*, 25(12), 39–44.

Glass, G. K., and Buenfeld, N. R. (1997). The Presentation of the Chloride Threshold Level for Corrosion of Steel in Concrete. *Corrosion Science*, 39, 1001–1013.

Glass, G. K., and Buenfeld, N. R. (2000). The Inhibitive Effects of Electrochemical Treatment Applied to Steel in Concrete. *Corrosion Science*, 42, 923–927.

Helene, P., Medeiros, M. H. F., Gobbi, A, Réus, G. C. (2013). Reinforced concrete in marine environment: Effect of wetting and drying cycles, height and positioning in relation to the sea shore. *Construction and Building Materials*, v. 44, July, p. 452–457.

Liu, G., and Gjørv, O. E. (2004). Early Age Resistance of Concrete against Chloride Penetration. In *Proceedings, Fourth International Conference on Concrete under Severe Conditions – Environment and Loading*, vol. 1, ed. B.H. Oh, K. Sakai, O. E. Gjørv, and N. Banthia. Seoul National University and Korea Concrete Institute, Seoul, pp. 165–172.

Malhotra, V. M., Ramachandran, V. S., Feldman, R. F., and Aïtcin, P.C. (1987). *Condensed Silica Fume in Concrete*. CRC Press, Boca Raton, FL.

Malhotra, V. M., and Ramezanianpour, A. A. (1994). *Fly Ash in Concrete*. CANMET, Ottawa.

Mehta, P. K. (1977). *Effect of Cement Composition on Corrosion of Reinforcing Steel in Concrete*, ASTM STP 629, p. 12.

NORDTEST. (1989). *NT Build 355: Concrete, Repairing Materials and Protective Coating: Diffusion Cell Method, Chloride Permeability*. NORDTEST, Espoo, Finland.

NORDTEST. (1995). *NT Build 443: Concrete, Hardened: Accelerated Chloride Penetration*. NORDTEST, Espoo, Finland.

NORDTEST. (1999). *NT Build 492: Concrete, Mortar and Cement Based Repair Materials, Chloride Migration Coefficient from Non-Steady State Migration Experiments*. NORDTEST, Espoo, Finland.

Østvik, J. M. (2005). *Thermal Aspects of Corrosion of Steel in Concrete*, Ph.D. Thesis 2005:5. Department of Structural Engineering, Norwegian University of Science and Technology – NTNU, Trondheim.

Page, C. L., and Vennesland, Ø. (1983). Pore Solution Composition and Chloride Binding Capacity of Silica-Fume Cement Pastes. *Materials and Structures*, RILEM, 16(91), 19–25.

Poulsen, E., and Mejlbro, L. (2006). *Diffusion of Chlorides in Concrete – Theory and Application*. Taylor & Francis, London.

Sengul, Ö. (2005). *Effects of Pozzolanic Materials on Mechanical Properties and Chloride Diffusivity of Concrete*, Ph.D. Thesis. Istanbul Technical University, Institute of Science and Technology, Istanbul.

Sengul, Ö., and Gjørv, O.E. (2007). Effect of Blast Furnace Slag for Increased Concrete Sustainability. In *Proceedings, International Symposium on Sustainability in the Cement and Concrete Industry*, ed. S. Jacobsen, P. Jahren, and K.O. Kjellsen. Norwegian Concrete Association, Oslo, pp. 248–256.

Shalon, R., and Raphael, M. (1959). Influence of Seawater on Corrosion of Reinforcement. *Proceedings, ACI*, 55, 1251–1268.

Sluijter, W.L. (1973). *De binding van chloride door cement en de indringsnelheid van chloride in mortel*, IBBC-TNO Report BI-73-41/01.1.310. Delft (in Dutch).

Tang, L., Nilsson, L. -O., and Basher, P. A. M. (2012). *Resistance of Concrete to Chloride Ingress – Testing and Modelling*. Spon Press, London.

Teng, S., and Gjørv, O. E. (2013). Concrete Infrastructures for the Underwater City of the Future. In *Proceedings, Seventh International Conference on Concrete under Severe Conditions—Environment and Loading*, ed. Z. J. Li, W. Sun, C. W. Miao, K. Sakai, O. E. Gjørv, and N. Banthia. RILEM, Bagneux, pp. 1372–1385.

Theissing, E. M., Wardenier, P., and Wind, G. (1975). *The Combination of Sodium Chloride and Calcium Chloride by Some Hardened Cement Pastes*, Stevin Laboratory Report. Delft University of Technology, Delft.

Thomas, M. D. A., Bremner, T., and Scott, A.C.N. (2011). Actual and Modeled Performance in a Tidal Zone. *Concrete International*, 33(11), 23–28.

Trætteberg, A. (1977). *The Mechanism of Chloride Penetration into Concrete*, SINTEF Report STF65 A77070. Trondheim (in Norwegian).

Tuutti, K. (1982). *Corrosion of Steel in Concrete*, Report 4-82. Cement and Concrete Research Institute, Stockholm.

Vennesland, Ø., and Gjørv, O. E. (1981). Effect of Cracks on Steel Corrosion in Submerged Concrete Sea Structures. *Materials Performance*, 20, 49–51.

Vennesland, Ø., and Gjørv, O.E. (1983). Silica Concrete – Protection against Corrosion of Embedded Steel. In *Proceedings, CANMET/ACI International Conference on Fly Ash, Silica Fume and Natural Pozzolans in Concrete*, vol. II, ACI SP-79, ed. V.M. Malhotra, pp. 719–729.

Zhang, T., and Gjørv, O.E. (1996). Diffusion Behavior of Chloride Ions in Concrete. *Cement and Concrete Research*, 26(6), 907–917.

quatro

Análise de durabilidade

Dependendo da qualidade do concreto e da espessura do cobrimento, muitos anos podem se passar antes que os cloretos cheguem às armaduras e a corrosão comece. No entanto, depois que os cloretos chegam às armaduras, podem se passar apenas alguns meses ou anos até aparecerem sinais visíveis de danos, sob a forma de fissuras e manchas de corrosão, mas ainda pode levar muito tempo para que a capacidade de carga da estrutura seja gravemente reduzida, como se discutiu no Cap. 2.

A Fig. 4.1 mostra o processo de deterioração de forma esquemática. Assim que a corrosão começa, desenvolve-se um sistema muito complexo de atividades de células de corrosão do tipo galvânico na estrutura de concreto. Nesse sistema, a deterioração aparece sob a forma de corrosão do tipo *pitting* (cavidade) nas áreas anódicas das armaduras, enquanto as áreas catódicas adjacentes funcionam como áreas de captação de oxigênio. Embora grandes áreas do sistema de armaduras acabem sendo despassivadas, nem todas essas áreas serão necessariamente corroídas. Como já foi discutido no Cap. 3, o aço das primeiras áreas mais corroídas da estrutura pode agir como ânodos de sacrifício e, assim, proteger catodicamente o resto da estrutura.

Parece ser muito difícil desenvolver um modelo matemático geral para prever quanto tempo é necessário para reduzir a capacidade de carga da estrutura, já que esse padrão de deterioração é afetado por forma estrutural, continuidade elétrica e exposição local. Muitas tentativas foram feitas para desenvolver tal modelo (Lu; Zhao; Yu, 2008), mas parece não haver, no momento, nenhum modelo matemático ou solução numérica confiável para esse processo muito complexo de deterioração.

Nos anos 1970, Collepardi, Marcialis e Turriziani (1970, 1972) criaram um modelo matemático relativamente simples de estimativa do tempo necessário para os cloretos atingirem as armaduras através da espessura de cobrimento de uma certa qualidade de concreto, submetido a um certo ambiente.

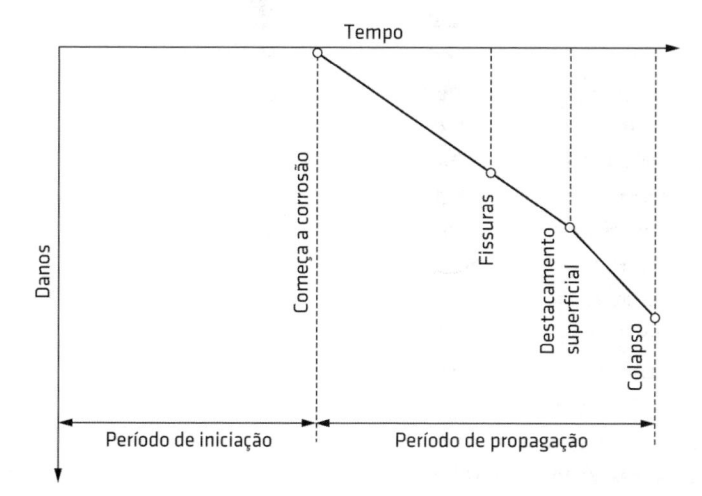

FIG. 4.1 *Deterioração de uma estrutura de concreto devido à corrosão do aço*
Fonte: adaptado de Tuutti (1982).

Embora seja possível estimar aproximadamente esse tempo antes que a corrosão comece, isso não dá nenhuma base para previsão ou estimativa da vida útil da estrutura. Assim que a corrosão começa, porém, o proprietário da estrutura tem um problema. No estágio inicial do dano visível, isso representa apenas um problema de manutenção e custo, mas pode gradualmente se tornar um problema de segurança mais difícil de controlar. Como base para o projeto de durabilidade, portanto, devem-se empreender todos os esforços para conseguir o melhor controle possível da penetração do cloreto durante o período inicial, antes que a corrosão comece. É nesse estágio inicial do processo de deterioração que é tecnicamente mais fácil e muito mais barato tomar as precauções necessárias e selecionar as medidas de proteção e de controle de qualquer deterioração adicional. Do ponto de vista da sustentabilidade, uma estratégia muito boa é o controle da penetração do cloreto durante o período inicial, por meio de projeto apropriado de durabilidade e manutenção preventiva (Cap. 11).

Como todos os parâmetros de entrada necessários para calcular a taxa de penetração do cloreto através do cobrimento sempre mostram alta dispersão e variabilidade, é muito apropriado combinar esse cálculo com uma análise de probabilidade que possa levar em conta pelo menos parte dessa dispersão e variabilidade (DuraCrete, 2000). Dessa forma, é possível estimar a probabilidade de um volume crítico de cloretos atingir a armadura durante uma certa vida útil de dada estrutura de concreto num dado ambiente.

Para um projeto de durabilidade baseado nessa probabilidade, um estado-limite de serviço (ELS) sob o enfoque de vida útil também deve ser definido. Embora diferentes estágios do processo de deterioração possam ser escolhidos como base para esse ELS, o início da corrosão do aço é um estágio crucial e foi escolhido para um ELS apropriado, como se verá a seguir.

Nos últimos anos, ocorreu um rápido desenvolvimento de modelos e procedimentos para projeto de durabilidade de estruturas de concreto com base em probabilidade (Siemes; Rostam, 1996; Engelund; Sørensen, 1998; Gehlen, 2000; DuraCrete, 2000; FIB, 2006; Tang; Nilsson; Basher, 2012) e, em muitos países, esse projeto de durabilidade foi aplicado a várias estruturas importantes de concreto (Stewart; Rosowsky, 1998; McGee, 1999; Gehlen; Schiessl, 1999; Gehlen, 2007). Além disso, na Noruega, esse tipo de projeto de durabilidade foi aplicado a várias estruturas de concreto em que alta segurança, durabilidade e longa vida útil foram de especial importância (Gjørv, 2002, 2004).

No começo, esse tipo de projeto era baseado principalmente nos resultados e diretrizes do projeto de pesquisa europeu DuraCrete (2000), mas depois, à medida que se ganhou experiência prática com esse modelo, a base para o projeto foi simplificada e aprimorada para aplicações mais práticas, embora os princípios básicos permanecessem essencialmente os mesmos. Assim, em 2004, esse projeto foi adotado pela Norwegian Association for Harbor Engineers (Nahe) como base para novas recomendações e diretrizes para a construção de infraestrutura de concreto mais durável nos portos noruegueses (Nahe, 2004a, 2004b, 2004c). As lições aprendidas com a experiência prática dessas recomendações foram incorporadas em edições subsequentes, revisadas, a terceira e última das quais, de 2009, também foi adotada pelo capítulo norueguês da Pianc, a World Association for Waterborne Transport Infrastructure (Pianc; Nahe, 2009a, 2009b, 2009c).

A seguir, descreve-se brevemente a base para o cálculo tanto da penetração do cloreto como para a probabilidade de corrosão e, logo após, os parâmetros de entrada na análise de durabilidade são descritos e discutidos. Para demonstrar como os cálculos da probabilidade da corrosão podem ser aplicados como base para um projeto de durabilidade, dois estudos de caso também são brevemente descritos e discutidos.

4.1 Cálculo da penetração do cloreto

Como já foi discutido no Cap. 3, há mecanismos bastante complexos de transporte para a penetração de cloretos no concreto. De forma muito simplificada, no entanto, a taxa de penetração do cloreto pode ser estimada por meio da segunda lei de difusão de Fick, de acordo com Collepardi, Marcialis e Turriziani (1970, 1972), combinada com um coeficiente de difusão do cloreto dependente do tempo, segundo Takewaka e Matsumoto (1988) e Tang e Gulikers (2007), como mostram as Eqs. 4.1 e 4.2:

$$C(x,t) = C_s \left[1 - erf\left(\frac{x_c}{2\sqrt{D(t)\,t}} \right) \right] \quad (4.1)$$

Na Eq. 4.1, $C(x,t)$ é a concentração do cloreto na profundidade x_c depois do tempo t, C_s é a concentração do cloreto na superfície do concreto, D é o coeficiente de difusão do cloreto no concreto e *erf* é uma função matemática (função de erro ou curva de Gauss).

$$D(t) = \frac{D_0}{1-\alpha}\left[\left(1+\frac{t'}{t}\right)^{1-\alpha} - \left(\frac{t'}{t}\right)^{1-\alpha}\right]\left(\frac{t_0}{t}\right)^{\alpha} k_e \qquad (4.2)$$

Na Eq. 4.2, D_0 é o coeficiente de difusão depois do tempo de referência t_0 e t' é a idade do concreto no momento da exposição ao cloreto. O parâmetro α representa a influência da idade no coeficiente de difusão, enquanto k_e é um parâmetro que leva em conta o efeito da temperatura, segundo Kong et al. (2002):

$$k_e = \exp\left[\frac{E_A}{R}\left(\frac{1}{293} - \frac{1}{273+T}\right)\right] \qquad (4.3)$$

em que *exp* é a função exponencial, E_A é a ativação de energia para a difusão do cloreto, R é a constante universal dos gases perfeitos e T é a temperatura.

O critério para a corrosão do aço torna-se, então:

$$C(x) = C_{CR} \qquad (4.4)$$

em que *C(x)* é a concentração do cloreto na profundidade da armadura e C_{CR} é a concentração crítica do cloreto no concreto, necessária para a despassivação e início da corrosão.

4.2 Cálculo da probabilidade

Para o projeto estrutural de estruturas de concreto, o principal objetivo é, sempre, estabelecer os efeitos combinados das ações ou cargas externas denominadas solicitações (S) com a resistência (R) da estrutura para suportar essas cargas ou solicitações, de maneira que o critério de projeto deve ser:

$$R \geq S \text{ ou } R - S \geq 0 \qquad (4.5)$$

Quando R < S, haverá falha ou até colapso, mas, como todos os fatores que afetam R e S sempre apresentam alta dispersão e variabilidade, todos os procedimentos estabelecidos para projeto estrutural levaram isso em conta.

Em princípio, o projeto de durabilidade adota a mesma abordagem do projeto estrutural. Neste caso, porém, as cargas ou solicitações (S) são o efeito combinado tanto das ações de cloretos como das condições de temperatura, enquanto a resistência para suportar essas cargas (R), que é a resistência à penetração do cloreto, é o efeito combinado tanto da qualidade do concreto como do cobrimento. Embora nem S nem R sejam comparáveis aos do projeto estrutural, o critério de aceitação para ter uma probabilidade de falha inferior a certo valor é o mesmo.

A Fig. 4.2 demonstra a dispersão e variabilidade tanto de R como de S na forma de duas curvas de distribuição ao longo do eixo y.

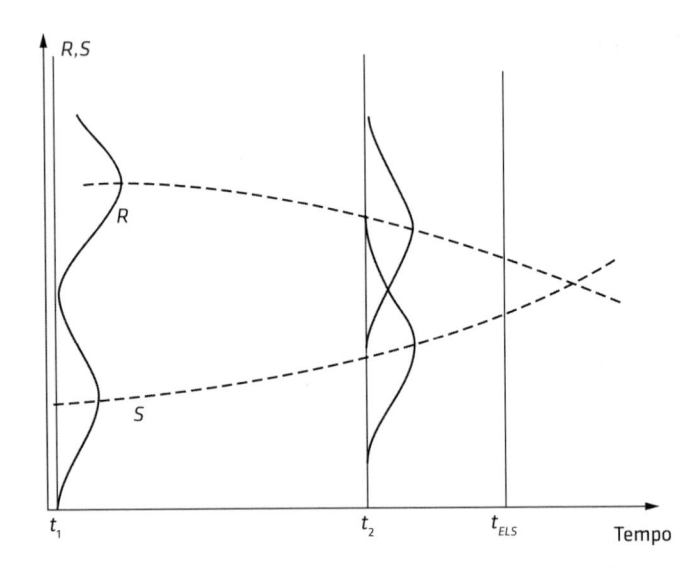

FIG. 4.2 Os princípios de uma análise de confiabilidade dependente do tempo

Numa etapa precoce, não há sobreposição dessas duas curvas de distribuição, mas, com o tempo, ocorre uma sobreposição gradual do tempo t_1 para o tempo t_2. Essa sobreposição crescente vai, a qualquer tempo, refletir a probabilidade de falha ou a probabilidade de início da corrosão do aço e, gradualmente, o nível superior aceitável para a probabilidade de falha (t_{ELS}) é atingido e superado. Em princípio, a probabilidade de falha pode ser escrita como:

$$p(falha) = p_f = p(R-S<0) < p_0 \qquad (4.6)$$

em que p_0 é a medida da probabilidade de falha.

Para o projeto estrutural, a segurança da estrutura é geralmente expressa sob a forma tanto de confiabilidade como de um índice de confiabilidade para avaliação das possíveis consequências da falha à segurança estrutural. No entanto, como não há consequências imediatas para o início da corrosão, tampouco há um índice de confiabilidade a ser considerado no procedimento. Nas atuais normas de confiabilidade das estruturas, porém, muitas vezes é especificado um teto de 10% de probabilidade de falha no estado-limite de serviço (ELS) sob o enfoque da vida útil (Standard Norway, 2004). Também para o começo da corrosão, portanto, adotou-se um teto de 10% no nível superior da probabilidade como base para novos projetos de durabilidade. Em geral, a função de falha mencionada inclui muitas variáveis, cada uma delas com seus próprios parâmetros estatísticos. Assim, o uso dessa função requer cálculos numéricos e o uso de um *software* especial. Atualmente, há muitos métodos matemáticos disponíveis para avaliação da função de falha, como estes:

* método de confiabilidade de primeira ordem (FORM, *first-order reliability method*);
* método de confiabilidade de segunda ordem (SORM, *second-order reliability method*);
* simulação Monte Carlo (MCS, *Monte Carlo simulation*).

4.3 Cálculo da probabilidade de corrosão

Em princípio, o cálculo da probabilidade de corrosão pode ser feito por qualquer um dos métodos matemáticos mencionados anteriormente. A seguir, porém, o cálculo da probabilidade de corrosão é baseado na segunda lei da difusão de Fick, modificada conforme apresentado na Eq. 4.1, combinada com a simulação Monte Carlo. Embora tal cálculo combinado possa ser executado de várias maneiras, foi desenvolvido um *software* especial para esse cálculo, o Duracon (Ferreira, 2004; Ferreira et al., 2004, <http://www.pianc.no/duracon.php>).

Uma simulação Monte Carlo pode ser descrita brevemente como um método de simulação estatística que usa sequências de números aleatórios. Quando se simula a penetração do cloreto por meio da Eq. 4.1, é necessário que todos os parâmetros de entrada sejam descritos por uma função de densidade de probabilidade. Uma vez conhecidas essas funções dos vários parâmetros de durabilidade do sistema, a probabilidade de falha é baseada na avaliação da função de estado-limite para um grande número de simulações. A função de falha é, então, calculada para cada resultado. Se o resultado está na região de falha, então se obtém a contribuição para a probabilidade de falha. Para o *software* Duracon, o cobrimento foi escolhido como variável de resistência (r), enquanto a profundidade da frente crítica de cloreto foi escolhida como variável de carga (s). A probabilidade de falha é então estimada por meio da Eq. 4.7:

$$p_f = \frac{1}{N} \sum_{j=1}^{N} I\left[g(r_j, s_j)\right] \qquad (4.7)$$

em que N é o número de simulações, $I[g(r_j,s_j)]$ é a função de indicação e $g(r_j,s_j)$ é a equação de estado-limite; s representa a carga ambiental, e r, a resistência do concreto à penetração do cloreto.

O desvio padrão de todos os cálculos anteriores pode ser estimado pela Eq. 4.8, segundo Thomas e Bamforth (1999):

$$s = \sqrt{\frac{p_f(1-p_f)}{N}} \qquad (4.8)$$

pela qual se pode notar que a precisão da simulação Monte Carlo depende principalmente do número de simulações.

Os cálculos mencionados da probabilidade de corrosão são usados principalmente como base para o projeto de durabilidade de novas estruturas de concreto. Como resultado, pode-se especificar certa "vida útil" antes que a probabilidade de corrosão numa dada estrutura de concreto, num dado ambiente, chegue aos 10%. No entanto, é preciso notar que os cálculos anteriormente citados são baseados apenas num modelo matemático muito simplificado para uma penetração unidimensional de cloretos e para um número de parâmetros de entrada muito incerto. Portanto, esses cálculos não devem ser aplicados para nenhuma previsão do tempo real para atingir uma certa probabilidade de corrosão, mas sim como uma base relativa para quantificar, comparar e selecionar uma de muitas soluções técnicas possíveis.

Assim, quando uma certa vida útil é especificada antes de se atingirem os 10% de probabilidade, o efeito de vários combinações de qualidades de concreto e cobrimento pode ser comparado de maneira muito simples e rápida. Como resultado, a combinação mais apropriada de qualidades de concreto (difusividade do cloreto) e cobrimento pode ser selecionada e, mais tarde, usada como base para garantir que a vida útil de uma estrutura de concreto dada seja atingida durante a concretagem.

Para obedecer a uma especificação de durabilidade com base na vida útil requerida antes que seja atingida a probabilidade de 10% de corrosão, uma nova análise de durabilidade deve ser feita depois da concretagem. Essa análise deve se basear em dois novos parâmetros de entrada: os valores médios executados e os desvios padrão tanto da difusividade do cloreto aos 28 dias como do cobrimento. Para esse cálculo, mantêm-se todos os outros parâmetros de entrada, na verdade, sempre de difícil obtenção e conhecimento efetivo durante o projeto de durabilidade. Portanto, essa documentação reflete principalmente os resultados obtidos do controle de qualidade convencional da difusividade do cloreto aos 28 dias e do cobrimento durante a concretagem, inclusive dispersão e variabilidade (Cap. 6). Assim, esse novo cálculo oferece a base para a documentação da qualidade alcançada da construção e da conformidade com a durabilidade especificada (Cap. 7).

Durante a operação da estrutura de concreto dada, outros cálculos de probabilidade de corrosão são feitos como base para a avaliação da condição e para a manutenção preventiva da estrutura. Nesse caso, os cálculos são baseados nas difusividades do cloreto obtidas com base nas taxas observadas de penetração do cloreto, como se verá no Cap. 8; antes que essa probabilidade de corrosão suba muito, devem-se implementar medidas de proteção adequadas.

Para todos os tipos mencionados de cálculo de probabilidade, certos parâmetros de entrada são necessários. Para o projeto de durabilidade, todos os parâmetros de entrada exigidos são descritos e discutidos a seguir. Para a documentação da qualidade especificada da execução e para a conformidade com a durabilidade especificada, os parâmetros de entrada são descritos e discutidos nos Caps. 6 e 7; o Cap. 8 descreve e discute os parâmetros de entrada para avaliação da condição e manutenção preventiva durante a operação da estrutura.

4.4 Parâmetros de entrada

Em geral, o projeto de durabilidade deve ser sempre parte integral do projeto estrutural de uma estrutura dada. Logo num estágio precoce do projeto uma certa vida útil deve ser requerida antes que a probabilidade de corrosão atinja 10%. Antes de selecionar uma solução técnica adequada, pode ser necessário realizar muitos cálculos para várias combinações possíveis de qualidades do concreto e do cobrimento.

Para todos os cálculos de probabilidade de corrosão, é preciso obter a informação adequada sobre os seguintes parâmetros de entrada:

- ✱ ação ambiental:
    - concentração do cloreto, C_s;

- idade de atuação do cloreto, t';
- temperatura, T.
* qualidade do concreto:
  - difusividade do cloreto, D;
  - coeficiente de influência da idade, α;
  - teor crítico de cloreto, C_{cr}.
* cobrimento do concreto, X_c.

Deve-se notar que esses parâmetros de entrada para o projeto de durabilidade podem ter diferentes características de distribuição. Se nada mais se sabe sobre a distribuição dos vários parâmetros de entrada, porém, pode-se presumir uma distribuição normal, com um coeficiente de variação entre 0,1 e 0,2. Para a documentação da qualidade especificada da execução, os parâmetros de entrada tanto da difusividade do cloreto como do cobrimento são baseados em dados obtidos pelo controle de qualidade durante a concretagem. Como esses dados podem ocasionalmente exibir alta dispersão e variabilidade, podem-se presumir outras distribuições de probabilidade para esses parâmetros de entrada, como a distribuição beta. O mesmo ocorre com a análise de durabilidade realizada como base para a avaliação da condição durante a operação das estruturas. Nesse caso, o parâmetro de entrada para difusividade do cloreto se baseia nos dados observados na penetração real do cloreto em andamento, o que também exibe alta dispersão e variabilidade.

Quando se considera uma distribuição normal dos parâmetros, o valor médio, μ, e o desvio padrão, σ, são parâmetros de entrada. Para uma distribuição beta, os parâmetros q e r devem ser calculados e utilizados como entrada para as variáveis:

$$\mu = \frac{q}{q+r} \quad (4.9)$$

$$\sigma^2 = \frac{q \cdot r}{(q+r)^2 + (q+r+1)} \quad (4.10)$$

A seguir, oferecem-se algumas diretrizes gerais para determinar e selecionar os parâmetros de entrada citados, usados para o projeto de durabilidade.

4.4.1 Ação ambiental

Concentração do cloreto na superfície, C_s

Para todas as estruturas de concreto em ambientes com cloreto, a concentração desse ânion é geralmente definida como a concentração acumulada do concreto na superfície (C_s) depois de algum tempo de exposição (Fig. 4.3). Essa curva de penetração do cloreto é resultado da análise de regressão de pelo menos seis conjuntos de dados observados sobre a penetração desse ânion, depois de um certo tempo de exposição e do ajuste da curva à segunda lei de Fick.

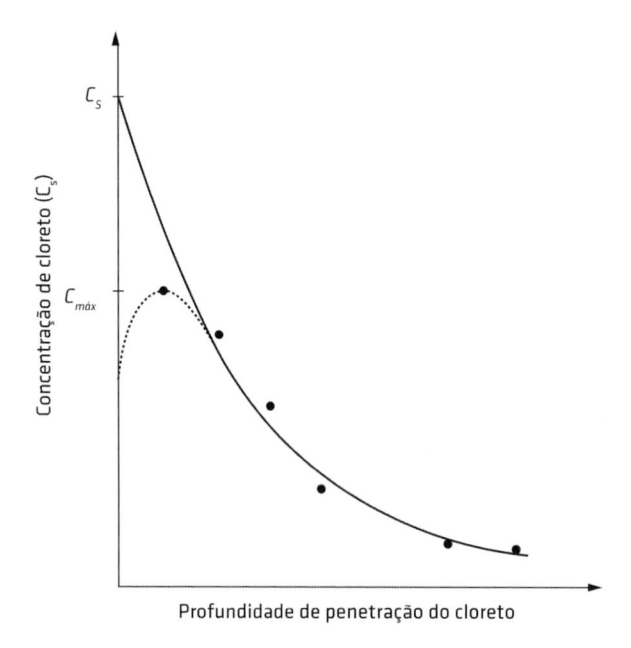

Fig. 4.3 *Definição da concentração do cloreto na superfície (C_S), com base na análise de regressão dos dados observados da penetração do cloreto*

A concentração do cloreto na superfície (C_S), que é normalmente maior do que a máxima concentração do cloreto observada na camada superficial do concreto ($C_{máx}$), é resultado principalmente de uma exposição ambiental local, porém, a qualidade do concreto, a forma geométrica da estrutura e altura acima da água também afetam a acumulação da concentração do cloreto na superfície.

Para todas as estruturas de concreto, portanto, a concentração acumulada do cloreto na superfície tipicamente exibe uma alta dispersão e variabilidade, como mostra o Cap. 2. Para a análise de durabilidade, porém, é importante estimar e selecionar um valor apropriado de concentração do cloreto na superfície (C_S) que seja tão representativo quanto possível das partes mais expostas e mais cruciais da estrutura. Em alguns casos, pode ser apropriado selecionar diferentes concentrações do cloreto para diferentes partes da estrutura e, depois, realizar diferentes cálculos de probabilidade para essas partes.

Para uma nova estrutura de concreto, pode não ser fácil estimar e selecionar um valor adequado para a concentração do cloreto, como descrito anteriormente. Se possível, portanto, devem-se aplicar dados de pesquisas de campo anteriores de tipos semelhantes de estruturas de concreto em ambientes semelhantes. Em muitos países, realizaram-se pesquisas de campo num grande número de pontes e estruturas portuárias de concreto em ambientes marinhos. Assim, ao longo da costa norueguesa, extensas medidas da penetração do cloreto foram tomadas num grande número de estruturas de concreto, como já foi descrito no Cap. 2; alguns dados dessas pesquisas foram plotados nas Figs. 4.4 e 4.5. Para estruturas de concreto específicas, a experiência mostrou que as concentrações de cloreto na superfície (C_S) acumulam--se com sucesso por vários anos antes de tenderem a estabilizar em valores bastante razoáveis para uma certa exposição ambiental. A seguir, portanto, presume-se que a concentração do cloreto (C_S) é um parâmetro de entrada constante para um dado ambiente.

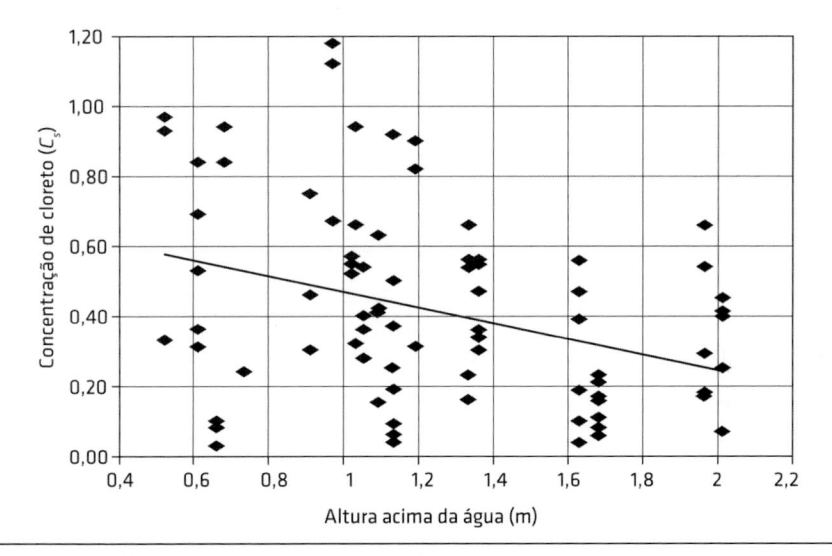

FIG. 4.4 *Concentrações de cloreto na superfície por massa do concreto (C_S) em estruturas portuárias de concreto na Noruega*
Fonte: adaptado de Markeset (2004) e Hofsøy, Sørensen e Markeset (1999).

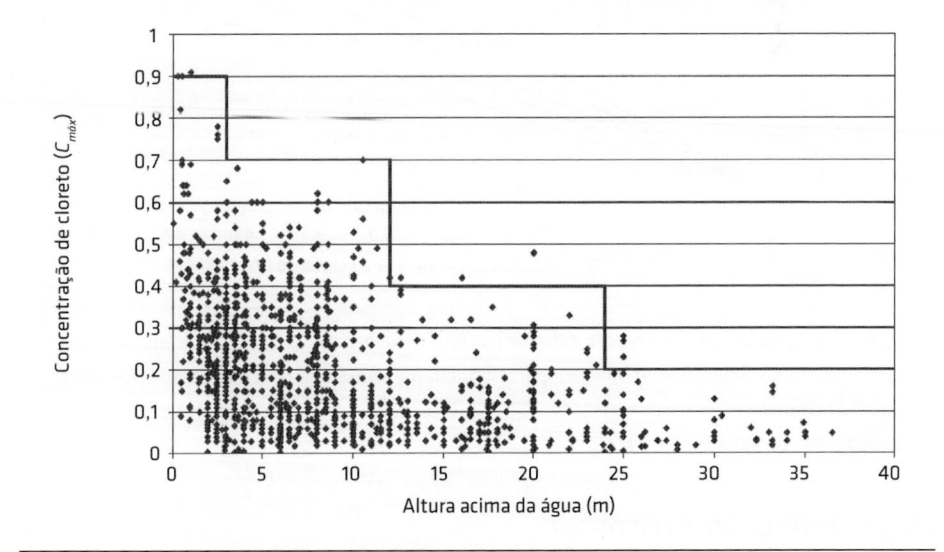

FIG. 4.5 *Concentrações máximas de cloreto na superfície por massa do concreto ($C_{máx}$) observadas em pontes de concreto na costa da Noruega*
Fonte: adaptado de Fluge (2001).

Embora a seleção de concentrações do cloreto para uma nova estrutura de concreto deva se basear preferencialmente na experiência local com estruturas de concreto semelhantes expostas a ambientes semelhantes, a experiência disponível na literatura também pode dar uma base para a avaliação da concentração do cloreto adequada. Com base na experiência geral de estruturas de concreto em ambientes marinhos, algumas diretrizes gerais para estimativa da concentração do cloreto estão na Tab. 4.1. Como os dados sobre concentrações de cloreto costumam aparecer em porcentagem por massa do concreto, um diagrama de conversão geral para concentrações de cloreto pode ser conferido na Fig. 4.6.

TAB. 4.1 DIRETRIZES GERAIS PARA ESTIMATIVA DA CONCENTRAÇÃO DO CONCRETO (C_S) EM ESTRUTURAS DE CONCRETO EM AMBIENTES MARINHOS

Ação ambiental	C_S (% por massa do cimento)	
	Valor médio	Desvio padrão
Alta	5,5	1,3
Média	3,5	0,8
Moderada	1,5	0,5

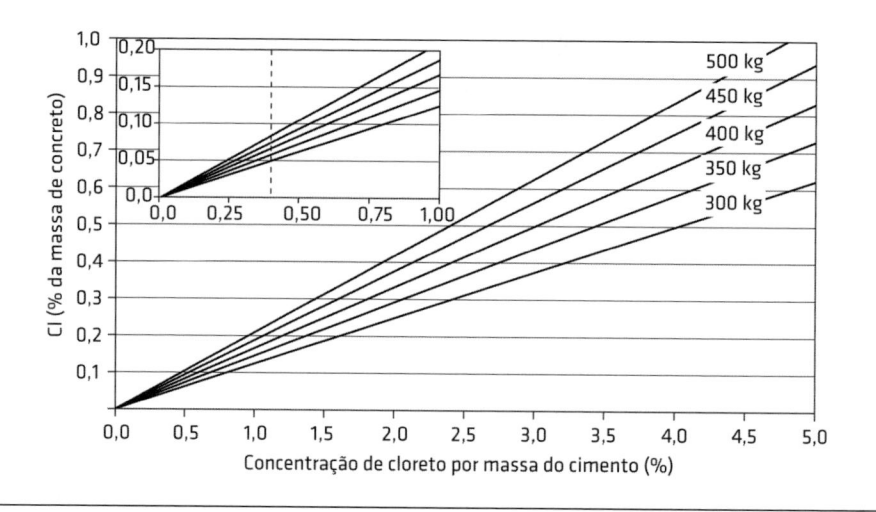

FIG. 4.6 *Diagrama de conversão para estimar as concentrações de cloreto em porcentagem por massa do cimento, com base em porcentagem por massa do concreto com vários teores de cimento*
Fonte: adaptado de Ferreira (2004).

Tempo de atuação do cloreto, t'

Como a resistência de um dado concreto à penetração do cloreto depende muito do grau de hidratação, a idade do concreto ao tempo do cálculo da concentração do cloreto (t') também é um parâmetro muito importante para avaliar a penetração do cloreto.

Uma seleção correta desse parâmetro de entrada também depende tanto do tipo de concreto como dos procedimentos de construção, condições locais de cura e risco de exposição precoce aos cloretos. Ocasionalmente, uma exposição muito precoce ao cloreto pode ocorrer durante a concretagem, como demonstrado no Cap. 2.

Temperatura, T

Para uma dada estrutura de concreto num dado ambiente, a taxa de penetração do cloreto também depende muito da temperatura, como mostrou a Eq. 4.3. Com base em informação local sobre as condições prevalecentes de temperatura, podem-se usar dados sobre as temperaturas médias anuais como referência para a eleição desse parâmetro de entrada.

4.4.2 Qualidade do concreto

Difusividade do cloreto, D

Como se viu no Cap. 3, a difusividade do cloreto (D) de um dado concreto é um parâmetro de qualidade muito importante, que geralmente reflete a resistência do concreto à penetração do cloreto. Embora a relação água/aglomerante também reflita a porosidade e, portanto, a resistência à penetração do cloreto, uma longa experiência demonstra que a seleção de um sistema apropriado de aglomerante pode ser mais importante para conseguir uma alta resistência à penetração do cloreto do que somente selecionar uma baixa relação água/aglomerante. Assim, quando a relação água/aglomerante foi reduzida de 0,50 para 0,40 para um concreto baseado em cimento Portland puro, a difusividade do cloreto só se reduziu por um fator de dois ou três, enquanto a incorporação de vários tipos de materiais cimentícios suplementares (como escória de alto-forno, cinzas volantes, metacaulim ou sílica ativa), na mesma relação de água/aglomerante, reduziu a difusividade do cloreto por um fator de até 20 (Thomas; Bremner; Scott, 2011).

Da mesma forma, enquanto uma relação água/aglomerante reduzida de 0,45 para 0,35 para um concreto baseado em cimento Portland puro só pode reduzir a difusividade do cloreto por um fator de dois, a substituição do cimento Portland pelo cimento de escória de alto-forno pode reduzir a difusividade do cloreto por um fator de até 50 (Bijen, 1998). Também é possível obter difusividades de cloreto muito baixas – e, portanto, uma resistência muito alta à penetração do cloreto – com a combinação do cimento de escória de alto-forno com sílica ativa (Cap. 3).

A literatura contém muitos tipos e definições de difusividade do cloreto de um dado concreto, assim como muitos métodos para testar a difusividade do cloreto (Schiessl; Lay, 2005; Tang; Nilsson; Basher, 2012). Assim, a Nordtest normatizou três diferentes tipos de métodos de ensaio, inclusive o método de migração *steady--state* (regime estacionário ou permanente) NT Build 355 (Nordtest, 1989), o método de ensaio por imersão NT Build 443 (Nordtest, 1995) e o método de migração *non--steady-state* (regime não estacionário ou turbulento) NT Build 492 (Nordtest, 1999).

(N. do E.: Os métodos NT Build 443 e 492 são equivalentes aos padrões americanos ASTM C 1556 (ASTM, 2004) e AASHTO TP 64-03 (AASHTO, 2003), respectivamente). Todos esses métodos de ensaio são métodos acelerados que dão valores diferentes para a difusividade do cloreto, mas, como todos oferecem uma boa correlação, qualquer um deles pode ser usado tanto para quantificar quanto para comparar a resistência à penetração do cloreto em vários tipos de concreto (Tong; Gjørv, 2001; Schiessl; Lay, 2005; Tang; Nilsson; Basher, 2012).

Embora todos esses métodos sejam acelerados, cada um deles tem uma duração diferente. Tanto o método de migração *steady-state* como o de ensaio por imersão são baseados em amostras de concreto bem curadas, antes da exposição, e o ensaio pode levar muito tempo. No entanto, como o método de migração *non-steady-state* não requer nenhuma cura prévia, esse é o único método para um ensaio muito rápido, independentemente da idade do concreto. Portanto, para ser aplicável num controle de qualidade normal durante a concretagem, adotou-se o método de migração *non-steady-state* ou o chamado método da rápida migração do cloreto (método RCM); ambos são muito adequados, especialmente quando combinados com um ensaio correspondente de resistividade elétrica do concreto (Gjørv, 2003), como se verá no Cap. 6.

O método RCM, originalmente desenvolvido por Tang em 1996 (Tang, 1996a, 1996b), foi mais tarde submetido a muitos testes e comparações com outros métodos no programa de pesquisa europeu DuraCrete (2000). Em consequência, a difusividade do cloreto com base no método RCM foi adotada como base das diretrizes gerais para o projeto de durabilidade desenvolvido nesse programa. Tong e Gjørv (2001) relataram uma correlação muito boa com os resultados obtidos pelo método RCM e o método da migração *steady-state*. A Fig. 4.7 mostra a forte correlação estatística com os resultados obtidos pelo método de teste por imersão.

Já em 2001, Tang e Sørensen (2001) haviam publicado uma documentação muito boa sobre a precisão do método RCM. O programa de pesquisa europeu ChlorTest (2005) também comparou e avaliou muitos métodos de teste, demonstrando que o método RCM foi o mais preciso (Fig. 4.8). Devido a sua simplicidade, rapidez e precisão, gradualmente esse método também passou a ser utilizado por outros países (Hooton; Thomas; Stanish, 2000; AASHTO, 2003): nos Estados Unidos, foi adotado como AASHTO TP 64-03 e, na China, como GB/T 50082, que se tornou padrão nesse país. A seguir, a difusividade do cloreto (D) do concreto é definida com base no método RCM NT Build 492 (Nordtest, 1999).

Tanto do ponto de vista de mecanismo de transporte como teoricamente, pode-se argumentar que um método de ensaio tão marcadamente acelerado como o RCM é questionável (Gulikers, 2011; Yuan, 2009). Deve-se notar, contudo, que a difusividade do cloreto aos 28 dias é apenas um índice relativo muito simples, refletindo densidade, porosidade e mobilidade geral dos íons no sistema de poro do concreto e, portanto, a resistência à penetração do cloreto, assim como as propriedades gerais de durabilidade de um dado concreto. Assim, a difusividade do cloreto aos 28 dias (D_{28})

pode ser comparável à resistência à compressão aos 28 dias (f_{28}), que é igualmente apenas um índice relativo muito simples, refletindo principalmente a resistência à compressão, mas também as propriedades mecânicas gerais do concreto.

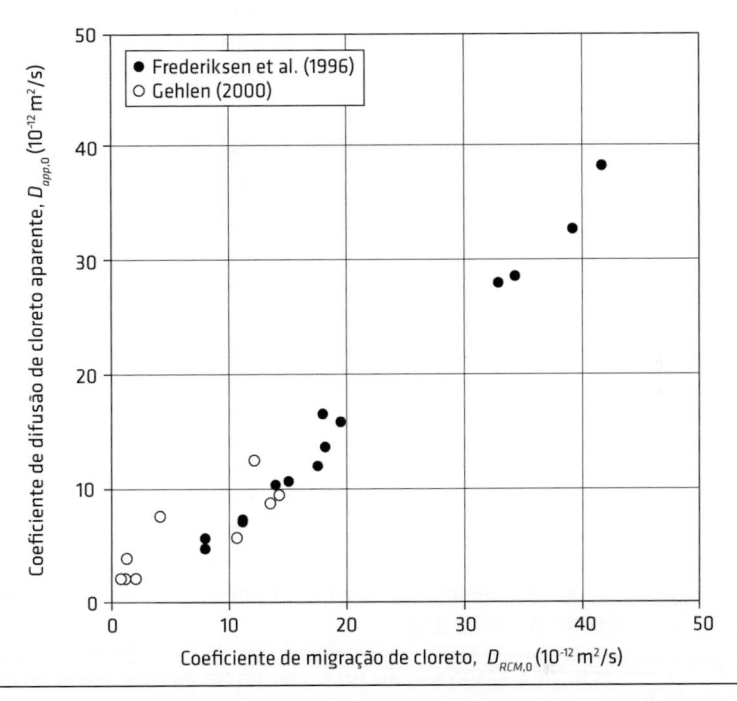

FIG. 4.7 *Correlação entre os coeficientes de difusão obtidos por ensaios de imersão e pelo método RCM, segundo Gehlen (2000) e Frederiksen et al. (1996)*
Fonte: Schiessl e Lay (2005).

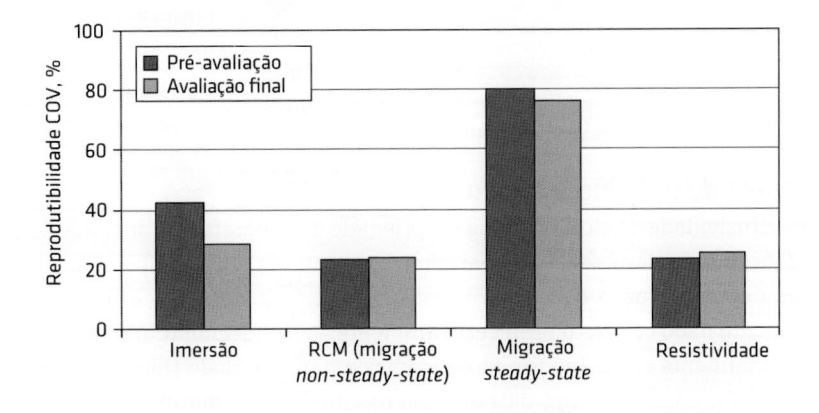

FIG. 4.8 *Comparação da precisão entre todos os métodos de teste da difusividade do cloreto avaliados no programa de pesquisa europeu ChlorTest (2005)*

Na maioria das análises de durabilidade, a difusividade RCM aos 28 dias é normalmente usada como um parâmetro de entrada para o projeto de durabilidade, da mesma forma que a resistência à compressão aos 28 dias é usada como parâmetro de entrada no projeto estrutural. Contudo, podem-se realizar outras análises de durabilidade com base na difusividade do cloreto obtida com períodos mais longos de cura, o que é apropriado no caso de tipos de concreto baseados em sistemas de aglomerante que hidratam muito devagar, como cimentos compostos com cinzas volantes. No entanto, para o controle de qualidade convencional, durante a concretagem, e para a documentação de conformidade com a durabilidade especificada, os ensaios são em geral baseados na difusividade do cloreto aos 28 dias (D_{28}), conforme é descrito e discutido no Cap. 6, sob controle de qualidade do concreto.

No laboratório, para a cura contínua com água a 20 °C para além de 28 dias, a difusividade do cloreto é reduzida com sucesso ao longo de determinado período de tempo, mas depende um pouco do tipo de sistema aglomerante e tende a estabilizar-se ao longo de um período de cura de cerca de um ano. Assim, a difusividade do cloreto obtida após um ano de cura em água a 20 °C (D_{365}) é usada como base para caracterizar a resistência potencial de um concreto dado à penetração do cloreto, como descrito e discutido sob documentação da qualidade especificada da execução no Cap. 7.

A Tab. 4.2 mostra alguns valores gerais como parâmetro para uma avaliação abrangente da resistência à penetração do cloreto de vários tipos de concreto, com base na difusividade RCM aos 28 dias.

Tab. 4.2 Resistência à penetração do cloreto de vários tipos de concreto, com base na difusividade RCM aos 28 dias

Difusividade do cloreto, $D_{28} \times 10^{-12}$ m²/s	Resistência à penetração do cloreto
> 15	Baixa
10-15	Moderada
5-10	Alta
2,5-5	Muito alta
< 2,5	Extremamente alta

Fonte: Nilsson, Ngo e Gjørv (1998).

Coeficiente de influência da idade, α

Como a difusividade do cloreto é uma propriedade do concreto que depende do tempo, esse coeficiente (α) também é um parâmetro de entrada muito importante, em geral refletindo como se dá o desenvolvimento, ao longo do tempo, da difusividade do cloreto de um dado concreto num certo ambiente. Para selecionar um valor adequado de α, normalmente se atribui um valor empírico para um dado tipo de concreto num certo ambiente como parâmetro de entrada nas análises de durabilidade.

Para novas estruturas de concreto, portanto, o problema de selecionar um valor α adequado é o mesmo do já discutido problema de selecionar um valor adequado para a atuação do cloreto (C_s). A atual experiência em campos de pesquisa de estruturas de concreto semelhantes em ambientes semelhantes pode dar uma base para selecionar o valor α adequado. A literatura pode dispor de informações sobre ensaios de longo prazo em campo, com tipos similares de concreto em ambientes similares. Com base nessa experiência, a Tab. 4.3 apresenta algumas diretrizes gerais para selecionar o valor α adequado. Essa tabela mostra alguns valores α obtidos para concreto baseado em vários tipos de cimento e expostos a zonas de respingos ou de variação de marés em ambientes marinhos (Mangat; Molloy, 1994; Thomas; Bamforth, 1999; Thomas et al., 1999; Bamforth, 1999). Embora combinações de vários tipos de cimento com materiais cimentícios suplementares, como a sílica ativa, sempre reduzam a difusividade do cloreto, a atual experiência indica que a Tab. 4.3 ainda pode ser usada como base geral e aproximada para a estimativa de um valor α adequado.

TAB. 4.3 DIRETRIZES GERAIS PARA ESTIMAR OS VALORES α PARA ESTRUTURAS DE CONCRETO EM AMBIENTE MARINHO, EXPOSTAS A ZONAS DE RESPINGOS E DE VARIAÇÃO DE MARÉS

Concreto baseado em vários tipos de cimento	Valor α	
	Valor mediano	Desvio padrão
Cimentos Portland	0,4	0,08
Cimentos de escória de alto-forno	0,5	0,10
Cimentos de cinzas volantes	0,6	0,12

Teor crítico de cloreto, C_{CR}

Como já se discutiu no Cap. 3, mesmo concentrações muito pequenas de cloreto na solução de poro de um concreto conseguem destruir a passividade da armadura e, assim, dar início à corrosão. A atual experiência demonstra, porém, que vários fatores afetam a despassivação da armadura, como a disponibilidade de oxigênio e o potencial do aço, assim como a alcalinidade da solução de poro e as condições locais ao longo da interface concreto-aço. Dependendo de todos esses fatores, a concentração crítica do cloreto na solução de poro para romper a passividade pode variar dentro de amplos limites, como se viu no Cap. 3. Além disso, devido a uma relação muito complexa entre o teor crítico de cloreto e a concentração crítica do cloreto na solução de poro, não é possível atribuir nenhum valor geral ao teor crítico de cloreto. Porém, quando certos valores para o teor crítico do cloreto são dados por padrões e recomendações existentes, isso é baseado apenas na informação empírica sobre o conteúdo total de cloreto no concreto que pode gerar um certo risco de desenvolvimento de corrosão. Para o aço-carbono tradicional, alguns valores empíricos aparecem na Tab. 4.4. No entanto, se a corrosão do aço vai se desenvolver ou não é algo que também depende de outros parâmetros da corrosão, como a disponibilidade de oxigênio e a resistividade elétrica do concreto. Assim, o risco de desenvolvimento de corrosão pode ser muito baixo em concreto úmido ou submerso, devido à disponibilidade muito baixa de oxigênio, e em concreto muito seco, devido ao controle ôhmico do processo de corrosão (Fig. 4.9).

TAB. 4.4 RISCO DE DESENVOLVIMENTO DE CORROSÃO EM AÇO-CARBONO, DEPENDENDO DO CONTEÚDO TOTAL DE CLORETO

Teor de cloreto (%)		
Por massa do cimento	Por massa do concreto[a]	Risco de corrosão
> 2,0	> 0,36	Certo
1,0-2,0	0,18-0,36	Provável
0,4-1,0	0,07-0,18	Possível
< 0,4	< 0,07	Desprezível

[a] Com base em 440 kg/m³ de cimento.
Fonte: Browne (1980).

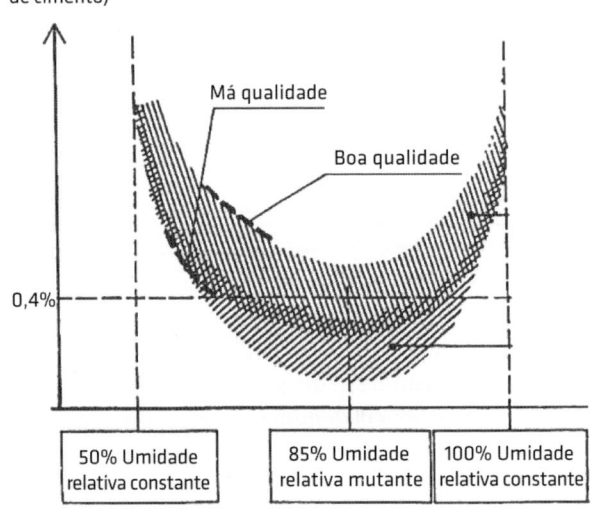

FIG. 4.9 Relação qualitativa entre teor crítico de cloreto (C_{CR}), condições ambientais e qualidade do concreto
Fonte: CEB (1992).

Com base em informação empírica de um amplo leque de atributos do concreto e condições de umidade, tem sido prática comum limitar o conteúdo tolerável de cloreto para a produção de concreto a cerca de 0,4% por massa do cimento para armadura baseada em aço-carbono (Rilem, 1994). No chamado *Model Code for Service Life Design*, da Fédération Internationale du Béton (FIB), o C_{CR} é definido por distribuição beta, com uma mediana de 0,6% e um limite inferior de 0,2% por massa do cimento (FIB, 2006). Mas, como a concentração crítica do cloreto depende muito da alcalinidade da solução de poro, o C_{CR} também depende muito do tipo de sistema aglomerante em uso.

Para aços de alta qualidade mais sensíveis à corrosão, pode-se selecionar um valor médio de 0,1%, com desvio padrão de 0,03%. Para vários tipos de armaduras em aço inoxidável, o teor crítico de cloreto pode variar tipicamente de 2,5% a 3,5% por massa do cimento, mas há tipos com patamares-limite ou teores críticos-limite de até 5% a 8% (Cap. 5).

4.4.3 Cobrimento, X_C

Nas atuais normas do concreto, há requisitos tanto para o cobrimento mínimo ($X_{C,mín}$) como para tolerâncias no ambiente dado. Assim, o cobrimento nominal ($X_{C,N}$) é sempre especificado com um certo valor de tolerância (ΔX_C) e diferentes valores para ΔX_C podem ser especificados. Para uma tolerância de ±10 mm, o requisito mínimo do cobrimento torna-se

$$X_{C,mín} = X_{C,N} - 10 \qquad (4.11)$$

Embora o cobrimento especificado sirva principalmente para proteger o aço estrutural, ele muitas vezes também é aplicado a armaduras adicionais de aço que mantêm a posição do aço estrutural durante a concretagem (estribos, ganchos, caranguejos, treliças etc.). No entanto, como os cloretos penetrantes não distinguem entre o aço estrutural e as armações adicionais, o cobrimento nominal deve ser preferivelmente especificado para todo aço embutido, inclusive os estribos, para evitar qualquer fissura do cobrimento devido à corrosão prematura. Como parte do projeto estrutural, em geral se faz um grande esforço para evitar qualquer fissura do concreto. As fissuras no cobrimento causadas por corrosão dos estribos podem representar o mesmo tipo de fraqueza que qualquer outra fissura. Portanto, em vez de usar aço nos *inserts* e peças auxiliares, é preferível adotar sistemas baseados em materiais não corrosíveis, como os que são apresentados no Cap. 5.

Presumindo que 5% das armaduras têm um cobrimento menor que $X_{C,mín}$, a análise de durabilidade pode ser baseada num cobrimento médio de $X_{C,N}$ com desvio padrão de $\Delta X_C/1{,}645$. Em seguida, pode-se quantificar o efeito do cobrimento acrescido para além dos requisitos das atuais normas do concreto. Contudo, para a documentação da qualidade especificada da execução, como se descreve no Cap. 5, a análise de durabilidade deve sempre ser baseada nos valores obtidos – tanto para o cobrimento como para o desvio padrão – pelo contínuo controle de qualidade durante a concretagem.

4.5 Estudos de caso

Dois estudos de caso de tipos diferentes serão expostos e discutidos a seguir, para demonstrar como os cálculos de probabilidade de corrosão podem ser aplicados como base para o projeto de durabilidade de novas estruturas de concreto.

Para uma nova estrutura portuária de concreto em ambiente marinho, com uma temperatura anual típica de 10 °C, o requisito geral de durabilidade baseou-se num período de 120 anos de vida útil antes que os 10% de probabilidade de corrosão fossem alcançados. Neste caso, as análises de durabilidade foram realizadas para selecionar uma combinação adequada de qualidade de concreto e de cobrimento, que respondesse a esse requisito. Também foram feitas análises adicionais de durabilidade para temperaturas anuais de 20 °C e 30 °C, para demonstrar a importância da temperatura no ambiente.

O outro estudo de caso é parte de uma iniciativa da National Research Foundation (NRF) de Singapura, o programa de pesquisa de Infraestrutura Submarina e Cidade Submarina do Futuro, da Universidade Tecnológica Nanyang (NTU). O objetivo desse programa de cinco anos de duração, que começou em 2011, é desenvolver a base técnica necessária para o futuro desenvolvimento da cidade de Singapura por meio de um grande número de estruturas de concreto submersas. Para tais estruturas, seriam de vital importância as maiores durabilidade e confiabilidade possíveis e, portanto, uma vida útil tão longa quanto possível. No entanto, como qualquer cálculo para uma vida útil de mais de 150 anos não é considerado válido, selecionou-se, como base para uma análise de durabilidade, uma vida útil de até 150 anos com a probabilidade mais baixa possível de corrosão. Para aumentar e garantir ainda mais a durabilidade, uma ou mais medidas adicionais de proteção também devem ser adotadas, como descrito no Cap. 5.

Nesses dois casos, produziram-se vários compostos de concreto baseados em vários tipos de sistemas de aglomerantes para testar a difusividade do cloreto. Com base nos resultados obtidos, as análises de durabilidade foram realizadas para descobrir como os diferentes tipos de concreto afetariam a probabilidade de corrosão durante a vida útil requerida. No passo seguinte, mais análises de durabilidade foram realizadas para descobrir como diferentes cobrimentos afetariam a probabilidade de corrosão.

4.5.1 Estrutura portuária de concreto

Efeito da qualidade do concreto

Para selecionar a qualidade adequada de concreto para a estrutura portuária de concreto, quatro composições do concreto (tipos 1-4) foram produzidas e suas difusividades do cloreto aos 28 dias (D_{28}) foram determinadas. Essas composições foram produzidas com quatro tipos diferentes de cimento comercial, combinados com sílica ativa. Os quatro tipos de cimento eram um cimento Portland puro de alto desempenho (CEM I 52,5 LA); um cimento Portland composto com cerca de 20% de cinzas volantes (CEM II/A V 42,5 R); e dois tipos de cimento de escória de alto-forno, um com 34% de escória (CEM II/B-S 42,5 R NA) e outro com 70% de escória (CEM III/B 42,5 LH HS).

Com exceção do tipo de sistema aglomerante, a composição de todas as misturas de concreto era a mesma: foram todas produzidas com 390 kg/m³ de cimento, combinados com 39 kg/m³ de sílica ativa (10%), resultando numa relação água/aglomerante de 0,38. Assim, todas as misturas de concreto atenderiam até aos requisitos mais rigorosos das atuais normas europeias do concreto para uma vida útil de cem anos (CEN, 2009).

As análises de durabilidade foram realizadas com base nos resultados para as difusividades do cloreto aos 28 dias (D_{28}); num cobrimento médio de 70 mm (X_c), com um desvio padrão de 6 mm; e em valores estimados tanto para a idade das difusividades do cloreto (α) quanto para o teor crítico de cloreto (C_{CR}), como mostra a

Tab. 4.5. Todos os outros parâmetros de entrada, inclusive os valores estimados para a ação ambiental C_s (5,5; 1,35%) e para a idade de atuação do cloreto t' (28 dias), foram mantidos constantes. Só a temperatura T foi aumentada de 10 °C para 20 °C e 30 °C.

TAB. 4.5 PARÂMETROS DE ENTRADA PARA ANALISAR O EFEITO DA QUALIDADE DO CONCRETO

	Parâmetro de entrada		
Qualidade do concreto	D_{28} (× 10^{-12} m²/s)	α	C_{CR} (% por massa de aglomerante)
Tipo 1 (CEM I 52,5 LA + 10% CSF)	N[a](6,0, 0,64)	N(0,4, 0,08)	
Tipo 2 (CEM II/A – V 42,5 R + 10% CSF)	N(7,0, 1,09)	N(0,6, 0,12)	N(0,4, 0,10)
Tipo 3 (CEM II/B – S 42,5 R NA + 10% CSF)	N(1,9, 0,08)	N(0,5, 0,10)	
Tipo 4 (CEM III/B 42,5 LH HS + 10% CSF)	N(1,8, 0,15)		

[a] Distribuição normal com valor médio e desvio padrão.

Embora todos os quatro tipos de cimento atendessem aos requisitos da atual norma europeia para uma vida útil de cem anos, houve diferenças significativas na vida útil de cada um deles antes que chegassem aos 10% de probabilidade de corrosão. A uma temperatura anual média de 10 °C, como se vê na Fig. 4.10, o concreto baseado em cimento Portland misturado com sílica ativa (tipo 1) teria uma vida útil de cerca de 30 anos, enquanto o cimento de cinzas volantes (tipo 2) aumentaria esse período para cerca de 80 anos, antes que os 10% de probabilidade de corrosão fossem alcançados. Mas só o concreto baseado nos dois tipos de cimento de escória de alto--forno (tipos 3 e 4) atenderia ao requisito especificado de durabilidade, tendo uma vida útil de 120 anos ou mais.

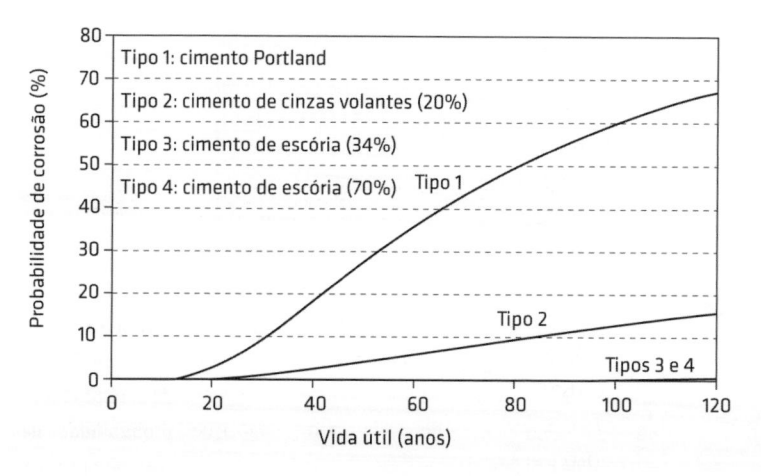

FIG. 4.10 Efeito do tipo de cimento na probabilidade de corrosão (10 °C)

De acordo com a Fig. 4.11, para um aumento da temperatura anual de 10 °C até 20 °C, a vida útil do concreto com base em cimento Portland (tipo 1) reduz de 30 para menos de 20 anos, enquanto a vida útil do concreto à base de cimento com cinzas volantes (tipo 2) reduziria de cerca de 80 para 30 anos. Ainda assim, ambos os tipos de concreto baseados nos dois tipos de cimento de escória de alto-forno (tipos 3 e 4) cumpririam a exigência de durabilidade, apresentando vida útil de 120 anos ou mais.

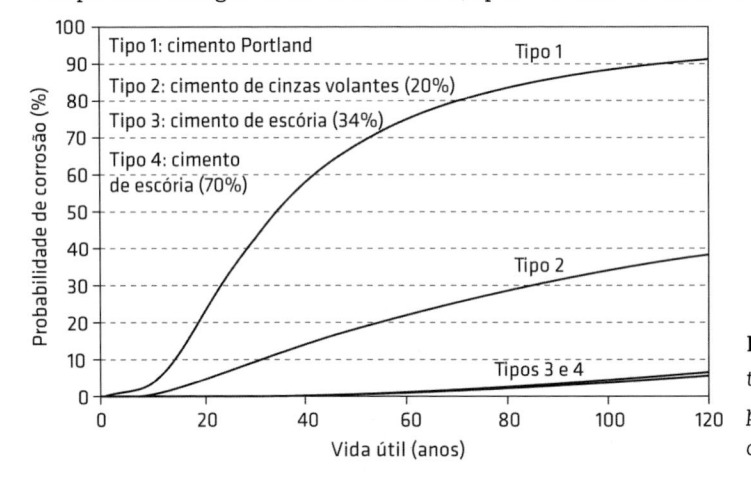

FIG. 4.11 Efeito do tipo de cimento na probabilidade de corrosão (20 °C)

A Fig. 4.12 mostra que, para uma temperatura elevada a 30 °C, o concreto baseado em cimento Portland (tipo 1) só teria uma vida útil de menos de dez anos, enquanto o concreto baseado em cimento de cinzas volantes (tipo 2) não passaria de 20 anos. A 30 °C, nem os dois tipos de concreto baseado em escória (tipos 3 e 4) conseguiriam atender ao requisito de uma vida útil de 120 anos antes de atingir os 10% de probabilidade de corrosão. Esses cálculos demonstram, portanto, que um clima quente com temperatura anual típica de 30 °C representa um desafio especial para o projeto de durabilidade.

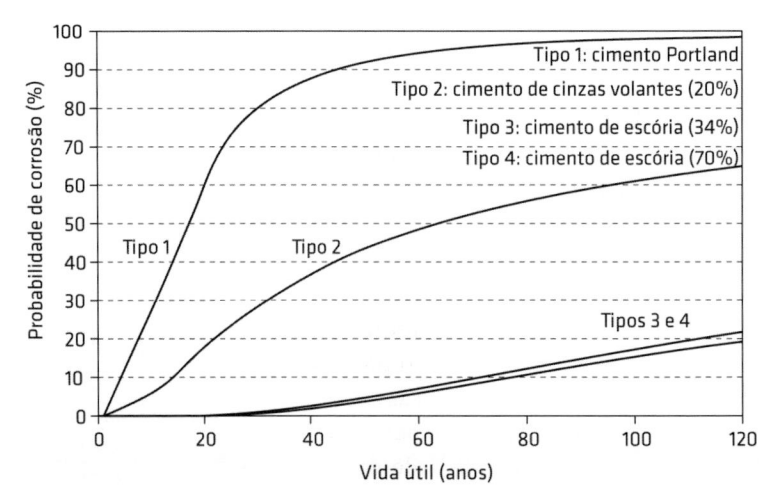

FIG. 4.12 Efeito do tipo de cimento na probabilidade de corrosão (30 °C)

Sobre essas análises de durabilidade, pode-se afirmar que os cálculos foram feitos somente com base nas difusividades do cloreto aos 28 dias, enquanto a difusividade do cloreto de outros tipos de concreto dosados com diversos tipos de cimento poderia apresentar outros valores bem diferentes. Portanto, também foram realizadas algumas análises de durabilidade adicionais, com base na difusividade obtida após períodos mais longos de cura, mas o princípio relativo para selecionar o melhor concreto do ponto de vista da durabilidade não mudou significativamente em nenhum dos casos.

Efeito do cobrimento

Para avaliar o efeito de um cobrimento aumentado para além do cobrimento nominal de 70 mm, deu-se o próximo passo das análises de durabilidade com base em cobrimentos de 90 mm e 120 mm (Tab. 4.6). Essas análises foram feitas somente com o cimento Portland (tipo 1) a uma temperatura de 10 °C, mantendo todos os outros parâmetros de entrada constantes. Algumas análises adicionais também foram realizadas a uma temperatura de 20 °C.

TAB. 4.6 PARÂMETROS DE ENTRADA PARA ANALISAR O EFEITO DO COBRIMENTO

Parâmetro de entrada	Valor médio	Desvio padrão	Comentários
D_{28}	6,0	0,64	Difusividade do cloreto ($\times 10^{-12}$ m²/s)
α	0,4	0,08	Coeficiente de influência da idade
C_{CR}	0,4	0,10	Teor crítico do cloreto (% por massa do aglomerante)
x_C	70	6	Cobrimento nominal (mm)
	90	6	
	120	6	

Como demonstra claramente a Fig. 4.13, um cobrimento maior também afetaria significativamente a probabilidade de corrosão. Enquanto o cobrimento nominal de 70 mm para um concreto de qualidade tipo 1 resultaria numa vida útil de cerca de 30 anos, aumentar o cobrimento para até 90 mm e 120 mm aumentaria a vida útil para 60 anos e mais de 120 anos, respectivamente. A Fig. 4.14 também demonstra claramente o efeito da temperatura. Se a temperatura anual aumentar de 10 °C para 20 °C, nem mesmo um cobrimento de 120 mm conseguiria atender ao requisito de uma vida útil de 120 anos antes que a probabilidade de 10% de corrosão fosse atingida.

Pode-se argumentar que qualquer espessura de cobrimento muito acima de 90 mm não seria muito apropriada, já que aumentaria o risco de fissuras inaceitáveis. Embora esse efeito possa ser mitigado, até certo ponto, pela incorporação de fibras sintéticas no concreto, um cobrimento muito espesso também teria alguns outros efeitos secundários, como o aumento da carga permanente da estrutura. Uma alternativa para atender ao requisito de durabilidade com base nesse tipo de concreto seria a substituição da parte externa do sistema de armaduras por aço inoxidável, que aumentaria eficazmente a espessura do cobrimento para o aço-carbono interior. Dessa forma, a análise de durabilidade também pode ser usada como uma ferramenta de projeto para quantificar quanto do tradicional aço-carbono precisa ser substituído por aço inoxidável para atender o nível de segurança exigido contra a corrosão.

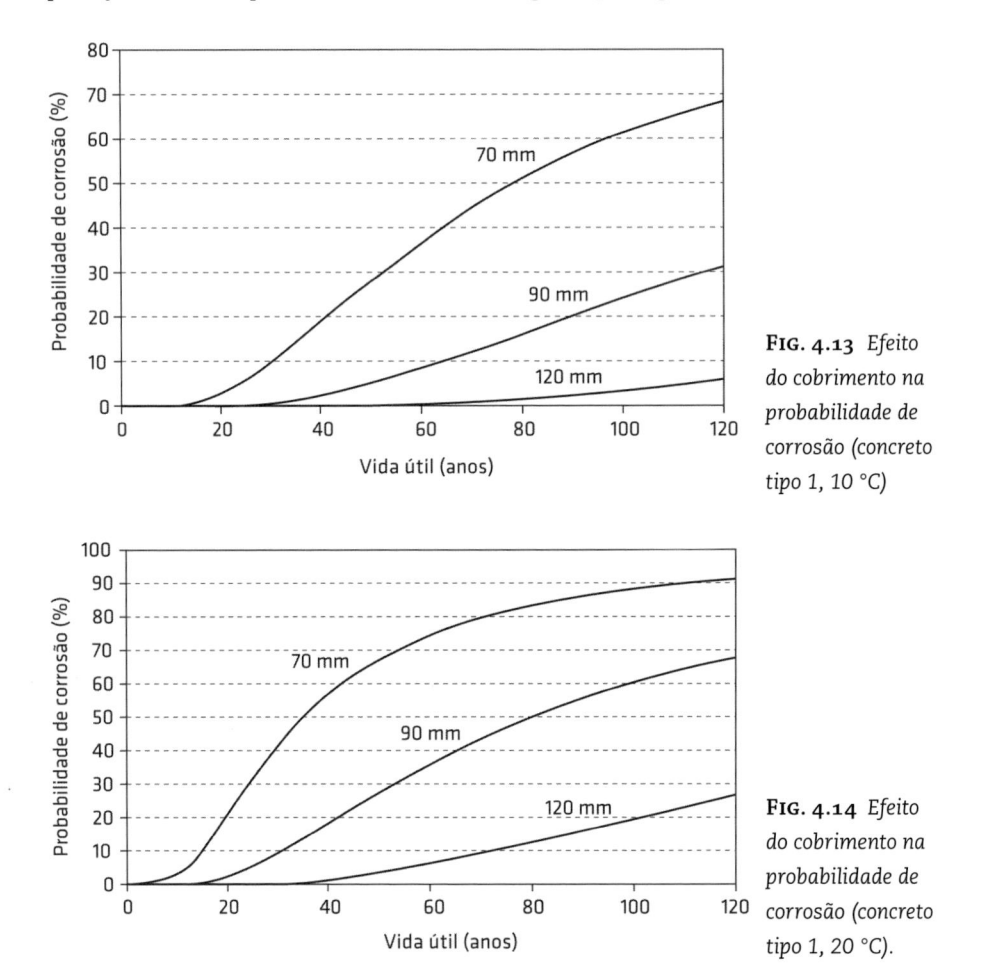

FIG. 4.13 Efeito do cobrimento na probabilidade de corrosão (concreto tipo 1, 10 °C)

FIG. 4.14 Efeito do cobrimento na probabilidade de corrosão (concreto tipo 1, 20 °C).

4.5.2 Infraestrutura submersa

Efeito da qualidade do concreto

Para desenvolver os tipos de concreto apropriados para as futuras estruturas de concreto submarinas em Singapura, produziram-se várias misturas de concreto com base em diversos sistemas aglomerantes, das quais quatro tipos diferentes foram selecionados para análises adicionais (Teng; Gjørv, 2013). A Tab. 4.7 mostra que a mistura de referência produziu um concreto baseado em cimento Portland puro (CEM 142,5R) com uma dimensão máxima do agregado de 20 mm (tipo A), enquanto nas outras misturas o cimento Portland foi parcialmente substituído por várias combinações de uma escória de alto-forno granulada finamente moída (Blaine 870 m²/kg) e sílica ativa não adensada. Pelo uso de aditivos superplastificantes (HRWRA, *high-range water-reducing admixture*), a relação água/aglomerante das misturas variou de 0,25 a 0,28, mas, mesmo assim, todas as misturas de concreto frescas eram muito fluidas e estáveis, com propriedades semelhantes às do concreto autoadensável.

TAB. 4.7 MISTURAS DE CONCRETO

Tipo de concreto	A	B	C	D
Relação água/aglomerante	0,28		0,25	
Relação agregado/aglomerante	3,35		2,28	
Substituição por escória de alto-forno (%)	0	30	0	30
Substituição por sílica ativa (%)	0	0	10	10
Aglomerante total (kg/m³)	523	518	585	580
Relação de agregado grosso/fino	1			
HRWRA/aglomerante (%)	1	1	1,5	1,5
Relação de agregado por massa	0,72	0,72	0,69	0,69

As análises de durabilidade foram realizadas com base nas difusividades do cloreto aos 28 dias (D_{28}), no cobrimento de 70 mm (X_C) e em valores estimados tanto para o coeficiente de influência da idade da difusividade do cloreto (α) como para o teor crítico de cloreto (C_{CR}), como mostra a Tab. 4.8. Para os demais parâmetros de entrada, foram mantidos constantes os valores estimados de ação ambiental C_s (5,5; 1,35%), idade de atuação do cloreto t' (28 dias) e temperatura T (30 °C).

TAB. 4.8 PARÂMETROS DE ENTRADA PARA ANÁLISE DO EFEITO DA QUALIDADE DO CONCRETO

Concreto	Parâmetros de entrada			
	D_{28} ($\times 10^{-12}$ m²/s)	α	C_{CR} (% por massa do aglomerante)	XC (mm)
Tipo A	N[a](7,9; 1,9)	N(0,4; 0,1)	N(0,4; 0,1)	N(70; 7)
Tipo B	N(1,0; 0,25)	N(0,5; 0,1)		
Tipo C	N(0,2; 0,05)			
Tipo D	N(0,1; 0,03)			

[a] Distribuição normal com valor médio e desvio padrão.

Como resultado das análises de durabilidade mencionadas, todos os tipos de concreto, menos o concreto de referência (tipo A), atenderam ao requisito de 150 anos de vida útil antes de atingirem os 10% de probabilidade de corrosão. Embora o concreto de referência também tivesse uma relação água/aglomerante muito baixa, de 0,28, e, portanto, seria considerado muito durável, a Fig. 4.15 demonstra claramente que esse concreto não conseguiu atender à durabilidade requerida. Já o concreto de tipo B atingiu cerca de 7% de probabilidade de corrosão, enquanto os outros dois tipos de concreto (C e D) tinham uma resistência tão alta à penetração do cloreto que não foi possível detectar nenhuma probabilidade de corrosão numa vida útil de 150 anos. Assim, esses dois tipos de concreto seriam muito adequados para as possíveis aplicações futuras.

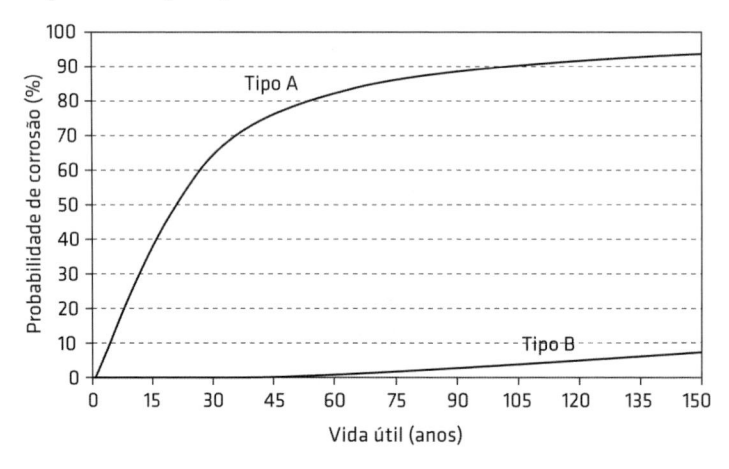

FIG. 4.15 *Efeito do cobrimento na probabilidade de corrosão (concreto tipo A)*

Também nesse caso pode-se afirmar que as análises de durabilidade citadas basearam-se apenas nas difusividades do cloreto obtidas aos 28 dias, enquanto outros concretos com diferentes cimentos poderiam apresentar valores distintos. Portanto, aqui também foram realizadas algumas análises adicionais de durabilidade com base em difusividades do cloreto obtidas após curas mais longas, de até 90 dias, mas nenhuma delas alterou significativamente a análise comparativa entre o efeito dos vários tipos de concreto.

Efeito do cobrimento

Para descobrir se o cobrimento aumentado para além de 70 mm também tornaria possível o uso do concreto de referência (mistura A) e ainda assim atenderia à durabilidade requerida, algumas análises adicionais de durabilidade foram realizadas, com base em cobrimentos de 90 mm e 120 mm (Tab. 4.9). Essas análises foram realizadas somente com o concreto de referência (tipo A), mantendo constantes todos os outros parâmetros de entrada das análises anteriores. A Fig. 4.16 revela, porém, que mesmo um cobrimento de até 120 mm não atenderia à durabilidade requerida nesse tipo de concreto; a probabilidade de corrosão chegaria a cerca de 50% para uma vida útil de 150 anos.

Os cálculos anteriores indicam que os três tipos de concreto (B, C e D), combinados com um cobrimento de 70 mm, poderiam atender à durabilidade requerida com uma margem muito boa. O concreto de tipo B atingiria uma probabilidade de corrosão de 7%, enquanto os outros dois tipos de concreto (C e D) apresentaram difusividades do cloreto tão baixas aos 28 dias que não foi possível detectar nenhuma probabilidade de corrosão para uma vida útil de 150 anos (Teng; Gjørv, 2013).

TAB. 4.9 PARÂMETROS DE ENTRADA PARA ANALISAR O EFEITO DO COBRIMENTO

Parâmetro de entrada	Valor médio	Desvio padrão	Comentários
D_{28}	7,9	1,9	Difusividade do cloreto ($\times 10^{-12}$ m²/s)
α	0,5	0,1	Coeficiente de influência da idade
C_{CR}	0,4	0,1	Teor crítico de cloreto (% por massa do aglomerante)
x_C	70	7	Cobrimento nominal (mm)
	90	7	
	120	7	

Uma estratégia muito boa para garantir uma durabilidade muito alta nas estruturas de concreto dadas, no ambiente dado, seria combinar os tipos de concreto C e D com um cobrimento um pouco maior e com a substituição do aço-carbono pelo aço inoxidável na parte externa das armaduras.

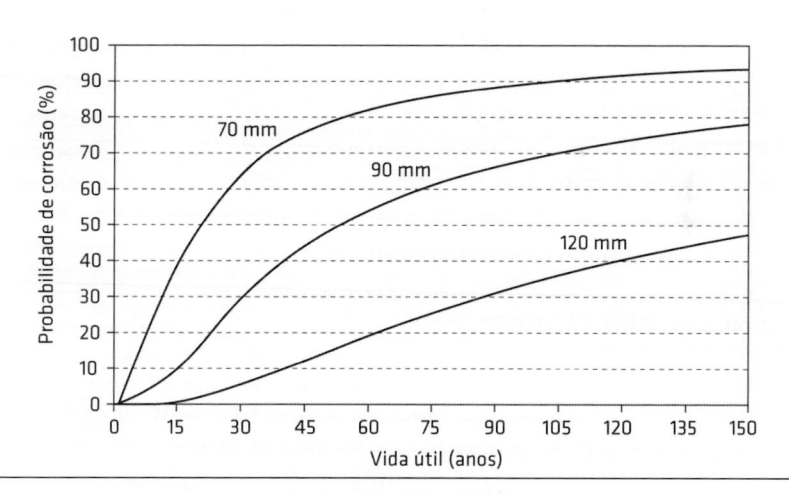

FIG. 4.16 *Efeito do cobrimento na probabilidade de corrosão*

4.5.3 AVALIAÇÃO E DISCUSSÃO DOS RESULTADOS OBTIDOS

Deve-se notar que os cálculos de probabilidade de corrosão citados foram baseados em vários pressupostos e simplificações. Embora a difusão seja o mecanismo de transporte mais comum através de espessos cobrimentos de concreto em ambientes marinhos, utilizou-se apenas um modelo de difusão unidimensional e muito simples para calcular as taxas de penetração do cloreto. Como se viu no Cap. 3, o comportamento de difusão dos íons de cloreto no concreto é também um processo de transporte muito mais complexo do que o descrito pela segunda lei da difusão de Fick (Poulsen; Mejlbro, 2006; Zhang; Gjørv, 1996). Nas condições mais realistas do campo, existem outros mecanismos de transporte para a penetração do cloreto além da pura difusão. A caracterização da resistência do concreto à penetração do cloreto também é baseada num tipo de ensaio de rápida migração, em que a penetração do cloreto é muito diferente daquela que ocorre sob condições normais no campo.

As análises de durabilidade mencionadas também são baseadas em vários parâmetros de entrada para os quais há uma falta geral de dados e informação. Isso é especialmente verdadeiro para parâmetros de entrada como a concentração do cloreto e o fator da idade para a difusividade do cloreto. Embora a seleção desses parâmetros devesse, de preferência, basear-se na experiência atual em outras estruturas de concreto semelhantes, em ambientes semelhantes, essa informação pode não existir ou estar necessariamente disponível. Portanto, a seleção desses parâmetros é baseada principalmente na experiência geral. A idade do concreto no momento da atuação do cloreto e a temperatura dominante também são outros parâmetros importantes, para os quais pode ser um pouco difícil encontrar valores adequados.

Com base em todos esses pressupostos e simplificações, portanto, as vidas úteis obtidas com a probabilidade de corrosão inferior a 10% não devem ser consideradas como vidas úteis reais para as estruturas dadas. Os estudos de caso mencionados mostram, porém, que essas análises de durabilidade podem ser usadas como base para o julgamento da engenharia sobre os parâmetros mais relevantes para a durabilidade, incluindo a dispersão e a variabilidade envolvidas. Esses estudos também demonstram claramente como diferentes difusividades do cloreto, diferentes cobrimentos e temperaturas podem afetar a durabilidade de uma estrutura. Portanto, obtém-se uma base apropriada para comparar e selecionar uma de muitas soluções técnicas para a melhor durabilidade possível de uma dada estrutura de concreto em um dado ambiente durante a vida útil requerida.

Referências bibliográficas

AASHTO. (2003). AASHTO TP 64-03, *Standard Method of Test for Prediction of Chloride Penetration in Hydraulic Cement Concrete by the Rapid Migration Procedure*. American Association of State Highway and Transportation Officials, Washington, DC.

ASTM. (2004). ASTM C 1556, Standard Test Method of Determining the Apparent Chloride Diffusion Coefficient of Cementitious Mixtures by Bulk Diffusion. ASTM International, West Conshohocken, PA.

Bamforth, P. B. (1999). The Derivation of Input Data for Modelling Chloride Ingress from Eight-Year Coastal Exposure Trials. *Magazine of Concrete Research*, 51(2), 87–96.

Bijen, J. (1998). *Blast Furnace Slag Cement for Durable Marine Structures*. VNC/ BetonPrisma, Da's-Hertogenbosch, Netherlands.

Browne, R., et al. (1980). *Marine Durability Survey of the Tongue Sand Tower*, Concrete in the Ocean Program, CIRIA UEG Technical Report 5. Cement and Concrete Association, London.

CEB. (1992). *Durable Concrete Structures – Design Guide*, Comité Euro-International du Beton – CEB, Bulletin D'Information 183. Thomas Telford, London.

CEN. (2009). *Survey of National Requirements Used in Conjunction with EN 206-1:2000*, Technical Report CEN/TR 15868. CEN, Brussels.

ChlorTest. (2005). *WP 5 Report – Final Evaluation of Test Methods*, European Union Fifth Framework Program, Growth Project G6RD-CT-2002-00855: Resistance of Concrete to Chloride Ingress – From Laboratory Tests to In-Field Performance.

Collepardi, M., Marcialis, A., and Turriziani, R. (1970). Kinetics of Penetration of Chloride Ions in Concrete, *l'Industria Italiana del Cemento*, 4, 157–164.

Collepardi, M., Marcialis, A., and Turriziani, R. (1972). Penetration of Chloride Ions into Cement Pastes and Concretes. *Journal, American Ceramic Society*, 55(10), 534–535.

DuraCrete. (2000). *General Guidelines for Durability Design and Redesign, the European Union – Brite EuRam III*, Research Project BE95–1347: Probabilistic Performance Based Durability Design of Concrete Structures, Document R 15.

Engelund, S., and Sørensen, J. D. (1998). A Probabilistic Model for Chloride-Ingress and Initiation of Corrosion in Reinforced Concrete Structures. *Structural Safety*, 20, 69–89.

Ferreira, M. (2004). Probability Based Durability Design of Concrete Structures in Marine Environment, Doctoral Dissertation. Department of Civil Engineering, University of Minho, Guimarães, Portugal.

Ferreira, M., Årskog, V., Jalali, S., and Gjørv, O.E. (2004). Software for Probability-Based Durability Analysis of Concrete Structures. In *Proceedings, Fourth International Conference on Concrete under Severe Conditions – Environment and Loading*, vol. 1, ed. B.H. Oh, K. Sakai, O.E. Gjørv, and N. Banthia. Seoul National University and Korea Concrete Institute, Seoul, pp. 1015–1024.

FIB. (2006). *Model Code for Service Life Design*, FIB Bulletin 34. Fédération International du Béton – FIB, Lausanne.

Fluge, F. (2001). Marine Chlorides – A Probabilistic Approach to Derive Provisions for EN 206-1. In Proceedings, *Third Workshop on Service Life Design of Concrete Structures – From Theory to Standardisation*. DuraNet, Tromsø, Norway, pp. 47–68.

Fredriksen, J. M., Sørensen, H. E., Andersen, A., and Klinghoffer, O. (1996). *The Effect of the w/c Ratio on Chloride Transport into Concrete*, HETEC Report 54. Danish Road Directorate, Copenhagen.

Gehlen, C. (2000). Probability-Based Service Life Calculations of Concrete Structures – Reliability Evaluation of Reinforcement Corrosion, Dissertation. RWTH-Aachen, Germany (in German).

Gehlen, C. (2007). Durability Design according to the New Model Code for Service Life Design. In *Proceedings, Fifth International Conference on Concrete Under Severe Conditions – Environment and Loading*, vol. 1, ed. F. Toutlemonde, K. Sakai, O.E. Gjørv, and N. Banthia. Laboratoire Central des Ponts et Chaussées, Paris, pp. 35–50.

Gehlen, C., and Schiessl, P. (1999). Probability-Based Durability Design for the Western Scheldt Tunnel. *Structural Concrete*, 1(2), 1–7.

Gjørv, O. E. (2002). Durability and Service Life of Concrete Structures. In *Proceedings, The First FIB Congress 2002*, session 8, vol. 6. Japan Prestressed Concrete Engineering Association, Tokyo, pp. 1–16.

Gjørv, O. E. (2003). Durability of Concrete Structures and Performance-Based Quality Control. In *Proceedings, International Conference on Performance of Construction Materials in the New Millennium*, ed. A.S. El-Dieb, M.M.R. Taha, and S.L. Lissel. Shams University, Cairo.

Gjørv, O. E. (2004). Durability Design and Construction Quality of Concrete Structures. In *Proceedings, Fourth International Conference on Concrete under Severe Conditions – Environment and Loading*, vol. 1, ed. B.H. Oh, K. Sakai, O.E. Gjørv, and N. Banthia. Seoul National University and Korea Concrete Institute, Seoul, pp. 44–55.

Gulikers, J. (2011) Practical Implications of Performance Specifications for Durability Design of Reinforced Concrete Structures, *Proceedings, International Workshop on Performance-Based Specifications for Concrete*, by F. Dehn and H. Beushausen, MFPA Leipzig GmbH, Institute for Materials Research and Testing, Leipzig, 341-350.

Hofsøy, A., Sørensen, S. I., and Markeset, G. A. (1999). *Experiences from Concrete Harbour Structures*, Report 2.2, Research Project Durable Concrete Structures. Norwegian Public Road Administration, Oslo (in Norwegian).

Hooton, R. D., Thomas, M. D. A., and Stanish, K. (2000). *Prediction of Chloride Penetration in Concrete*, Report FHWA-RD-00-142, U.S. Department of Transportation, Federal Highway Administration.

Kong, J. S., Ababneh, A. N., Frangopol, D. M., and Xi, Y. (2002). Reliability Analysis of Chloride Penetration in Saturated Concrete. *Probabilistic Engineering Mechanics*, 17(3), 305–315.

Lu, Z.-H., Zhao, Y.-G., and Yu, K. (2008). Stochastic Modeling of Corrosion Propagation for Service Life Prediction of Chloride Contaminated RC Structures. In *Proceedings, First International Symposium on Life-Cycle Civil Engineering*, ed. F. Biondini and D.M. Frangopol. Taylor & Francis Group, London, pp. 195–201.

Markeset, G. (2004). Service Life Design of Concrete Structures Viewed from an Owners Point of View. In *Proceedings, Seminar on Service Life Design of Concrete Structures*. Norwegian Concrete Association, Oslo, pp. 13.1–13.30 (in Norwegian).

Mangat, P. S., and Molloy, B. T. (1994). Prediction of Long-Term Chloride Concentration in Concrete. *Materials and Structures*, 27, 338–346.

McGee, R. (1999). Modelling of Durability Performance of Tasmanian Bridges. In Proceedings, Eighth International Conference on the Application of Statistics and Probability, Sydney.

Nahe. (2004a). *Durable Concrete Structures – Part 1: Recommended Specifications for New Concrete Harbour Structures*. Norwegian Association for Harbour Engineers, TEKNA, Oslo (in Norwegian).

Nahe. (2004b). *Durable Concrete Structures – Part 2: Practical Guidelines for Durability Design and Concrete Quality Assurance*. Norwegian Association for Harbour Engineers, TEKNA, Oslo (in Norwegian).

Nahe. (2004c). *Durable Concrete Structures – Part 3: DURACON Software*. Norwegian Association for Harbour Engineers, TEKNA, Oslo.

Nilsson, L., Ngo, M.H., and Gjørv, O.E. (1998). High-Performance Repair Materials for Concrete Structures in the Port of Gothenburg. In Proceedings, Second International Conference on Concrete under Severe Conditions—Environment and Loading, vol. 2, ed. O.E. Gjørv, K. Sakai, and N. Banthia. E & FN Spon, London, pp. 1193–1198.

Nordtest. (1989). *NT Build 355: Concrete, Repairing Materials and Protective Coating: Diffusion Cell Method, Chloride Permeability*. NORDTEST, Espoo, Finland.

Nordtest. (1995). *NT Build 443*: Concrete, Hardened: Accelerated Chloride Penetration. NORDTEST, Espoo, Finland.

Nordtest. (1999). NT Build 492: Concrete, Mortar and Cement Based Repair Materials: Chloride Migration Coefficient from Non-Steady State Migration Experiments. NORDTEST, Espoo, Finland.

NTU. (2011). NRF Research Program Underwater Infrastructure and Underwater City of the Future. Nanyang Technological University, Singapore.

Pianc/Nahe. (2009a). *Durable Concrete Structures – Part 1: Recommended Specifications for New Concrete Harbour Structures*, 3rd ed. Norwegian Association for Harbour Engineers, TEKNA, Oslo (in Norwegian).

Pianc/Nahe. (2009b). *Durable Concrete Structures – Part 2: Practical Guidelines for Durability Design and Concrete Quality Assurance*, 3rd ed. Norwegian Association for Harbour Engineers, TEKNA, Oslo (in Norwegian).

Pianc/Nahe. (2009c). *Durable Concrete Structures – Part 3: DURACON Software*, 3rd ed. Norwegian Association for Harbour Engineers, TEKNA, Oslo.

Poulsen, E., and Mejlbro, L. (2006). *Diffusion of Chlorides in Concrete – Theory and Application*. Taylor & Francis, London.

Rilem (1994) Draft Recommendation for Repair Strategies for Concrete Structures Damaged by Reinforcement Corrosion, Materials and Structures, 27, 415-436.

Schiessl, P., and Lay, S. (2005). Influence of Concrete Composition. In *Corrosion in Reinforced Concrete Structures*, ed. H. Böhni. Woodhead Publishing, Cambridge, UK, pp. 91–134.

Siemes, A. J. M., and Rostam, S. (1996). Durability Safety and Serviceability – A Performance Based Design. In *Proceedings, IABSE Colloquium on Basis of Design and Actions on Structures*, Delft, Netherlands.

Standard Norway. (2004). NS 3490: *Design of Structures – Requirements to Reliability*. Standard Norway, Oslo (in Norwegian).

Stewart, M.G., and Rosowsky, D.V. (1998). Structural Safety and Serviceability of Concrete Bridges Subject to Corrosion. *Journal of Infrastructure Systems*, 4(4), 146–155.

Takewaka, K., and Mastumoto, S. (1988). Quality and Cover Thickness of Concrete Based on the Estimation of Chloride Penetration in Marine Environments. In *Proceedings, Second International Conference on Concrete in Marine Environment*, ACI SP 109, ed. V.M. Malhotra, pp. 381–400.

Tang, L. (1996a). Electrically Accelerated Methods for Determining Chloride Diffusivity in Concrete. *Magazine of Concrete Research*, 48(176), 173–179.

Tang, L. (1996b). *Chloride Transport in Concrete – Measurement and Prediction*, Publication P-96:6. Department of Building Materials, Chalmers University of Technology, Gothenburg.

Tang, L., and Gulikers, J. (2007). On the Mathematics of Time-Dependent Apparent Chloride Diffusion Coefficient in Concrete. *Cement and Concrete Research*, 37(4), 589–595.

Tang, L., Nilsson, L.-O., and Basher, P. A. M. (2012). *Resistance of Concrete to Chloride Ingress*. Spon Press, London.

Tang, L., and Sørensen, H.E. (2001). Precision of the Nordic Test Methods for Measuring the Chloride Diffusion/Migration Coefficients of Concrete. *Materials and Structures*, 34, 479–485.

Teng, S., and Gjørv, O. E. (2013). Concrete Infrastructures for the Underwater City of the Future. In *Proceedings, Seventh International Conference on Concrete under Severe Conditions – Environment and Loading*, ed. Z. J. Li, W. Sun, C. W. Miao, K. Sakai, O. E. Gjørv, and N. Banthia. RILEM, Bagneux, pp. 1372–1385.

Thomas, M. D. A., and Bamforth, P. B. (1999). Modelling Chloride Diffusion in Concrete – Effect of Fly Ash and Slag. *Cement and Concrete Research*, 29, 487–495.

Thomas, M. D. A., Bremner, T., and Scott, A. C. N. (2011). Actual and Modeled Performance in a Tidal Zone. *Concrete International*, 33(11), 23–28.

Thomas, M. D. A., Shehata, M. H., Shashiprakash, S. G., Hopkins, D. S., and Cail, K. (1999). Use of Ternary Cementitious Systems Containing Silica Fume an Fly Ash in Concrete. *Cement and Concrete Research*, 29, 1207–1214.

Tong, L., and Gjørv, O. E. (2001). Chloride Diffusivity Based on Migration Testing. *Cement and Concrete Research*, 31, 973–982.

Tuutti, K. (1982). *Corrosion of Steel in Concrete*, Report 4. Swedish Cement and Concrete Institute, Stockholm.

Yuan, Q. (2009) *Fundamental Studies on Test Methods for the Transport of Chloride Ions in Cementitious Materials*, PhD Thesis, University of Ghent, Ghent.

Zhang, T., and Gjørv, O. E. (1996). Diffusion Behavior of Chloride Ions in Concrete. *Cement and Concrete Research*, 26, 907–917.

cinco
Estratégias adicionais e medidas de proteção

PARA TODAS AS GRANDES INFRAESTRUTURAS de concreto, normalmente é necessária uma vida útil de cem anos ou mais antes de a probabilidade de corrosão ser superior a 10%. No entanto, como os cálculos da probabilidade de corrosão tornam-se gradualmente menos confiáveis no caso de vida útil superior a cem anos, como discutido no Cap. 4, a probabilidade de corrosão deve ser mantida tão baixa quanto possível, não excedendo 10% para uma vida útil de até 150 anos; além disso, é preferível aplicar algumas medidas especiais de proteção.

Para a concretagem em ambientes marinhos, pode também haver o risco de exposição precoce, antes que o concreto adquira maturidade e densidade suficientes, como demonstrou o Cap. 2. Também nesse caso, devem-se considerar algumas precauções especiais ou medidas de proteção. Como essas precauções e medidas podem ter implicações tanto para o custo do projeto como para sua futura operação, elas devem ser sempre discutidas com o proprietário da estrutura antes de sua adoção.

Para garantir desempenho confiável de longo prazo em grandes infraestruturas de concreto com exigência de vida útil superior a cem anos, uma das mais eficientes medidas de proteção tem sido a substituição do aço-carbono por aço inoxidável nas armaduras (Cap. 2). Mesmo o uso parcial do aço inoxidável tem-se mostrado uma medida simples porém robusta e eficiente de proteção, pois a maioria das estruturas de concreto são heterogêneas e com alta variabilidade da qualidade e uniformidade de execução, revelando rapidamente essas fraquezas ou deficiências.

Portanto, para estruturas de concreto em ambientes de severa agressividade e contendo cloretos, descreve-se a seguir, em detalhes, como bem utilizar a armadura de aço inoxidável e também várias outras medidas de proteção.

5.1 Armaduras de aço inoxidável

Por muito tempo, a armadura de aço inoxidável vem se demonstrando uma solução muito eficiente para melhorar a durabilidade e a vida útil de estruturas de concreto, mesmo nos ambientes marinhos mais severos e com temperaturas elevadas.

Como indica o Cap. 2, já em 1937 foram utilizadas armaduras de aço inoxidável (AISI 304/W.1.4301) em um píer de concreto na costa do Yucatán, no México (Puerto Progreso). A experiência demonstrou que o custo adicional dessa medida de proteção foi um excelente investimento para o proprietário.

Tradicionalmente, os preços do aço inoxidável são tão altos que normalmente não é considerado viável para estruturas comuns de concreto. Nos últimos anos, porém, novos experimentos têm demonstrado que o uso mais seletivo do aço inoxidável nas partes mais críticas da estrutura pode ser mais atraente que outras medidas de proteção para aumentar a durabilidade e a vida útil de estruturas de concreto (Knudsen et al., 1998; Materen; Poulsson-Tralla, 2001; Knudsen; Goltermann, 2004).

Por muitos anos, equivocadamente, acreditou-se que o par galvânico entre as armaduras baseadas em aço inoxidável e em aço-carbono poderia ser um problema potencial de corrosão. Longas investigações experimentais e a experiência prática demonstraram, porém, que o uso parcial do aço inoxidável no concreto não aumenta o risco de corrosão (Bertolini et al., 2004). Em consequência, a substituição parcial do aço-carbono por aço inoxidável nas partes mais expostas da estrutura revelou-se muito boa, tanto do ponto de vista da proteção como do custo-benefício.

Há muitos tipos diferentes de aço inoxidável no mercado, mas podem ser reduzidos a três grupos, com base tanto na composição química como na microestrutura do aço:

* aço ferrítico;
* aço austenítico;
* aço austenítico-ferrítico (duplex).

A resistência à corrosão exigida para ambientes com cloreto depende principalmente dos elementos da liga do aço, como níquel, cromo, molibdênio e nitrogênio, mas a microestrutura também é importante. O padrão europeu EN 10088-1 (CEN, 1995) e o padrão dos Estados Unidos AISI classificam os vários tipos de aço inoxidável.

Entretanto, para o uso de aço inoxidável em concreto, deve-se notar que a resistência à corrosão também depende de vários outros fatores, como o potencial da armadura, que pode variar segundo a disponibilidade de oxigênio (Bertolini; Gastaldi, 2011). Portanto, a aplicabilidade dos vários tipos de aço inoxidável aumenta quando é reduzido o potencial de corrosão livre, como em concreto saturado de água. Deve-se notar também que a presença de escamas ou rebarbas de soldagem e de um mau acabamento da superfície da armadura reduzirá o teor crítico de cloreto (Pediferri, 2006).

Observaram-se teores críticos de cloreto reduzidos (cerca de apenas 3,5% da massa de cimento) quando as superfícies do tipo austenítico de aço, como o 1.4307 e o 1.4404, estavam cobertas por escamas de soldagem (Sørensen; Jensen; Maahn, 1990; Pediferri et al., 1998; Bertolini; Pediferri; Pastore, 1998). Temperaturas elevadas também reduzem o teor crítico de cloreto para esse tipo de aço (Bertolini; Gastaldi, 2011). Experimentos recentes mostraram que o chamado número equivalente de resistência a *pitting* (PREN) não é muito aplicável à avaliação da resistência à corrosão de vários tipos de aço inoxidável no concreto (Bertolini, 2012).

Nos últimos anos, para conseguir reduzir o custo das armaduras de aço inoxidável, houve um foco crescente na redução do custo das matérias-primas. O custo do níquel, especialmente, varia muito e chega a dobrar em certos períodos (LME, London Metal Exchange). Por isso, tipos simplificados do aço duplex, com baixos teores de níquel e também de molibdênio, revelaram melhor custo-benefício. A Tab. 5.1 contém a composição química aproximada e a designação de alguns tipos de aço inoxidável usado em armaduras. Nessa tabela, a letra L indica que o aço tem baixo teor de carbono e, portanto, é soldável.

TAB. 5.1 COMPOSIÇÃO QUÍMICA APROXIMADA E DESIGNAÇÃO DE ALGUNS TIPOS DE AÇO INOXIDÁVEL USADO EM ARMADURAS

Designação				Composição química aproximada (% por massa)			
Classe	AISI	EN 10088-1	Microestrutura	Cr	Ni	Mo	Outros elementos
304L	304L	1.4307	Austenítico	17,5-19,5	8-10	–	–
316L	316L	1.4404	Austenítico	16,5-18,5	10-13	2-2,5	–
22-05	318	1.4462	Duplex	21-23	4,5-6,5	2,5-3,5	N
23-04	–	1.4362	Duplex	22-24	3,5-5,5	0,1-0,6	N
21-01	–	1.4162	Duplex	21-22	1,4-1,7	0,1-0,8	Mn, N

Fonte: adaptado de Bertolini e Gastaldi (2011).

Atualmente, faltam métodos adequados de ensaio e procedimentos de avaliação da resistência à corrosão tanto no aço-carbono como no aço inoxidável em concreto. Na literatura, também são escassos os estudos e resultados sobre a resistência à corrosão e os dados sobre teores críticos de cloreto para vários tipos de aço; os resultados disponíveis são parcialmente baseados em pesquisas do aço em soluções e parcialmente baseados em armaduras no concreto. Como essa abordagem tão diferente pode dar resultados diferentes, só os ensaios realizados em armaduras no concreto devem ser considerados adequados para avaliar a resistência do aço à corrosão (Bertolini; Gastaldi, 2011).

Enquanto um valor de 0,4% por massa do cimento é em geral presumido como patamar-limite de concentração do cloreto para o aço-carbono no concreto, valores indicativos de patamar-limite para os tipos de aço inoxidável austenítico 1.4362 e 1.4462 podem variar de 3,5% a 5% e de 3,5% a 8%, respectivamente. O aço duplex 1.4462 também mostrou uma resistência muito boa à corrosão em temperaturas elevadas, de até 40 °C (Bertolini; Gastaldi, 2011; The Concrete Society, 1998).

Embora alguns dos tipos de aço inoxidável mencionados possam ser usados com segurança para teores de cloreto de até 5% ou mesmo 8%, teores tão altos são raramente atingidos no entorno da armadura embutida em concreto. Assim, a substituição parcial do aço-carbono por tipos simplificados de aço inoxidável duplex pode melhorar substancialmente a durabilidade e a vida útil da estrutura. Testes de aço do tipo duplex simplificado, como o 1.4162 e o 1.4362, realizados em corpos de prova de concreto expostos a 20 °C e 90% de umidade relativa indicaram patamares-limite de concentração do cloreto da ordem de 2,5% a 3% por massa do cimento (Bertolini; Gastaldi, 2011).

Também estão disponíveis no mercado armaduras de aço-carbono revestido com aço inoxidável (Rasheeduzzafar; Bader; Kahn, 1992; Clemeña, 2002). Embora esse revestimento também possa oferecer proteção eficaz, possíveis defeitos no revestimento durante inflexões e dobras podem reduzir a eficiência da proteção (Clemeña; Virmani, 2004).

O Cap. 4 já mostrou como as análises de durabilidade podem ser uma ferramenta eficaz de projeto para quantificar quanto do aço-carbono tradicional precisa ser substituído por aço inoxidável nas partes mais vulneráveis da estrutura de concreto. Nesses casos, usa-se a profundidade do cobrimento até o aço-carbono, que ficará mais embutido ou mais interno em relação à superfície de concreto, como o principal parâmetro de entrada para a análise de durabilidade. Se o aço inoxidável também atende aos requisitos para as propriedades mecânicas, resistência, aderência, ductilidade (inflexão e dobras) etc., é possível, então, seguir todos os procedimentos tradicionais, tanto para o projeto estrutural como para a execução.

Os cálculos demonstraram que a substituição de até 40% das tradicionais armaduras de aço-carbono por aço inoxidável, nas partes mais vulneráveis de uma típica estrutura portuária de concreto, não aumenta os custos da estrutura em mais de 5% (Isaksen, 2004). Nos Estados Unidos, o Departamento de Transporte do estado do Oregon já especificou há muitos anos o uso parcial de armaduras de aço inoxidável para novas pontes de concreto ao longo da costa do Oregon (Cramer et al., 2002). Essa especificação baseia-se em requisitos tanto para o patamar-limite da concentração do cloreto como para a taxa de corrosão, assim como para a resistência à tração, e a especificação permite que a construtora escolha entre diferentes tipos de aço inoxidável.

Além de especificar um tipo de concreto de alto desempenho e com resistência muito alta à penetração do cloreto, a autoridade local também especifica aço inoxidável tanto para as vigas do tabuleiro ou deque como para as longarinas protendidas pré-moldadas das pontes. A despeito do alto custo adicional do aço inoxidável, o custo total do projeto para três pontes costeiras de concreto só cresceu em cerca de 10% em comparação com a quantidade equivalente de aço-carbono (Tab. 5.2). Estimou-se que o uso do aço inoxidável nessas pontes no mínimo dobraria a vida útil delas, especificada em mais de 120 anos, e ao mesmo tempo cortaria em 50% o custo cumulativo de manutenção.

Tab. 5.2 Custo dos materiais para três pontes de concreto no Oregon que usaram barras de aço inoxidável nas partes mais expostas das pontes

Projeto	Brush Creek (1998)	Smith River (1999)	Haynes Inlet (2003)
Barra de aço inoxidável			
Usos	Vigas do deque	Longarinas protendidas, pré-moldadas[a]	Vigas do deque
Liga	316 N	316 N	316 LN
Resistência à tração (MPa)	414	414	517
Preço por unidade ($/kg)	7,88	262,47 longarinas por metro	5,02
Quantidade (kg)	42.270	2.713 metros de longarina	320.000
Custo total[b] do aço inoxidável ($)	333.660	712.080	1.610.000
Custo equivalente em aço-carbono[b] ($)	107.790	Não disponível	486.400
Aço-carbono			
Preço por unidade ($/kg)	2,55	Não disponível	1,52
Quantidade (kg)	69.550	Não disponível	600.000
Custo total da armadura em aço-carbono	187.020	390.900	900.000
Resumo do projeto			
Custo total do projeto[b] ($)	2.259.380	8.565.080	11.005.400
Porcentagem do aço inoxidável no custo total	14,8%	8,3%	14,5%
Diferença de preço extra do aço inoxidável sobre o aço-carbono, como % do custo do projeto	10,0%	Não disponível	10,2%

[a] Armaduras concretadas em longarinas.
[b] Dólares de 1999.
Fonte: adaptado de Cramer et al. (2002).

Além de ser uma medida eficaz em termos de custo das estruturas de concreto em ambientes de severa agressividade, a utilização correta do aço inoxidável também se revelou uma estratégia simples e robusta para obter vida útil e durabilidade mais controladas e aperfeiçoadas. Para mais informações sobre a seleção e o uso de aço inoxidável em concreto, as referências incluem os catálogos dos produtores de aço inoxidável e a literatura mais especializada.

5.2 Outras medidas de proteção

5.2.1 Reforço não metálico

Recentemente, têm crescido rapidamente as aplicações de compostos de polímero de fibra de carbono reforçada (FRP, *fiber-reinforced polymer*) em estruturas de concreto. Embora a maioria das experiências com instalações de compostos de FRP e seus dados de durabilidade venham dos setores aeroespacial, marítimo e de resistência à corrosão, esses compostos têm sido usados como material de construção desde meados dos anos 1950 (ACMA MDA, 2006).

Um grande avanço do FRP para a Engenharia Civil tem sido a aplicação externa desses compostos para reabilitação e modernização de estruturas de concreto existentes. No final dos anos 1970 e começo dos 1980, porém, várias novas aplicações de produtos de reforço baseados em compostos foram demonstradas; em 1986, a Alemanha construiu a primeira ponte rodoviária do mundo com tendões de compostos. Mais recentemente, desenvolveu-se um amplo leque de aplicações para reforços não metálicos baseados nos compostos FRP e a experiência atual demonstra que esses sistemas de reforço têm grande potencial para estruturas de concreto em ambientes de severa agressividade (Newhook; Mufti, 1996; Newhook et al., 2000; Tan, 2003; Serancio, 2004; Newhook, 2006).

Como têm propriedades mecânicas muito boas (Tab. 5.3), os compostos de FRP também representam uma alternativa viável para os tendões de aço convencionais em concreto protendido. Por muito tempo, sistemas adequados de ancoragem foram um problema, mas, nos últimos anos, novos tipos de sistemas de ancoragem baseados em tendões FRP foram desenvolvidos para aplicações práticas de sistemas protendidos (Gaubinger et al., 2002).

TAB. 5.3 PROPRIEDADES MECÂNICAS DE FIBRAS COMPOSTAS

	Fibra de aramida (Twaron HM[a])	Fibra de vidro (E-glass)	Fibra de basalto	Fibra de carbono (HT[a])	Cabo de CFRP (Carbon fiber-reinforced polymer)	Fio de aço (Norma 1.570/1.770)
Resistência à tração (MPa)	2.600	2.300	3.200	3.500/7.000	2.800	> 1.170
Módulo de Young (GPa)	125	74	90	230/650	160	205
Deformação máxima (%)	2,3	3,3	3,0	0,6/2,4	1,6	7
Densidade (g/cm³)	1,45	2,54	2,6	1,8	1,5	7,85

[a] HM e HT são notações para tipo de qualidade.
Fonte: adaptado de Noisternig, Dotzler e Jungwith (1998) e ReforceTech (2013).

Até recentemente, as fibras de vidro eram o tipo mais comum de fibra de reforço, principalmente na forma de *E-glass*, mas também na forma de vidro resistente a álcalis (AR *glass*). Com o rápido aumento da capacidade de produção e novos métodos de produção, porém, os custos das fibras de aramida e de carbono tornaram-nas mais atraentes e mais disponíveis. Nos últimos anos, surgiram fibras de basalto com melhores propriedades do que as de vidro (ReforceTech, 2013). Essas fibras não têm nenhum problema de durabilidade no ambiente altamente alcalino do concreto. Seu preço equivale ao da fibra de vidro e corresponde a cerca de 1/10 do preço da fibra de carbono. Embutidas na matriz adequada de base polimérica, todos os tipos de fibras mencionados aqui estão hoje disponíveis comercialmente em várias qualidades e dimensões como armaduras para reforço do concreto.

Em princípio, a metodologia fundamental de projeto para produtos FRP é semelhante à do reforço convencional do concreto com aço. Equilíbrio de seção transversal, compatibilidade de tensão e comportamento do material constitutivo formam a base de todas as abordagens do projeto estrutural de estruturas de concreto armado, independentemente do material de reforço. No entanto, para um projeto estrutural adequado, a natureza não dúctil e anisotrópica dos produtos de reforço FRP precisa ser abordada de maneira especial, o que é devidamente considerado nas atuais diretrizes e recomendações para projeto estrutural (CSA, 2003; ACI, 2007; FIB, 2007).

5.2.2 Proteção da superfície do concreto

Como se viu no Cap. 2, as plataformas de concreto em alto-mar que receberam um espesso revestimento de epóxi na superfície do concreto nas primeiras idades foram eficazmente protegidas da penetração do cloreto (FIP, 1996; Årstein et al., 1998). Como esse revestimento protetor tinha sido continuamente aplicado durante a evolução da forma deslizante, enquanto o concreto novo ainda mantinha a capacidade de sucção capilar, foi possível obter uma aderência muito boa.

Nos últimos anos, surgiram vários novos produtos de proteção da superfície, para retardar ou prevenir a penetração dos cloretos nas estruturas de concreto. Em princípio, o efeito desses produtos pode tornar a superfície do concreto menos sujeita à penetração do cloreto ou reduzir o teor de umidade do próprio concreto (Helene et al, 2012; Medeiros; Helene, 2009). Muitos produtos combinam essas duas qualidades.

Os diferentes tipos de produtos de proteção da superfície podem ser agrupados em quatro categorias, como mostra esquematicamente a Fig. 5.1: (A) revestimentos orgânicos que formam um filme contínuo sobre a superfície do concreto; (B) tratamentos hidrofugantes que revestem a superfície interna dos poros do concreto; (C) tratamentos que preenchem os poros capilares; e (D) uma camada cimentícia espessa e densa. Embora os tratamentos de superfície expostos ao vapor d'água possam ter uma vida útil mais longa, sem perda de aderência ou com perda mais lenta, a eficácia desses tratamentos pode geralmente ser menor do que a de sistemas protetores densos. Portanto, os tratamentos de superfície parecem promover um intercâmbio entre boas propriedades de proteção e efeitos de longo prazo.

Em anos recentes, o uso de produtos hidrofugantes em estruturas de concreto tem sido adotado largamente como medida de proteção em ambientes de severa agressividade. Como a eficiência protetora desse tipo de tratamento superficial baseado em polímeros pode ser reduzida com o tempo, devido ao desgaste e envelhecimento precoce, a maioria desses tratamentos precisa ser reaplicada de tempos em tempos para garantir a proteção apropriada em longo prazo. Se o tratamento hidrofugante for aplicado num estágio tardio, quando os cloretos já atingiram uma certa profundidade, poderá ocorrer uma penetração adicional de cloretos por algum tempo, devido à redistribuição do teor de cloreto (Arntsen, 2001; Årskog et al., 2004). No entanto, em ambientes marinhos de severa agressividade, esse tratamento pode ser aplicado durante a concretagem para proteção contra a exposição nas primeiras idades, antes que o concreto adquira maturidade e densidade suficientes.

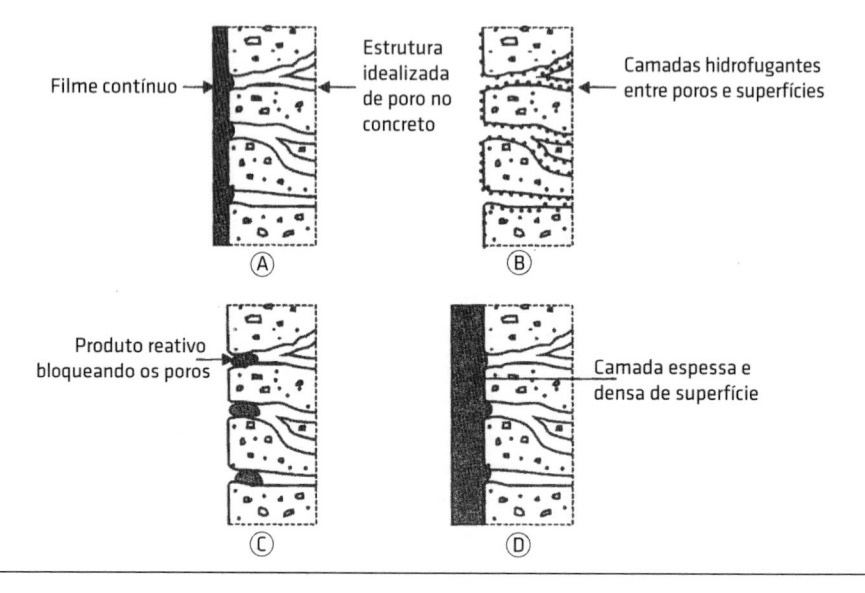

FIG. 5.1 *Representação esquemática dos diferentes tipos de proteção da superfície do concreto: (A) revestimento orgânico, (B) tratamentos de alinhamento dos poros, (C) tratamentos de bloqueio dos poros e (D) espesso revestimento cimentício, concreto projetado ou reboco*
Fonte: adaptado de Bijen (1989).

Para investigar o efeito protetor do tratamento hidrofugante da superfície contra a exposição aos cloretos nas primeiras idades do concreto, executou-se um programa experimental com base num concreto com uma relação água/cimento de 0,45 (Liu; Stavem; Gjørv, 2005). Depois de sete dias de cura do concreto, numa temperatura de 20 °C ou de 5 °C e com umidade relativa de 50%, 95% ou 100%, a superfície das amostras de concreto foi tratada com um gel hidrofugante, composto principalmente de um silano do tipo isobutil *triethoxy*. Antes da exposição, observou-se a profundidade de penetração do agente hidrofugante, como mostra a Tab. 5.4, e, depois de seis semanas de molhagem e secagem intermitentes de uma solução de 3% de NaCl, a eficiência protetora foi avaliada com base na profundidade da penetração do cloreto (C_x), na concentração do cloreto na superfície (C_s) e na difusividade aparente do cloreto (D_a), calculadas com base na segunda lei da difusão de Fick. Além disso, também foi calculada a taxa de penetração do cloreto (V) expressa como o volume total de cloretos penetrados dividido pela área da superfície exposta e pelo tempo de exposição (g/m² · s).

TAB. 5.4 EFEITO DA TEMPERATURA E DA UMIDADE NA PROFUNDIDADE DA PENETRAÇÃO DO AGENTE HIDROFUGANTE

Código	Profundidade de penetração (mm)
T-20[a]-50[b]	9,6 ± 1,2
T-20-100	2,0 ± 2,8
T-05-95	2,8 ± 0,3
T-05-100	< 0,1

[a] °C.
[b] % UR (umidade relativa).
Fonte: adaptado de Liu, Stavem e Gjørv (2005).

Para a cura a 20 °C e a 50% de umidade relativa, pode-se ver na Tab. 5.5 que o tratamento de superfície reduziu a profundidade da penetração do cloreto de 7,8 mm para 1,6 mm, a difusividade aparente do cloreto de $6,5 \times 10^{-12}$ m²/s para $0,3 \times 10^{-12}$ m²/s e a taxa de penetração do cloreto de 3,0 g/m² · s para $0,9 \times 10^{-5}$ g/m² · s. Já para a umidade relativa elevada a 100%, observou-se 5,1 mm de profundidade da penetração do cloreto, $4,4 \times 10^{-12}$ m²/s de difusividade aparente do cloreto e $1,7 \times 10^{-5}$ g/m² · s de taxa de penetração do cloreto, ou seja, não houve muita alteração. Ao manter a umidade relativa em 100% e baixar a temperatura para 5 °C, os resultados correspondentes, na mesma ordem, foram 7,7 mm, $8,3 \times 10^{-12}$ m²/s e $1,7 \times 10^{-5}$ g/m² · s.

Embora a concentração do cloreto na superfície não tenha refletido a eficiência do tratamento de superfície, houve uma boa correlação entre a profundidade de penetração do agente hidrofugante (Tab. 5.5) e a eficiência protetora do tratamento de superfície. Como se vê na Tab. 5.5 e na Fig. 5.2, porém, a eficiência protetora do tratamento de superfície não foi muito boa no substrato úmido do concreto. Nesse caso, uma temperatura baixa também foi importante para a eficiência do tratamento de superfície.

Para muitas estruturas de concreto em ambientes de severa agressividade, o teor de umidade na camada de superfície do concreto pode ser muito alto (Cap. 2). Portanto, alguns ensaios foram realizados numa nova estrutura portuária de concreto, para investigar a eficiência protetora de tratamentos hidrofugantes de superfície sob condições mais realistas, logo depois da concretagem (Liu, 2006). Os tratamentos de superfície incluíram dois tipos de produtos baseados em gel, um dos quais era composto principalmente de um tipo de silano isoctil *triethoxy* (T-A), e o outro era baseado em silano isobutil *triethoxy* (T-B). Os dois produtos foram parcialmente aplicados numa camada de aproximadamente 0,5 mm de espessura.

TAB. 5.5 PENETRAÇÃO DO CLORETO EM SUPERFÍCIES DE CONCRETO TRATADAS (T) E NÃO TRATADAS (N), APÓS EXPOSIÇÃO NAS PRIMEIRAS IDADES

Código	Profundidade de penetração (C_x) (mm)	Concentração na superfície (C_s) (% da massa de concreto)	Coeficiente de difusão aparente do cloreto (D_a) (10^{-12} m^2/s)	Taxa de penetração do cloreto (V) (10^{-5} g/m$^2 \cdot$ s)
N-20[a]-50[b]	7,8 ± 1,0	0,64	6,50	2,96
T-20-50	1,6 ± 0,5	0,41 ± 0,02	0,29 ± 0,03	0,87 ± 0,01
N-20-100	6,9 ± 1,0	0,35	6,10	1,50
T-20-100	5,1 ± 1,1	0,40 ± 0,10	4,42 ± 0,74	1,68 ± 0,30
N-05-95	10,0 ± 0,8	0,62	9,80	3,33
T-05-95	5,4 ± 1,4	0,19 ± 0,02	12,80 ± 2,97	1,16 ± 0,02
N-05-100	9,1 ± 0,5	0,61	6,74	3,06
T-05-100	7,7 ± 0,1	0,34 ± 0,02	8,29 ± 0,05	1,72 ± 0,07

[a] °C.
[b] % UR.

Fonte: adaptado de Liu, Stavem e Gjørv (2005).

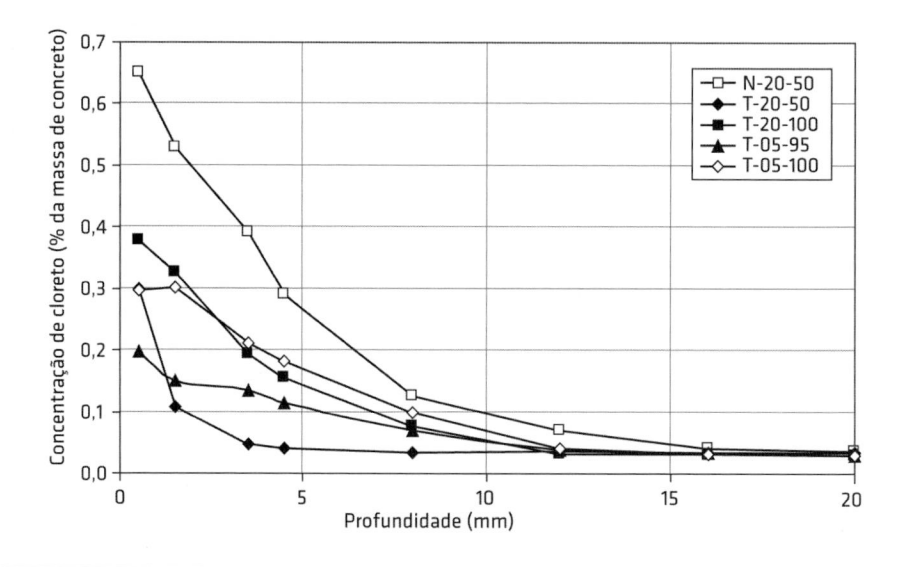

FIG. 5.2 *Efeito protetor do tratamento hidrofugante da superfície contra a exposição precoce nas primeiras idades*

Fonte: adaptado de Liu, Stavem e Gjørv (2005).

O teor de umidade no substrato de concreto era tão alto que nenhum dos tratamentos de superfície apresentou qualquer profundidade de penetração do agente hidrofugante. Contudo, a Fig. 5.3 mostra que depois de quatro anos de exposição a respingos de água do mar todos os sistemas de proteção ofereceram aproximadamente a mesma boa proteção contra a penetração do cloreto. Em comparação com a penetração do cloreto observada nas partes não protegidas do deque de concreto, a área tratada apresentou uma redução da concentração do cloreto na superfície, da difusividade aparente do cloreto e da taxa de penetração do cloreto por fatores de 0,5, 0,7 e 0,5, respectivamente.

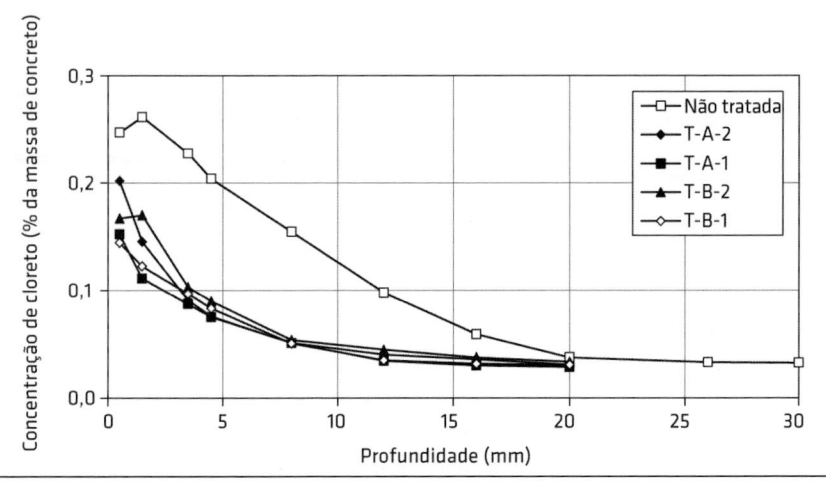

FIG. 5.3 *Efeito protetor do tratamento hidrofugante da superfície de uma estrutura portuária de concreto contra a exposição precoce nas primeiras idades*
Fonte: adaptado de Liu (2006).

A literatura reporta extensos experimentos com vários tipos de sistemas de proteção de superfície, aplicados a estruturas de concreto em ambientes de severa agressividade. Bons resumos são apresentados em Cost Action 521 (Cost, 2003), Bertolini et al. (2004) e Raupach e Rößler (2005). Os anais das conferências internacionais sobre tratamento hidrofugante de materiais de construção também refletem bem o conhecimento atual e a experiência com esse tipo de sistema de proteção de superfície (Silfwerbrand, 2005; De Clereq; Charola, 2008).

5.2.3 Tratamento hidrofugante do concreto

Também é possível tornar toda a massa do concreto hidrofugante pela adição de agentes hidrofugantes baseados em silano como aditivo ao concreto fresco. Essa abordagem pode ser apropriada para certas partes críticas da estrutura ou para elementos muito finos de concreto, como elementos pré-moldados. Se o concreto puder secar completamente antes da exposição, a pesquisa tem demonstrado que esta é uma alternativa viável para o tradicional tratamento hidrofugante da superfície do concreto (Årskog; Borgund; Gjørv, 2011).

5.2.4 Prevenção catódica

No caso de estruturas de concreto que já apresentam corrosão induzida por cloretos, a experiência mostrou que os reparos baseados num sistema de proteção catódica (PC) são, provavelmente, a maneira mais eficaz de manter essa corrosão sob controle. Para projetar um sistema PC adequado, porém, o desafio sempre é como prover a necessária corrente protetora de maneira confiável, controlável e durável (Bertolini et al., 2008).

Para que essa medida protetora seja eficaz, é preciso estabelecer uma continuidade elétrica adequada dentro do sistema de armaduras. Segundo o padrão europeu para proteção catódica de estruturas de concreto (CEN, 2000), a resistência elétrica entre quaisquer dois pontos do sistema de armaduras não deve exceder 1 ohm. Garantir essa continuidade elétrica durante os reparos pode ser tecnicamente muito mais difícil e substancialmente mais caro do que durante a construção da nova estrutura.

Assim, a especificação da continuidade elétrica correta dentro do sistema de armaduras como parte do projeto de durabilidade pode ser a estratégia adequada para futuros reparos com base em proteção catódica. Em novas estruturas de concreto, uma estratégia ainda melhor é não apenas especificar provisões para futuros reparos baseados num sistema de proteção catódica como também instalar esse sistema desde o começo, antes que os cloretos cheguem às armaduras e comecem qualquer corrosão. Pediferri sugeriu essa abordagem para prevenção catódica no final dos anos 1980 (Pediferri, 1992), em seguida, a prevenção catódica foi aplicada com sucesso em várias estruturas de concreto (Broomfield, 1997; Bertolini, 2000; Cost, 2003).

Em princípio, a prevenção catódica também aumenta o teor crítico limite ou patamar-limite de concentração do cloreto, já que o potencial eletroquímico da armadura diminui. Bertolini et al. (2004) afirmam que densidades de corrente muito baixas, de menos de 2 mA/m^2, são necessárias para conduzir o potencial a valores que suprimam o início da corrosão por *pitting*, mesmo em caso de alta concentração de cloretos na superfície do aço. Como demonstra a Fig. 5.4, para estruturas de concreto submersas em água do mar, a prevenção catódica também pode neutralizar a taxa de difusão de cloretos através do cobrimento.

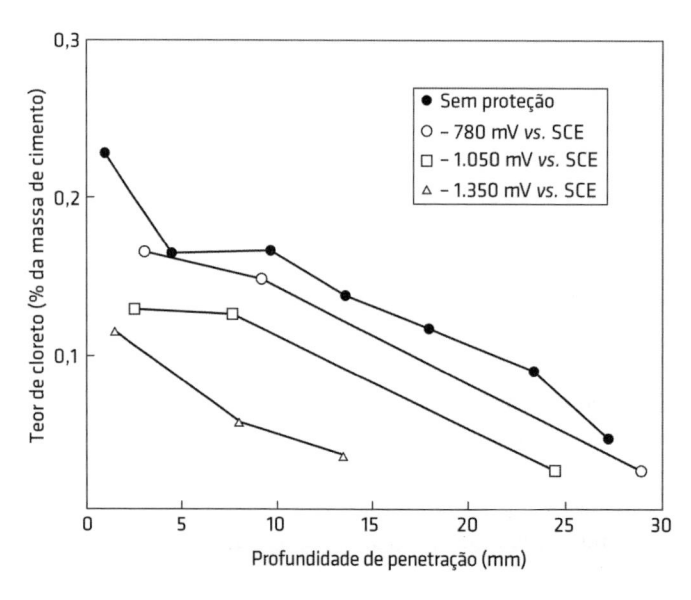

FIG. 5.4 *Efeito do potencial de proteção na taxa de difusão do cloreto através de concreto submerso*
Fonte: adaptado de Gjørv e Vennesland (1987).

Pode ser difícil estimar o desempenho de longo prazo e a vida útil de um sistema de prevenção catódica em comparação com outras medidas de proteção. Além dos custos iniciais de instalação, também devem ser levados em conta os custos de operação e manutenção do sistema de eletrodos, cabos e equipamento eletrônico sensível (Broomfield, 1997; Cost, 2003).

Não há muita informação sobre o desempenho de longo prazo dos sistemas de prevenção catódica, mas recentemente foram realizadas pesquisas sobre 105 instalações desse tipo na Holanda, 50 das quais estão em operação há dez anos ou mais (Polder et al., 2012). A vida útil sem maiores intervenções variou entre dez e 20 anos, mas a necessidade de algum tipo de intervenção aumentou com a idade da instalação. Para generalizar as observações, uma análise de sobrevivência demonstrou que há 10% de probabilidade de necessidade de intervenção aos sete anos ou menos e uma probabilidade de 50% de necessidade de intervenção depois de uma vida útil de 15 anos ou menos. Note-se que foi realizada a manutenção adequada desses sistemas de proteção catódica, envolvendo teste elétrico da despolarização pelo menos duas vezes por ano e inspeção visual anual, como exige o padrão europeu de PC (CEN, 2000); em geral, essa manutenção é parte do contrato de manutenção entre o proprietário da estrutura e o fornecedor da PC.

Se o projeto estrutural especificou apenas o necessário para uma instalação futura do sistema de proteção catódica, esse sistema deve ser instalado antes que os primeiros cloretos cheguem às armaduras e causem qualquer corrosão. Assim, é importante realizar o controle e acompanhamento da penetração de cloretos durante a operação da estrutura, o que pode ser um grande desafio para o proprietário, já que todas as estruturas de concreto têm falhas de adensamento na qualidade final do concreto (Cap. 8). Além disso, mais tarde, as partes maiores das estruturas de concreto podem não ser necessariamente acessíveis com facilidade tanto para o controle da penetração do cloreto como para a instalação da prevenção catódica.

Embora a atual experiência com a prevenção e a proteção catódicas seja muito boa, é preciso notar que esses sistemas baseiam-se em equipamentos eletrônicos sensíveis e em vários tipos diferentes de componentes expostos a um ambiente agressivo. Pessoal qualificado deve, portanto, realizar controle e manutenção periódicos; com o tempo, as unidades de energia podem parar de funcionar, as conexões ânodo-cobre podem ser corroídas, os eletrodos de referência podem falhar e os materiais anódicos ou os ânodos primários podem se degradar.

5.2.5 Inibidores de corrosão

Tanto para prevenção como para adiamento do início da corrosão, os inibidores estão disponíveis comercialmente há muito tempo. Existem vários inibidores diferentes para adicionar ao concreto fresco, mas os mecanismos de proteção podem ser muito diferentes de um tipo de produto para outro (Büchler, 2005). Dos vários tipos de produto, o nitrato de cálcio é provavelmente o que foi mais testado e mais aplicado até agora. Extensas pesquisas demonstraram que a adição correta desse inibidor é capaz tanto de prevenir a corrosão quanto de reduzir a taxa de corrosão (Hinatsu; Graydon; Foulkes, 1990). A eficiência, porém, depende de uma proporção entre nitrato e cloreto entre 0,5 e 1,0 (Andrade, 1986; Gaidis; Rosenberg, 1987). Como, ao longo do tempo, a ativação da corrosão consumirá substância, enquanto a concentração de cloretos irá aumentar, pode ser difícil prever e garantir o efeito de longo prazo dessa medida protetora (Hinatsu et al., 1990). Se a concentração de nitrato de cálcio inicial ou ao longo do tempo se tornar muito baixa, o inibidor pode induzir a aceleração da corrosão (Nürnberger, 1988; Ngala; Page; Page, 2002).

5.2.6 Projeto estrutural

O Cap. 2 mostrou que, já no estágio inicial das experiências de campo com estruturas de concreto em ambientes marinhos, estruturas portuárias abertas de concreto com deque ou tabuleiro do tipo laje plana maciça apresentaram um desempenho muito melhor do que aquelas com deque do tipo vigas e lajes. Nestas, as seções de lajes do deque demonstraram um desempenho muito melhor do que as seções de vigas.

Por muito tempo, presumiu-se que os comportamentos diferentes dos dois tipos de deque deviam-se ao melhor lançamento e adensamento do concreto fresco nas lajes do deque do que em vigas e longarinas estreitas e profundas. Na Noruega, a consequência prática dessa experiência ocorreu já no início dos anos 1930, quando foi construído o primeiro deque de laje plana maciça (Fig. 2.13). Desde então, vários outras estruturas portuárias com deque de laje plana maciça foram construídas e todas elas apresentaram um desempenho de longo prazo muito melhor que o das estruturas com deques do tipo vigas e lajes.

Aos poucos, porém, como o novo projeto estrutural com laje plana maciça era mais caro, o deque com lajes e vigas foi reintroduzido. Supôs-se que bastaria fazer as vigas mais largas e menos profundas e que isso facilitaria o lançamento de concreto fresco. Contudo, até as vigas mais largas e mais rasas logo mostravam sinais de corrosão precoce do aço, enquanto a laje plana maciça ainda exibia um desempenho muito bom.

O que ainda não se sabia nessa época é que, em estruturas portuárias abertas, as vigas mais expostas do deque sempre absorveriam e acumulariam mais cloretos do que as seções de laje entre elas, menos expostas. Por isso, o aço nas vigas despassivava rapidamente, desenvolvendo áreas anódicas, enquanto as partes menos expostas de laje agiam como áreas de captura de oxigênio, formando áreas catódicas. Assim, um complexo sistema de atividades de células de corrosão do tipo galvânico se desenvolvia ao redor das armaduras no deque de concreto, com a corrosão acelerada das vigas do deque, que funcionavam como ânodos de sacrifício, protegendo catodicamente as seções de laje entre elas.

Portanto, ao fazer o projeto estrutural de estruturas de concreto em ambientes marinhos, deve-se sempre ter em mente que certas partes da estrutura estarão mais expostas a ciclos de molhagem e secagem, tornando-se, assim, mais vulneráveis à corrosão das armaduras.

5.2.7 Elementos estruturais pré-fabricados

Vários tipos de elementos estruturais pré-fabricados são utilizados em estruturas de concreto marinhas. Como, nesses casos, a concretagem pode ocorrer sob condições mais controladas, esses elementos pré-fabricados também constituem uma boa estratégia de proteção contra a exposição precoce a cloretos durante a concretagem. Antes da instalação desses elementos, também é possível aplicar sistemas de proteção de superfície a suas partes mais expostas, sob condições ótimas e mais controladas.

Na concretagem em ambiente marinho, elementos estruturais pré-fabricados podem variar de pequenas formas ou elementos da laje do deque a grandes elementos estruturais de concreto. Algumas estruturas de concreto podem também ser parcial ou totalmente pré-fabricadas numa doca seca e, depois, transferidas para sua posição final. No caso de pontes de concreto, pode-se pré-fabricar grandes vigas de deque e longarinas. Foi assim na ponte sobre o estreito de Northumberland, na costa leste do Canadá (Tromposch et al., 1998): tanto os pilares tubulares como as longarinas de até 190 m de comprimento foram pré-fabricadas em terra antes de serem instaladas com um poderoso guindaste flutuante (Figs. 5.5 a 5.8).

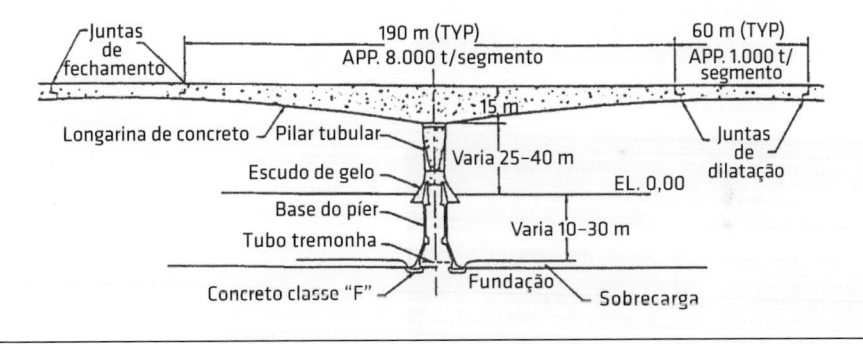

FIG. 5.5 *Fundação, pilar tubular e tabuleiro da ponte sobre o estreito de Northumberland (1997), na costa leste do Canadá*

FIG. 5.6 *Longarinas de ponte suspensa pré-fabricadas para a ponte do estreito de Northumberland*

Fig. 5.7 *Longarina de ponte suspensa pré-fabricada para a ponte do estreito de Northumberland*

Fig. 5.8 *Instalação das longarinas pré-fabricadas na ponte do estreito de Northumberland*
Fonte: Malhotra (1996).

Referências bibliográficas

ACI. (2007). *Report on Fiber-Reinforced Polymer (FRP) Reinforcement for Concrete Structures*, Report 440R-7. ACI Committee 440, Farmington Hills, MI.

ACMA MDA. (2006). http://www.mdacomposites.org.

Andrade, C. (1986). Some Laboratory Experiments on the Inhibitor Effect of Sodium Nitrite on Reinforcement Corrosion. *Cement and Concrete Aggregate*, 8(2), 110–116.

Arntsen, B. (2001). In-Situ Experiences on Chloride Redistribution in Surface-Treated Concrete Structures. In *Proceedings, Third International Conference on Concrete under Severe Conditions – Environment and Loading*, vol. 1, ed. N. Banthia, K. Sakai, and O.E. Gjørv. University of British Columbia, Vancouver, pp. 95–103.

Årskog, V., Borgund, K., and Gjørv, O.E. (2011). Effect of Concrete Hydrophobation against Chloride Penetration. *Key Engineering Materials*, 466, 183–190.

Årskog, V., Liu, G., Ferreira, M., and Gjørv, O. E. (2004). Effect of Surface Hydrophobation on Chloride Penetration into Concrete Harbor Structures. In *Proceedings, Fourth International Conference on Concrete under Severe Conditions –Environment and Loading*, vol. 1, ed. B. H. Oh, K. Sakai, O. E. Gjørv, and N. Banthia. Seoul National University and Korea Concrete Institute, Seoul, pp. 441–448.

Årstein, R., Rindarøy, O. E., Liodden, O., and Jenssen, B. W. (1998). Effect of Coatings on Chloride Penetration into Offshore Concrete Structures. In *Proceedings, Second International Conference on Concrete under Severe Conditions – Environment and Loading*, vol. 2, ed. O. E. Gjørv, K. Sakai, and N. Banthia. E & FN Spon, London, pp. 921–929.

Bertolini, L. (2000). Cathodic Prevention. In *Proceedings, COST 521 Workshop*, ed. D. Sloan and P.A.M. Basheer. Queen's University, Belfast.

Bertolini, L. (2012). Private communication.

Bertolini, L., Elsener, B., Pediferri, P., and Polder, R. (2004). *Corrosion of Steel in Concrete – Prevention, Diagnosis, Repair*. Wiley-VCH, Weinheim.

Bertolini, L., and Gastaldi, M. (2011). Corrosion Resistance of Low-Nickel Duplex Stainless Steel Rebars. *Materials and Corrosion*, 62, 120–129.

Bertolini, L., Lollini, F., Polder, R. B., and Peelen, W. H. A. (2008). FEM – Models of Chatodic Protection Systems for Concrete Structures. In *Proceedings, First International Symposium on Life-Cycle Civil Engineering*, ed. F. Biondini and D.M. Frangopol. Taylor & Francis Group, London, pp. 119–124.

Bertolini, L., Pediferri, P., and Pastore, T. (1998). Stainless Steel in Reinforced Concrete Structures. In *Proceedings, Second International Conference on Concrete under Severe Conditions – Environment and Loading*, vol. 1, ed. O. E. Gjørv, K. Sakai, and N. Banthia. E & FN Spon, London, pp. 94–103.

Bijen, J. M. (ed.). (1989). Maintenance and Repair of Concrete Structures. *Heron*, 34(2), 2–82.

Broomfield, J. P. (1997). *Corrosion of Steel in Concrete*. E & FN Spon, London.

Büchler, M. (2005). Corrosion Inhibitors for Reinforced Concrete. In *Corrosion in Reinforced Concrete Structures*, ed. H. Böhni. Woodhead Publishing, Cambridge, UK, pp. 190–214.

CEN. (1995). EN 10088-1: *Stainless Steels – Part 1: List of Stainless Steels*. European Standard CEN, Brussels.

CEN. (2000). EN 12696: *Cathodic Protection of Steel in Concrete*. European Standard CEN, Brussels.

CSA. (2003). S806-02: *Fibre Reinforced Polymer Reinforcement for Concrete Structures*. Canadian Standards Association, Rexdale, Ontario.

Clemeña, G. G. (2002). *Testing of Selected Metallic Reinforcing Bars for Extending the Service Life of Future Concrete Bridges: Summary of Conclusions and Recommendations*, Report VTRC 03-R7. Virginia Transportation Research Council, Charlottesville.

Clemeña, G. G., and Virmani, Y. P. (2004). Comparing the Chloride Resistances of Reinforcing Bars. *Concrete International*, 26(11), 39–49.

The Concrete Society. (1998). *Guidance on the Use of Stainless Steel Reinforcement*, Technical Report 51. London.

COST. (2003). *COST Action 521: Corrosion of Steel in Reinforced Concrete Structures*, Final Report, ed. R. Cigna, C. Andrade, U, Nürnberger, R. Polder, R. Weydert. and E. Seitz. European Communities EUR20599, Luxemborg.

Cramer, S. D., Covino, B. S., Bullard, S. J., Holcomb, G. R., Russell, J. H., Nelson, F. J., Laylor, H. M., and Stoltesz, S. M. (2002). Corrosion Prevention and Remediation Strategies for Reinforced Concrete Coastal Bridges. *Cement and Concrete Composites*, 24, 101–117.

De Clereq, H., and Charola, A.E. (2008). *Proceedings, Fifth International Conference on Water Repellent Treatment of Building Materials*. Aedificatio Publishers, Freiburg.

FIB. (2007). *FRP Reinforcement in RC Structures*, FIB Bulletin 40. Lausanne.

FIP. (1996). *Durability of Concrete Structures in the North Sea*, State-of-the-Art Report. Féderation Internationale de la Précontrainte – FIP, London.

Gaidis, J. M., and Rosenberg, A. M. (1987). The Inhibition of Chloride-Induced Corrosion in Reinforced Concrete by Use of Calcium Nitrite. *Cement and Concrete Aggregate*, 9(1), 30–33.

Gaubinger, B., Bahr, G., Hampel, G., and Kollegger, J. (2002). Innovative Anchorage System for GFRP-Tendons. In *Proceedings, First FIB Congress*, session 7, vol. 6. Japan Prestressed Concrete Engineering Association, Tokyo, pp. 305–312.

Gjørv, O. E., and Vennesland, Ø. (1987). Evaluation and Control of Steel Corrosion in Offshore Concrete Structures. In *Proceedings, The Katharine and Bryant Mather International Conference*, vol. 2, ed. J. Scanlon, ACI SP-1, pp. 1575–1602.

Helene, P., Medeiros, M. H. F., Borges, P. C., Quarcioni, V. A., and Marcondes, C. G. (2012). Reducing Water and Chloride Penetration Through Silicate Treatments for Concrete as a Mean to Control Corrosion Kinetics. *International Journal of Electrochemical Science*, 7.

Hinatsu, J. T., Graydon, W. F., and Foulkes, F.R. (1990). Voltametric Behaviour of Iron in Cement. Effect of Sodium Chloride and Corrosion Inhibitor Additions. *Journal of Applied Electrochemistry*, 20(5), 841–847.

Isaksen, T. (2004). The Owners Profit by Investing in Increased Durability. In *Proceedings, Seminar on Service Life Design of Concrete Structures*. Norwegian Concrete Association, TEKNA, Oslo, pp. 15.1–15.10 (in Norwegian).

Knudsen, A., and Goltermann, P. (2004). Stainless Steel as Reinforcement for Concrete. In *Proceedings, Seminar on Service Life Design of Concrete Structures*. Norwegian Concrete Association, TEKNA, Oslo, pp. 10.1–10.12 (in Danish).

Knudsen, A., Jensen, F. M., Klinghoffer, O., and Skovsgaard, T. (1998). Cost-Effective Enhancement of Durability of Concrete Structures by Intelligent Use of Stainless Steel Reinforcement. In *Proceedings, Conference on Corrosion and Rehabilitation of Reinforced Concrete Structures*, Florida.

Liu, G. (2006). Control of Chloride Penetration into Concrete Structures at Early Age, Dr.Ing. Thesis 2006:46. Department of Structural Engineering, Norwegian University of Science and Technology – NTNU, Trondheim.

Liu, G., Stavem, P., and Gjørv, O. E. (2005). Effect of Surface Hydrophobation for Protection of Early Age Concrete against Chloride Penetration. In *Proceedings, Fourth International Conference on Water Repellent Treatment of Building Materials*, ed. J. Silfwerbrand. Aedificatio Publishers, Freiburg, pp. 93–104.

LME – London Metal Exchange. www.lme.com.

Malhotra, V. M. (ed.). (1996). *Proceedings, Third International Conference on Performance on Concrete in Marine Environment*, ACI SP-163.

Materen, S. von, and Paulsson-Tralla, J. (2001). The De-Icing Salt – Stop the Damage on Exposed Concrete Structures by Use of Stainless Steel Bars. *Betong*, 2, 18–22 (in Swedish).

Medeiros, M. H. F., and Helene, P (2009). Surface treatment of reinforced concrete in marine environment: Influence on chloride diffusion coefficient and capillary water absorption. *Construction & Building Materials*, 23, 1476-1484.

Newhook, J. (2006). Glass FRP Reinforcement in Rehabilitation of Concrete Marine Infrastructure. *Arabian Journal for Science and Engineering*, 31(1C), 53–75.

Newhook, J., Bakht, B., Tadros, G., and Mufti, A. (2000). Design and Construction of a Concrete Marine Structure Using Innovative Technologies. In *Proceedings of the Third International Conference on Advanced Composite Materials in Bridges and Structures (CSCE)*, Ottawa, ed. M. El-Badry.

Newhook, J., and Mufti, A. (1996). A Reinforcing Steel-Free Concrete Bridge Deck for the Salmon River Bridge. *Concrete International*, 18.

Ngala, V. T.; Page, C. L.; Page, M. M. (2002). Corrosion Inhibitor Systems for Remedial Treatment of Reinforced Concrete. I. Calcium Nitrite. *Corrosion Science*, 44(9), 2073–2087.

Noisternig, F., Dotzler, F., and Jungwirth, D. (1998). *Development of CFK Prestressed Elements. Seminarband Kreative Ingenieurleistungen*, Darmstadt-Wien (in German).

Nürnberger, U. (1988). *Special Measures for Corrosion Protection of Reinforced and Prestressed Concrete*, Otto-Graf-Institute Series 79. Stuttgart (in German).

Pediferri, P. (1992). Cathodic Protection of New Concrete Construction. In *Proceedings, International Conference on Structural Improvement through Corrosion Protection of Reinforced Concrete*, Document E7190. Institute of Corrosion, London.

Pediferri, P. (2006). *Surface Rebar Contamination*, Report. Acciaierie Valbruna, Vicenza, Italy.

Pediferri, P., Bertolini, L., Bolzoni, F., and Pastore, T. (1998). In *Repair and Rehabilitation of Reinforced Concrete Structures: State of the Art*, ed. W. F. Silva Araya, O. T. De Rincon, and L. P. O'Neill. American Society of Civil Engineering, Reston, VA.

Polder, R. B., Leegwater, G., Worm, D., and Courage, W. (2012). *Service Life and Life Cycle Cost Modelling of Cathodic Protection Systems for Concrete Structures*. International Congress on Durability of Concrete, Norwegian Concrete Association, Oslo.

Rasheeduzzafar, F. H. D., Bader, M. A., and Kahn, M. M. (1992). Performance of Corrosion Resisting Steels in Chloride-Bearing Concrete. *ACI Materials Journal*, 89(5), 439–448.

Raupach, M., and Rößler, G. (2005). Surface Treatments and Coatings for Corrosion Protection. In *Corrosion in Reinforced Concrete Structures*. Woodhead Publishing, Cambridge, UK, pp. 163–189.

ReforceTech. (2013). Basalt Fiber Reinforcement Technology. http://www.reforcetech.com.

Serancio, R. (ed.). (2004). FRP in Civil Engineering. In *Proceedings of the Second International Conference on FRP Composites in Civil Engineering*. Balkema Publishers, London.

Silfwerbrand, J. (ed.). (2005). *Proceedings, Fourth International Conference on Water Repellent Treatment of Building Materials*. Aedificatio Publishers, Freiburg, Germany.

Sørensen, B., Jensen, P.B., and Maahn, E. (1990). The Corrosion Properties of Stainless-Steel Reinforcement. In *Corrosion of Reinforcement in Concrete*, ed. C. L. Page, K. W. J. Treadaway, and P. B. Bamforth. Elsevier Applied Science, Amsterdam, pp. 601–610.

Tan, K. (ed.). (2003). *Proceedings of the Sixth International Symposium of FRP Reinforcement for Concrete Structures*. World Scientific, Singapore.

Tromposch, E. W., Dunaszegi, L., Gjørv, O. E., and Langley, W. S. (1998). Northumberland Strait Bridge Project – Strategy for Corrosion Protection. In *Proceedings, Second International Conference on Concrete under Severe Conditions –Environment and Loading*, vol. 3, ed. O. E. Gjørv, K. Sakai, and N. Banthia. E & FN Spon, London, pp. 1714–1720.

seis
Controle e garantia da qualidade do concreto

PARA CONSEGUIR MELHOR CONTROLE da qualidade final do adensamento do concreto (Cap. 2), é essencial ter alguns requisitos de durabilidade baseados em desempenho que possam ser verificados e controlados para garantia de qualidade durante a concretagem. Mesmo estruturas de concreto em alto-mar, onde são aplicados procedimentos rigorosos tanto para a produção do concreto como para o controle de qualidade da concretagem, exibiram falhas de adensamento na qualidade final do concreto. Durante a concretagem (Tab. 2.1), o controle de qualidade de recepção revelou um concreto muito homogêneo, mas a qualidade final do concreto na obra ainda exibia elevada heterogeneidade e variabilidade, ou seja, falhas de adensamento.

Mesmo antes de lançar o concreto na forma, em algumas situações sua qualidade pode exibir heterogeneidade e variabilidade. Se for utilizado concreto com ar incorporado, podem ocorrer grandes variações nas propriedades do sistema de poros e vazios internos (Gjørv; Bathen, 1987). Esse problema é exacerbado quando se usam cimentos de cinzas volantes e o teor de carbono nas cinzas varia excessivamente (Nagi et al., 2007), afetando tanto a difusividade do cloreto como a resistência do concreto ao gelo.

Provavelmente, o problema mais conhecido e melhor documentado relacionado à qualidade das estruturas de concreto é a falha em atender às especificações do cobrimento. As variações do cobrimento final na ponte norueguesa mostradas na Fig. 2.40 refletem um problema geral em canteiros de obra de muitos países. Já a Fig. 6.1 mostra a plotagem dos dados dessa ponte junto com dados semelhantes de uma ponte japonesa (Ohta et al., 1992) e com a média dos dados de cem estruturas de concreto na região do Golfo (Matta, 1993). Nos últimos anos, normas e procedimentos aperfeiçoados foram introduzidos para executar o cobrimento especificado com mais confiança. Mesmo assim, a variabilidade do concreto parece ser um problema muito difícil.

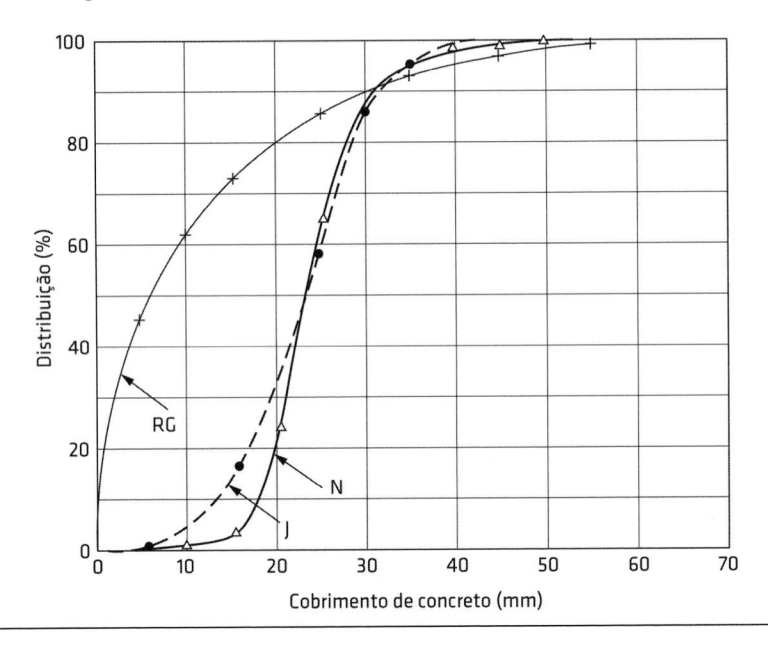

FIG. 6.1 Variação no cobrimento de concreto da ponte Gimsøystraumen (N), mostrada na Fig. 2.40, em comparação com uma ponte japonesa (J) e com a média de mais de cem estruturas de concreto na região do Golfo (RG)
Fonte: adaptado de Kompen (1998).

Embora a especificação do cobrimento seja cuidadosamente verificada e controlada, a experiência demonstra que desvios significativos ainda podem ocorrer antes mesmo da concretagem. Às vezes, as cargas durante a concretagem podem ser muito altas em contraste com a baixa rigidez das armaduras ou com a própria baixa resistência das pastilhas e espaçadores, assim como os espaçadores podem ter sido colocados de maneira insuficiente ou errada. Mesmo durante o sofisticado trabalho de preparação da forma deslizante em plataformas de concreto em alto-mar, os espaçadores instalados às vezes eram removidos, equivocadamente, em etapas críticas para "manter o ritmo" do trabalho em andamento.

Para atender ao requisito geral de durabilidade, como descrito no Cap. 4, os valores específicos tanto da difusividade do cloreto aos 28 dias como do cobrimento de concreto devem ser adequadamente controlados por meio de verificação e documentação durante a concretagem. Devem-se obter valores médios e desvios padrão para esses dois parâmetros de durabilidade e tomar medidas imediatas de correção quando desvios inaceitáveis ocorrerem.

6.1 DIFUSIVIDADE DO CLORETO

Como já foi discutido no Cap. 4, o ensaio da difusividade do cloreto baseia-se no método da rápida migração de cloretos (RCM) (Nordtest, 1999). Embora o ensaio dure apenas uns poucos dias, isso não é suficiente para controle e garantia de qualidade durante a concretagem. Para quaisquer materiais porosos, no entanto, a equação Nernst-Einstein expressa a seguinte relação geral entre a difusividade e a resistividade elétrica do material (Atkins; De Paula, 2006):

$$D_i = \frac{R \cdot T}{Z^2 \cdot F^2} \cdot \frac{t_i}{\gamma_i \cdot C_i \cdot \rho} \tag{6.1}$$

em que D_i = difusividade para o íon i; R = constante universal dos gases; T = temperatura absoluta; Z = valência iônica; F = constante de Faraday; t_i = número de transferência do íon i; γ = atividade coeficiente para o íon i; c_i = concentração do íon i na água de poro; e ρ = resistividade elétrica.

Como quase todos os fatores da Eq. 6.1 são constantes físicas, essa relação, num dado concreto com dadas temperatura e condições de umidade, pode ser simplificada para:

$$D = k \cdot \frac{1}{\rho} \tag{6.2}$$

em que D é a difusividade do cloreto; k é a constante; e ρ é a resistividade elétrica do concreto. Como a resistividade elétrica do concreto pode ser testada de maneira muito mais rápida e simples do que a difusividade do cloreto, esse é o ensaio periódico que vai dar as bases para o controle indireto e para a garantia da qualidade da difusividade do cloreto durante a concretagem (Gjørv, 2003). Portanto, a relação entre a difusividade do cloreto e a resistividade elétrica do concreto deve ser estabelecida antes do começo da concretagem, pela coleta de vários corpos de prova do concreto, com os quais se realizam ensaios paralelos de difusividade do cloreto e de resistividade elétrica, em diferentes períodos de cura com água a 20 °C. A Fig. 6.2 mostra um exemplo desses ensaios.

Uma vez estabelecida a relação entre a difusividade do cloreto e a resistividade elétrica do concreto, ela é usada como curva de calibração para controle indireto da difusividade do cloreto aos 28 dias, com base no ensaio convencional da resistividade elétrica durante a concretagem. Como o ensaio da resistividade elétrica é do tipo não destrutivo, essas medidas são tomadas por um ensaio muito rápido nos mesmos corpos de prova usados para o controle periódico da qualidade da resistência à compressão aos 28 dias. Nenhum desses dados de controle deve exceder em mais de 30% a difusividade do cloreto especificada.

Para estabelecer a curva de calibração citada, as medidas de difusividade do cloreto devem ser realizadas em três corpos de prova com espessura de 50 mm, cortados de cilindros de concreto de Ø100 mm × 200 mm depois de cerca de 7, 14, 28 e 60 dias de cura em água. Depois do corte e antes de qualquer ensaio, os corpos de prova são saturados de água de acordo com o procedimento estabelecido. Em paralelo, as medidas correspondentes de resistividade elétrica são tomadas em três corpos de prova de concreto do mesmo tipo usado para o contínuo controle de qualidade da resistência à compressão. Essas medidas devem ser tomadas em corpos de prova de concreto úmido, depois dos períodos de cura em água mencionados anteriormente.

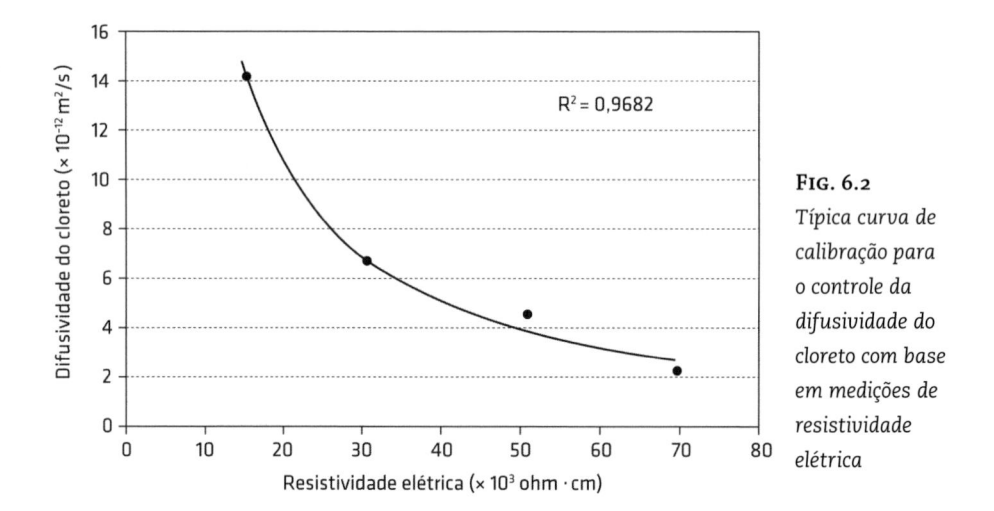

Fig. 6.2
Típica curva de calibração para o controle da difusividade do cloreto com base em medições de resistividade elétrica

Não se pretende aqui discutir todos os detalhes das medidas de difusividade do cloreto com base no método RCM. Essas medidas requerem equipamento especial de ensaio e experiência qualificada, só disponíveis em laboratórios profissionais de ensaios. No entanto, para melhor avaliação e aplicação dos resultados obtidos, segue uma breve descrição do método de ensaio.

6.1.1 Corpos de prova para ensaios

Geralmente, o ensaio é baseado em três fatias de 50 mm de espessura, cortadas de um cilindro de concreto com diâmetro de Ø100 mm. Essas fatias podem ser cortadas de cilindros de concreto moldados durante a concretagem e para essa finalidade, ou de testemunhos removidos da estrutura já existente, ou ainda de testemunhos removidos de protótipos construídos no canteiro de obra.

6.1.2 Procedimento de ensaio

Imediatamente antes de ensaiar, os corpos de prova são pré-condicionados, de acordo com o procedimento padrão de saturação por água. Em seguida, os corpos de prova são montados em suportes de borracha e colocados num recipiente com uma solução de 10% de NaCl, como mostra a Fig. 6.3. O interior dos suportes de borracha são preenchidos com uma solução de 0,3 N de NaOH. A Fig. 6.4 mostra um conjunto de corpos de prova em teste pelo método RCM.

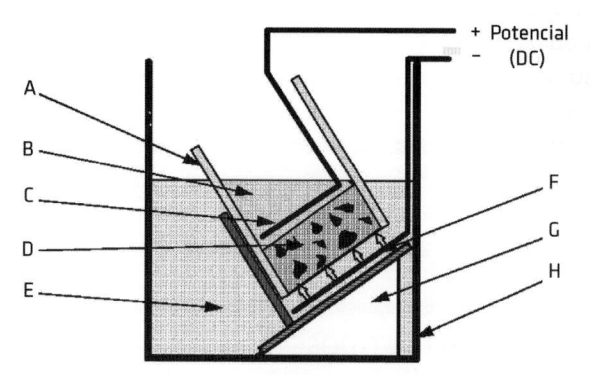

Fig. 6.3 Instalação experimental para o ensaio pelo método RCM de difusividade do cloreto (D_0): (A) suporte de borracha, (B) anólito, (C) ânodo, (D) corpo de prova do concreto, (E) católito, (F) cátodo, (G) suporte plástico e (H) caixa de plástico
Fonte: Nordtest (1999) e Tang (2008).

Fig. 6.4 Corpos de prova de concreto em teste com o método RCM
Fonte: Nordtest (1999) e Tang (2008).

Por meio de eletrodos separados em cada lado do corpo de prova, aplica-se um gradiente de voltagem elétrica e se observa a corrente elétrica através das amostras. O nível de corrente observado reflete a resistência do concreto à penetração do cloreto. Dependendo desse nível, o potencial aplicado é ajustado para atingir a duração adequada do ensaio. Com um potencial DC que pode variar de 10 V a 60 V, os íons de cloreto são forçados para dentro do concreto durante um período relativamente curto. O ensaio dura tipicamente 24h para um concreto de densidade normal, mas é preciso mais tempo para um concreto mais denso.

Imediatamente depois de uma exposição acelerada à solução de cloreto, os corpos de prova são divididos em duas metades, nas quais é possível observar a profundidade média da penetração do cloreto por meio de uma técnica colorimétrica (Fig. 6.5). Com base na profundidade observada e nas condições de ensaio adotadas, a difusividade do cloreto é calculada de acordo com o procedimento estabelecido. A difusividade (D) é obtida como um valor médio e um desvio padrão, por meio do teste de três corpos de prova. Dependendo da resistência à penetração do cloreto no concreto em teste, o período total do ensaio pode durar alguns dias, incluindo a preparação dos corpos de prova.

Fig. 6.5 *Profundidade da penetração do cloreto em superfície de concreto cortada após borrifo da superfície fresca com uma solução padrão de $AgNO_3$*

6.1.3 Avaliação dos resultados obtidos

Quando a resistência do concreto à penetração do cloreto é determinada e caracterizada por um método de ensaio tão acelerado como o descrito, deve-se ter em mente que os resultados obtidos são muito diferentes daquilo que geralmente ocorre em condições mais normais no campo. Como já foi visto no Cap. 4, porém, a difusividade do cloreto aos 28 dias é apenas um índice relativo simples que reflete a resistência à penetração do cloreto e às propriedades gerais de durabilidade do concreto, da mesma forma que a resistência à compressão aos 28 dias também é apenas um índice simples, relativo, refletindo a resistência à compressão e as propriedades mecânicas gerais do concreto.

Como o RCM é o único método que requer um curto período de ensaio, é também o único método de ensaio disponível para controle da difusividade do cloreto num estágio inicial de hidratação, independentemente da idade do concreto. A difusividade do cloreto aos 28 dias é um parâmetro muito importante para um projeto de durabilidade adequado nas estruturas de concreto em ambientes de severa agressividade. A especificação de uma certa difusividade do cloreto aos 28 dias provê também uma base necessária para o controle e a garantia de qualidade habituais durante a concretagem.

No entanto, para uma avaliação mais completa e comparação com a resistência à penetração do cloreto em vários tipos de concreto, a difusividade do cloreto aos 28 dias não deve ser a única avaliada. Para refletir melhor as propriedades de durabilidade de um certo concreto – e, portanto, as diferentes resistências à penetração do cloreto em vários tipos de concreto – é preciso acompanhar o desenvolvimento mais completo da difusividade do cloreto a partir do estágio inicial e além dele.

6.2 Resistividade elétrica

Também existem muitas técnicas e métodos de ensaio para avaliar a resistividade elétrica do concreto e cada um deles dá resultados diferentes (Gjørv; Vennesland; El-Busaidy, 1977; Polder et al., 2000). Basicamente, há dois diferentes tipos de métodos de ensaio que parecem adequados para o contínuo controle de qualidade durante a concretagem: o método dos dois eletrodos e o dos quatro eletrodos, também chamado método Wenner.

6.2.1 Métodos de ensaio

A Fig. 6.6 mostra um esquema do método dos dois eletrodos, no qual a corrente aplicada flui por todo o bloco de concreto do corpo de prova, colocado entre duas sólidas placas de aço; a resistência é observada por meio de um resistômetro numa certa frequência (1 kHz). A resistividade do concreto (ρ) é calculada pela seguinte equação:

$$\rho = R \cdot \frac{A}{t} \qquad (6.3)$$

em que R é a resistência, A é a área da superfície do corpo de prova e t é a altura do concreto no corpo de prova.

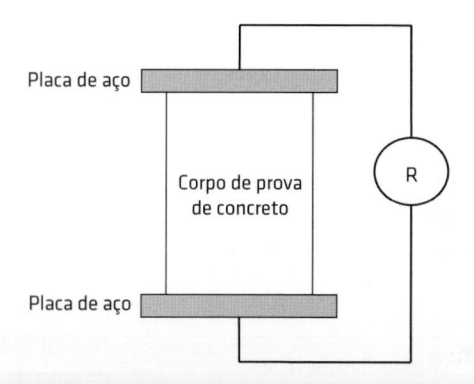

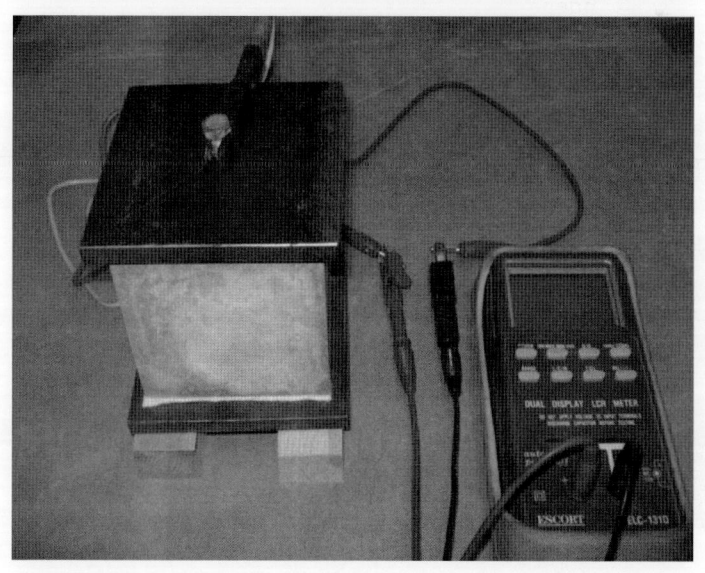

Fig. 6.6 *O método dos dois eletrodos para medir a resistividade elétrica do concreto*

Já a Fig. 6.7 mostra um esquema do método dos quatro eletrodos (Wenner), no qual as medidas são baseadas na passagem de corrente elétrica alternada de baixa frequência pelo concreto entre dois eletrodos externos, enquanto a queda de voltagem entre os dois eletrodos internos é observada. Em seguida, a resistividade elétrica do concreto (ρ) é obtida pela seguinte equação:

$$\rho = 2\pi \cdot a \cdot V / I \qquad (6.4)$$

em que a é o espaçamento entre os eletrodos, V é a queda de voltagem e I é a corrente.

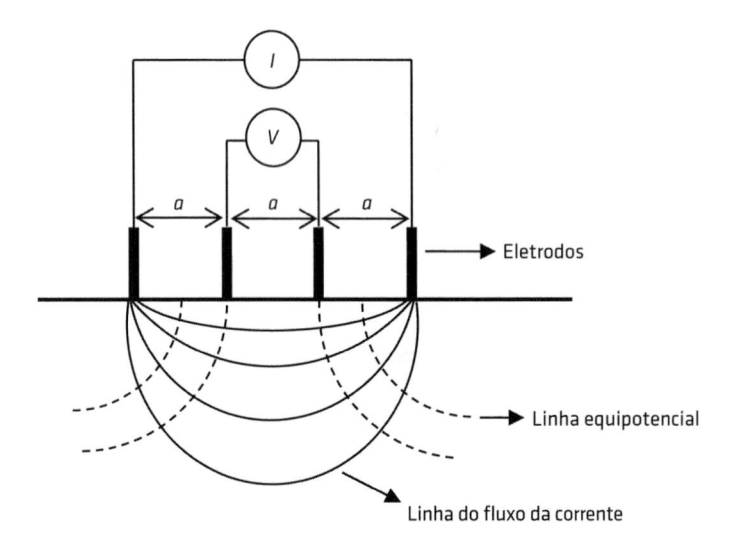

FIG. 6.7 O método dos quatro eletrodos (método Wenner) para medir a resistividade elétrica do concreto

Como mostram as Figs. 6.8 e 6.9, o método Wenner consiste em um dispositivo com quatro eletrodos que é pressionado contra a superfície do concreto. A resistividade aparente, para a dada distância entre os eletrodos (a), é então observada num monitor. Em alguns modelos comerciais, a distância entre os eletrodos é ajustável.

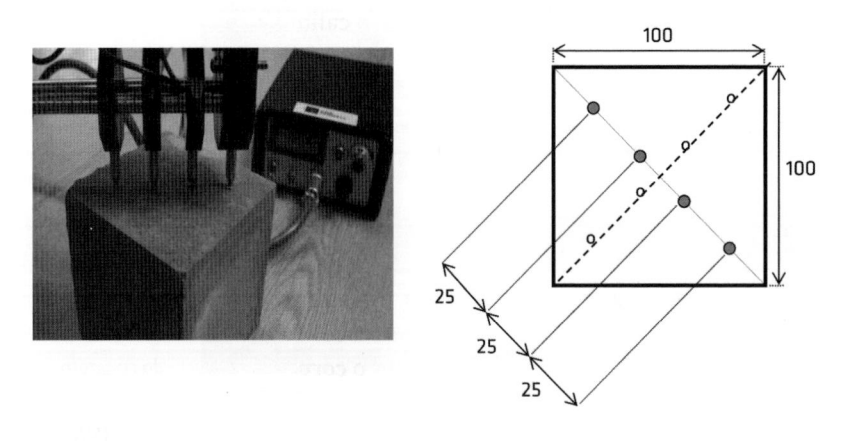

FIG. 6.8 Medida da resistividade elétrica num cubo de concreto de 100 mm de aresta

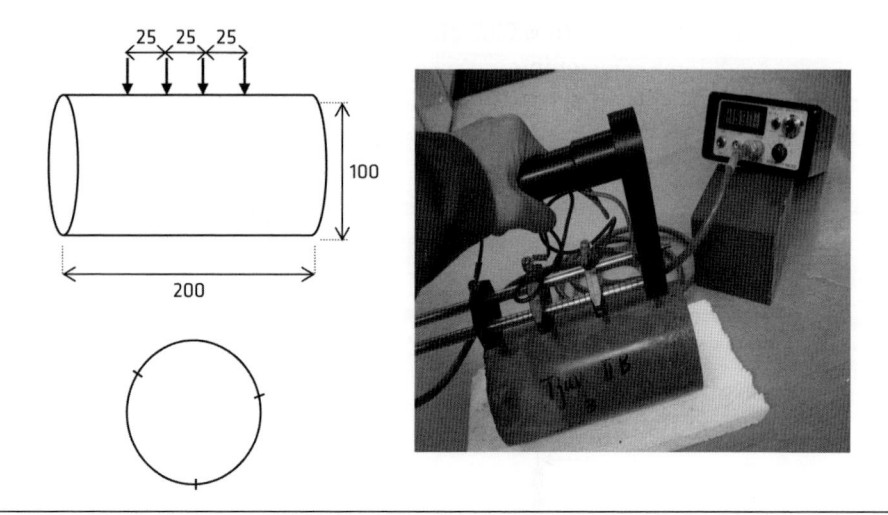

FIG. 6.9 *Medida da resistividade elétrica em cilindros de concreto de Ø100 mm × 200 mm*

A Fig. 6.7 mostra que, no método Wenner, o fluxo da corrente através do concreto é muito afetado tanto pelo espaçamento entre os eletrodos como pela geometria do próprio corpo de prova. Ao usar esse método, portanto, é muito importante manter o procedimento de ensaio constante ao longo do controle de qualidade.

6.2.2 Avaliação dos resultados obtidos

Por ser o mais bem definido e preciso, e o menos dependente do operador, o método dos dois eletrodos deve ser preferencialmente aplicado para o controle de qualidade contínuo. No entanto, os dois métodos mencionados podem ser aplicados para um controle rápido e simples da qualidade durante a concretagem. Como se observa na Fig. 6.10, a correlação entre os resultados obtidos pelos dois métodos de ensaio também é boa. Uma vez estabelecida a curva de calibração por qualquer um desses dois métodos, é essencial manter constantes o mesmo método e procedimento de teste ao longo de qualquer controle de qualidade adicional.

Como as condições de umidade e temperatura são fatores muito importantes, que afetam a resistividade elétrica do concreto, todas as medidas de resistividade elétrica devem ser tomadas sob condições controladas em laboratório. Imediatamente antes do teste, toda água livre na superfície do concreto deve ser retirada cuidadosamente. Também é muito importante garantir uma boa conexão elétrica entre os eletrodos e a superfície do concreto. Para evitar qualquer perda da corrente durante as medições, os corpos de prova devem ser colocados numa placa de base seca e isolada eletricamente. Não se deve tocar o corpo de prova com a mão.

6.3 Cobrimento de concreto

O cobrimento especificado para estruturas de concreto em ambientes de severa agressividade é geralmente muito espesso e as armaduras muitas vezes são altamente congestionadas, tornando muito difícil medir a espessura do cobrimento com base nos medidores convencionais. O uso de armaduras de aço inoxidável pode complicar ainda mais essas medições, embora os medidores de cobrimento baseados em indução de pulso possam ser usados nesse caso (Fig. 6.11). Também existem sistemas de varredura mais sofisticados para o controle do cobrimento executado (Fig. 6.12). Com tais equipamentos disponíveis, não há desculpa para cobrimentos com espessuras erradas, em novas estruturas de concreto, mas parece que isso continua a ser um problema em muitos canteiros de obra.

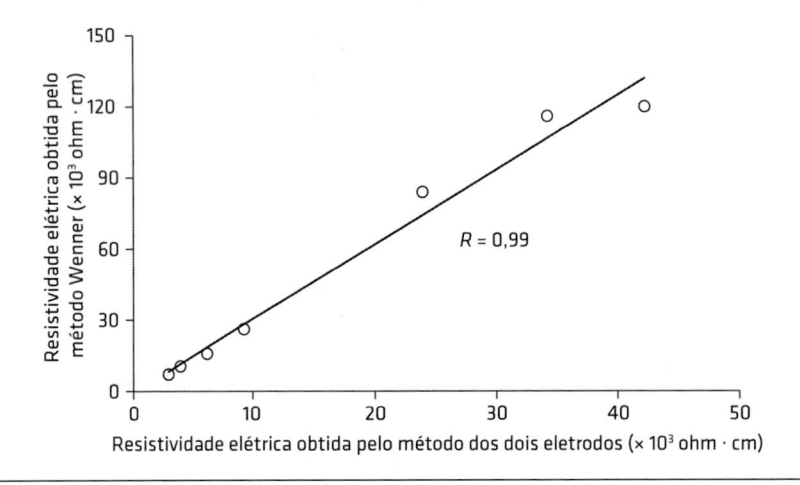

FIG. 6.10 Relação entre as resistividades obtidas pelo método Wenner e pelo método dos dois eletrodos
Fonte: adaptado de Sengul e Gjørv (2008).

FIG. 6.11 Controle do cobrimento final por meio da técnica de indução de pulso tipo pacômetro
Fonte: Germann (2008).

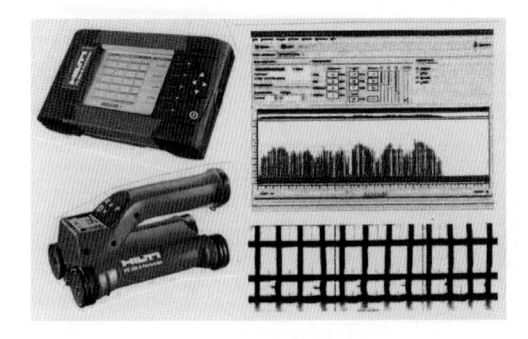

6 CONTROLE E GARANTIA DA QUALIDADE DO CONCRETO | 157

FIG. 6.12 Controle do cobrimento final por meio de sistemas de varredura
Fonte: Grantham (2010).

Com muita frequência, utiliza-se uma abordagem mais pragmática, com base em leituras manuais da espessura do cobrimento em barras salientes nas juntas construtivas durante a concretagem. Se o volume dessas medições for suficiente para gerar dados estatísticos confiáveis, essa abordagem simples pode ser suficientemente precisa para o controle contínuo e a garantia de qualidade durante a concretagem. Desde que a documentação e o controle contínuos do cobrimento final sejam requeridos, a experiência tem mostrado que o foco e a atenção crescentes em buscar executar o cobrimento especificado também são muito importantes para uma qualidade maior do acabamento (Cap. 9).

6.4 CONTINUIDADE ELÉTRICA

Se as especificações exigem proteção catódica ou provisões para essa medida protetora, o padrão europeu para proteção catódica de estruturas de concreto EN 12696 (CEN, 2000) enumera os requisitos para a continuidade elétrica dentro do sistema de armaduras. Estruturas de concreto com grande quantidade de armaduras podem já dispor de continuidade elétrica suficiente sem nenhuma medida adicional, mas normalmente são necessárias conexões elétricas especiais e soldagem entre as várias partes do sistema de armaduras. A continuidade elétrica especificada para as armaduras, porém, deve ser devidamente controlada e assegurada a cada passo da concretagem. De preferência, esse controle deve ser feito por pessoal qualificado e com experiência em sistemas de proteção catódica.

6.4.1 PROCEDIMENTO DE ENSAIO

Em princípio, a continuidade elétrica é controlada por medições da resistência ôhmica entre as várias partes do sistema de armaduras, e entre quaisquer dois pontos do sistema, a resistência não deve exceder 1 ohm. Para evitar a incerteza das medições quando se usa um multímetro tradicional, as medições devem ser realizadas, de preferência, com uma corrente relativamente alta (1 A) entre as várias partes do sistema de armaduras. Já existem equipamentos comerciais para essa medições, com os quais é possível observar tanto a resistência ôhmica como a voltagem entre as partes medidas 0,1 segundo depois da interrupção da corrente (Fig. 6.13).

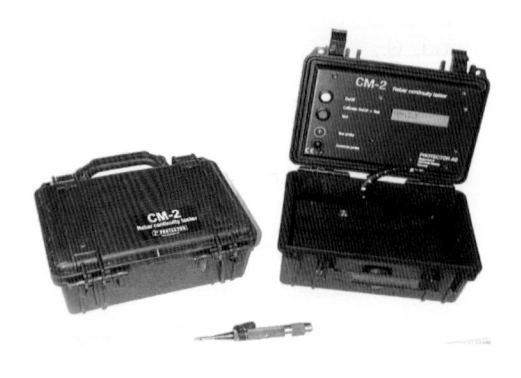

FIG. 6.13 *Equipamento para controle da continuidade elétrica dentro do sistema de armaduras*
Fonte: Protector (2008).

Referências bibliográficas

Atkins, P. W., and De Paula, J. (2006). *Physical Chemistry*, 8th ed. Oxford University Press, Oxford.

CEN. (2000). *EN 12696: Cathodic Protection of Steel in Concrete*. European Standard, CEN, Brussels.

Germann. (2008). *In-Situ Test Systems for Durability, Inspection and Repair of Reinforced Concrete Structures*. Germann Instruments A/S, Copenhagen, www.germann.org/.

Gjørv, O. E. (2003). Durability of Concrete Structures and Performance-Based Quality Control. In *Proceedings, International Conference on Performance of Construction Materials in the New Millennium*, ed. A. S. El-Dieb, M. M. R. Taha, and S. L. Lissel. Shams University, Cairo.

Gjørv, O. E., and Bathen, E. (1987). Quality Control of the Air-Void System in Hardened Concrete. *Nordic Concrete Research*, 6, 95–110.

Gjørv, O. E., Vennesland, Ø., and El-Busaidy, A. H. S. (1977). Electrical Resistivity of Concrete in the Oceans, OTC Paper 2803. In *Annual Offshore Technology Conference*, Houston, TX, pp. 581–588.

Grantham, M. (2010). The Use of NDT Methods in the Evaluation of Structures. In *Proceedings, Second International Symposium on Service Life Design for Infrastructure*, vol. 2. RILEM, Bagneux, France, pp. 1003–1012.

Kompen, R. (1998). What Can Be Done to Improve the Quality of New Concrete Structures? In *Proceedings, Second International Conference on Concrete under Severe Conditions – Environment and Loading*, vol. 3, ed. O. E. Gjørv, K. Sakai, and N. Banthia. E & FN Spon, London, pp. 1519–1528.

Matta, Z. G. (1993). Deterioration of Concrete Structures in the Arabian Gulf. *Concrete International*, 15, 33–36.

Nagi, M. A., Okamoto, P. A., Kozikowski, R. L., and Hover, K. (2007). *Evaluating Air-Entraining Admixtures for Highway Concrete*, NCHRP Report 578. Transportation Research Board, Washington, D.C.

NORDTEST. (1999). *NT Build 492 Concrete, Mortar and Cement Based Repair Materials: Chloride Migration Coefficient from Non-Steady State Migration Experiments*. NORDTEST, Espoo, Finland.

Ohta, T., Sakai, K., Obi, M., and Ono, S. (1992). Deterioration in a Rehabilitated Prestressed Concrete Bridge. *ACI Materials Journal*, 89, 328–336.

Polder, R., Andrade, C., Elsener, B., Vennesland, Ø., Gulikers, J., Weidert, R., and Raupach, M. (2000). RILEM TC 154-EMC: Electrochemical Techniques for Measuring Metallic Corrosion. *Materials and Structures*, 33, 603–611.

Protector. (2008). *CM2 Rebar Continuity Tester*. Protector AS, Oslo, www.protector.no/.

Sengul, Ö., and Gjørv, O. E. (2008). Electrical Resistivity Measurements for Quality Control during Concrete Construction. *ACI Materials Journal*, 105, 541–547.

Tang. (2008). *The RCM Test (NT Build 492) for Evaluating the Resistance of Concrete to Chloride Ingress*. Tang's Cl Tech, Gothenburg, tang.luping@bredband.net.

sete
Qualidade especificada da execução

VALORES MÉDIOS e desvios padrão da difusividade do cloreto no concreto aos 28 dias e do cobrimento são obtidos mediante o contínuo controle de qualidade do concreto (Cap. 6). Uma vez concluída a concretagem, ou melhor, a etapa de execução da estrutura propriamente dita, esses dados são usados como parâmetros de entrada para uma nova análise de durabilidade, para produzir a documentação de conformidade com a durabilidade especificada no projeto estrutural de partida.

Como a especificação da difusividade do cloreto baseia-se apenas num pequeno conjunto de corpos de prova produzidos separadamente e curados em laboratório por 28 dias, ela pode ser muito diferente da difusividade efetiva obtida no canteiro de obra durante a concretagem. Portanto, deve-se produzir uma documentação adicional sobre a difusividade do cloreto obtida na obra durante o período de concretagem. No fim da concretagem, essa difusividade, combinada com os dados sobre o cobrimento final, provê a base para a documentação da qualidade especificada da execução da obra.

Contudo, nem a difusividade do cloreto aos 28 dias obtida no laboratório, nem a que foi obtida no canteiro de obra refletem o potencial de difusividade do cloreto de um dado concreto, razão pela qual é preciso produzir documentação adicional sobre a difusividade de longo prazo desse concreto. Essa difusividade do cloreto, combinada com os dados do cobrimento final, provê a base para a documentação da qualidade potencial da construção de uma dada estrutura de concreto.

Note-se que, nas análises de durabilidade mencionadas, a qualidade especificada da execução é expressa e qualificada como uma probabilidade de corrosão para a vida útil requerida.

Para o proprietário da estrutura, a documentação adequada da qualidade especificada da construção e de conformidade com a durabilidade especificada deve ser muito importante, já que essas informações têm consequências na operação futura e na expectativa de vida útil da estrutura em questão. Os procedimentos para elaborar essa documentação são descritos em mais detalhes adiante.

7.1   Conformidade com a durabilidade especificada

Especifica-se uma vida útil com probabilidade de corrosão igual ou inferior a 10% como requisito geral de durabilidade de uma dada estrutura de concreto. Para mostrar conformidade com essa especificação, uma nova análise de durabilidade deve ser feita após a conclusão do período de concretagem (execução da estrutura). Essa análise deve se basear nos valores e desvios padrão finais tanto da difusividade do cloreto aos 28 dias quanto do cobrimento como novos parâmetros de entrada. Nessa nova análise, todos os outros parâmetros de entrada anteriormente adotados (por experiências eventualmente armazenadas), que devem ter sido difíceis de selecionar durante o projeto de durabilidade, passam a ser mantidos constantes. Portanto, essa documentação reflete principalmente os resultados obtidos do contínuo controle de qualidade da difusividade aos 28 dias e do cobrimento durante a execução (concretagem), inclusive a dispersão e variabilidade observadas. Assim, a nova análise de durabilidade provê a base para a documentação de conformidade com a durabilidade especificada.

7.2   Qualidade in situ

Para obter os dados sobre a difusividade do cloreto executada no canteiro de obra durante a concretagem, vários testemunhos do concreto precisam ser extraídos da estrutura em construção. Para não enfraquecer demais a estrutura com a retirada desses testemunhos, uma ou mais amostras ou protótipos extras também devem ser produzidas no canteiro de obra, das quais vários testemunhos adicionais serão extraídos e ensaiados. Via de regra esses elementos extras podem ser produzidos sem armadura alguma. Embora não seja fácil refletir nos protótipos as mesmas condições da estrutura real, é essencial que cada elemento do protótipo, que pode ser uma parede, um tipo de laje ou ambos, seja produzido e curado da maneira mais representativa possível em relação à estrutura de concreto real ou às diferentes partes da estrutura de concreto em construção.

Tanto da estrutura de concreto como de seus protótipos correspondentes, vários testemunhos de concreto de Ø100 mm são extraídos em várias etapas da construção e, imediatamente depois de extraídos, são enviados ao laboratório para o ensaio da difusividade do cloreto. Dependendo do tipo de sistema de aglomerante e das condições de cura no canteiro de obra, o desenvolvimento dessa difusividade do cloreto na obra em geral tende a cair depois de um período de cerca de um ano. Para obter a curva adequada de desenvolvimento da difusividade do cloreto, os testemunhos devem ser extraídos e ensaiados durante pelo menos um ano, de preferência a intervalos de 14, 28, 60, 90, 180 e 365 dias. Como exemplo, a Fig. 7.1 mostra o desenvolvimento da difusividade do cloreto observado num canteiro de obra específico.

A mesma figura também exibe o desenvolvimento da difusividade do cloreto no mesmo concreto com base em corpos de prova moldados em laboratório.

Uma nova análise de durabilidade é baseada na difusividade do cloreto constatada no canteiro de obra depois de um ano, combinada com os dados sobre a espessura do cobrimento efetivamente executado, como parâmetros de entrada. Aqui também todos os outros parâmetros são mantidos constantes. Essa análise provê a base para a documentação da qualidade especificada da execução durante o período de construção.

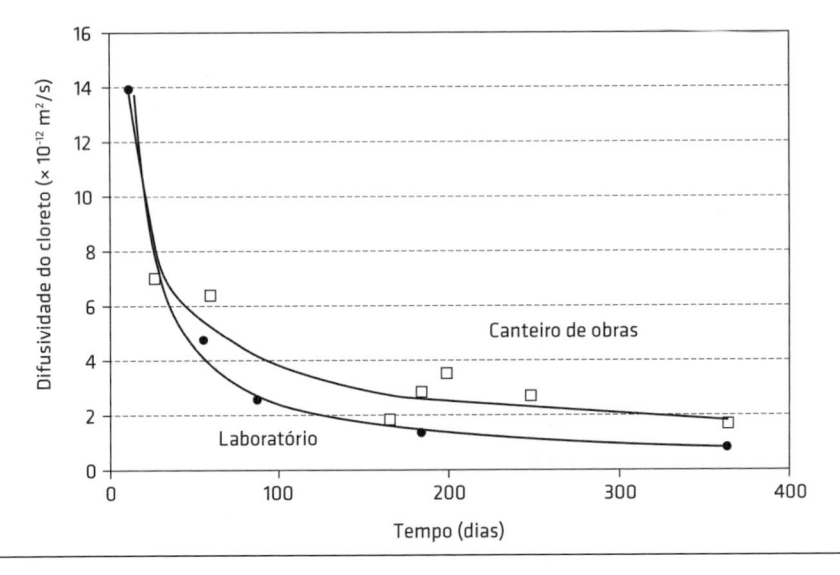

FIG. 7.1 *Evolução da difusividade do cloreto atingida no canteiro de obra e no laboratório, durante o período de construção*

7.3 QUALIDADE POTENCIAL

Já durante o estabelecimento da curva de calibração para o controle de qualidade contínuo, a difusividade do cloreto é determinada em corpos de prova extras, separadamente preparados, depois de períodos de cura em água de aproximadamente 7, 14, 28 e 60 dias no laboratório. Obtém-se uma evolução da difusividade do cloreto igual à da Fig. 7.1 se os ensaios continuarem em alguns corpos de prova adicionais, depois de períodos de cura em laboratório de aproximadamente 91, 182 e até pelo menos 364 dias.

Embora possa levar muito tempo até atingir um valor final para a difusividade do cloreto, na maioria dos sistemas de aglomerante essa curva evolutiva tende a estacionar depois de um ano de cura em água. Uma nova análise de durabilidade é baseada na difusividade do cloreto constatada em laboratório depois de um ano de cura em água, combinada com os dados sobre a espessura do cobrimento executado no canteiro de obra, como novos parâmetros de entrada. Aqui também todos os outros parâmetros são mantidos constantes. Essa análise provê a base para a documentação da qualidade potencial da construção da estrutura em questão.

oito
INSPEÇÃO, AVALIAÇÃO, MANUTENÇÃO PREVENTIVA E REPAROS

PARA OPERAÇÃO, a decisão de proceder à manutenção e reparos das estruturas de concreto existentes é, em geral, reativa, ou seja, as medidas apropriadas são tomadas principalmente num estágio muito avançado de deterioração (Cap. 2). No caso da corrosão induzida por cloreto, os reparos no estágio avançado são tecnicamente difíceis e excessivamente caros quando comparados com inspeções e avaliações periódicas e com uma manutenção preventiva adequada durante a operação das estruturas. Portanto, deve-se fazer manutenção preventiva e avaliação periódica das condições existentes em todas as grandes infraestruturas de concreto, nas quais a segurança, o desempenho e a vida útil são especialmente importantes. Isso não é relevante apenas do ponto de vista técnico e econômico, mas é comprovadamente uma estratégia muito boa do ponto de vista da sustentabilidade (Cap. 11).

Recentemente, ocorreu uma rápida evolução internacional dos sistemas gerais de gerenciamento de ciclo de vida (LCM, *life cycle management*) de importantes obras de infraestrutura (Grigg, 1988; O'Connor; Hyman, 1989; Hudson et al., 1987; Rimes, 1997; Brime, 1997). Dependendo do número de obras incluídas, estão disponíveis comercialmente sistemas estabelecidos de LCM tanto para o nível de consulta como para o de projeto. Em muitos países, as autoridades nacionais também desenvolveram seus próprios sistemas LCM. No caso de muitas estruturas de concreto importantes, a avaliação geral das condições de conservação da estrutura e a manutenção preventiva atualmente já são parte desses sistemas LCM.

No entanto, para muitas e importantes estruturas de concreto em ambientes que contêm cloreto, são necessários procedimentos especiais de controle da penetração do cloreto, e o estabelecimento desses procedimentos deve sempre ser parte integral e importante do projeto de durabilidade de uma estrutura (Eri et al., 1998; Tromposch et al., 1998; Gjørv, 2002). Já no estágio inicial devem-se selecionar locais apropriados para o futuro controle da penetração do cloreto, em partes críticas da estrutura, os quais devem ser facilmente acessíveis durante a operação da estrutura.

Se, porém, essas partes críticas da estrutura não puderem ser acessadas para o teste futuro da penetração do cloreto, pode-se considerar o uso de instrumentação baseada em sondas embutidas para monitoramento do cloreto. No estágio inicial do projeto de durabilidade, também é necessário especificar a prevenção catódica ou quaisquer provisões para essa medida protetora, caso se pretenda aplicá-la. É muito importante um controle periódico da penetração do cloreto durante a operação da estrutura, cuja base geral é brevemente descrita e delineada adiante, incluindo um esquema sucinto dos reparos necessários caso se atinja um certo nível de corrosão.

8.1 Controle da penetração do cloreto

Mesmo que tenham sido especificados e executados os requisitos mais rigorosos para a qualidade do concreto e para o cobrimento durante a concretagem, a experiência demonstra que as estruturas de concreto em ambientes marinhos sempre apresentam uma certa extensão de penetração do cloreto durante a operação e uso das estruturas.

Como mostra o Cap. 2, a concretagem em ambientes marinhos também pode ser vulnerável à exposição precoce ao cloreto nas primeiras idades, quando o concreto ainda não têm cura e maturidade suficientes. Se for alto o risco de exposição precoce durante a concretagem, o projeto de durabilidade também deve considerar adequadamente esse fator. Nesse caso, pode ser necessário um controle precoce da possível penetração do cloreto antes que a construtora entregue a estrutura de concreto.

Para avaliação periódica das condições e controle da penetração do cloreto durante a operação da estrutura, é muito importante ter um plano detalhado da estrutura que indique os locais selecionados para o controle futuro. Esses locais devem ser tão representativos quanto possível das partes mais expostas e essenciais da estrutura. No entanto, como toda estrutura de concreto apresenta alta dispersão e variabilidade da qualidade especificada da execução, pode ser difícil determinar quais partes da estrutura terão a maior taxa de penetração do cloreto. Deve-se, portanto, selecionar mais locais para controle de cloretos já no estágio inicial da operação. Passado algum tempo, quando fica mais claro onde ocorrerão as mais altas taxas de penetração do cloreto, podem-se concentrar os controles subsequentes nesses locais, reduzindo o total de locais inspecionados e controlados.

Normalmente, a taxa de penetração do cloreto é mais rápida no estágio inicial da operação do que nos seguintes, logo, o controle da penetração do cloreto deve ser mais frequente nesse primeiro estágio. De preferência, o primeiro controle deve ocorrer logo depois de acabada a estrutura, para que se tenha um nível de referência adequado para o teor de cloreto, enquanto o próximo controle deve ocorrer depois de uma vida útil de dez anos, por exemplo. Mais tarde, tanto a frequência como a extensão das medições de controle dependerão das taxas observadas de penetração do cloreto.

No estágio inicial da operação, o controle da penetração do cloreto pode ser simples, só para se obter uma indicação aproximada de quão rapidamente ocorre a penetração do cloreto nas várias partes da estrutura. Em cada local, essas medições podem ser baseadas em simples amostras de pó extraído de perfurações com brocas de 5 mm × 16 mm e 5 mm de profundidade, por exemplo. Mais tarde, quando se observa uma penetração do cloreto mais profunda, as medições de cada local devem ser baseadas em um ou mais testemunhos de concreto, de cada um dos quais se extraem camadas muito finas de pó para análise e observação mais detalhada da penetração do cloreto.

O teor de cloreto pode ser medido por diferentes procedimentos e métodos de ensaio, como descrito em muitas recomendações e padrões. No entanto, como os métodos de campo geralmente são imprecisos, essas medições só devem ser usadas num estágio inicial da avaliação das condições, apenas para determinar a velocidade da penetração do cloreto. Mais tarde, porém, quando se torna necessário obter uma distribuição mais detalhada da penetração do cloreto, as análises devem ser baseadas em métodos mais acurados de laboratório. Para a melhor comparação possível entre os dados do cloreto de um período de inspeção e de outro, também é recomendável utilizar o mesmo método de ensaio e o mesmo procedimento de controle da penetração do cloreto.

Se qualquer instrumentação baseada em sondas embutidas precisa constar de um plano de controle da penetração do cloreto, a preparação para isso precisa ser feita num estágio inicial do projeto de durabilidade. Esse tipo de instrumentação pode ser apropriado para o controle da penetração do cloreto em partes especiais ou críticas da estrutura, que mais tarde podem não ser mais acessíveis ao controle manual.

A sonda BML (Fig. 8.1) foi desenvolvida já no estágio inicial do desenvolvimento de plataformas de concreto em alto-mar para exploração de petróleo e gás no mar do Norte. Com ela, foi possível acompanhar não apenas a taxa de penetração do cloreto, mas também extrair informações sobre as condições gerais de corrosão, além de possíveis taxas de corrosão. Mais tarde, várias novas versões dessas sondas de corrosão foram desenvolvidas para o controle da penetração do cloreto e das condições de corrosão em novas estruturas de concreto (Figs. 8.2 a 8.4).

Embora sondas embutidas para o controle automático da penetração do cloreto possam oferecer dados valiosos sobre as taxas de penetração do cloreto em certos locais da estrutura, a experiência tem mostrado que algumas sondas embutidas nunca podem substituir um controle mais completo da penetração do cloreto em grandes estruturas. Pode ser difícil saber onde as maiores taxas de penetração do cloreto ocorrerão em estruturas de concreto com grande dispersão e variabilidade – ou seja, falhas de adensamento – na qualidade especificada da execução. Além disso, como as sondas embutidas proveem informação principalmente sobre a velocidade de penetração da frente de cloreto no concreto, são necessárias informações mais detalhadas sobre a curva da penetração do cloreto para calcular a probabilidade de corrosão.

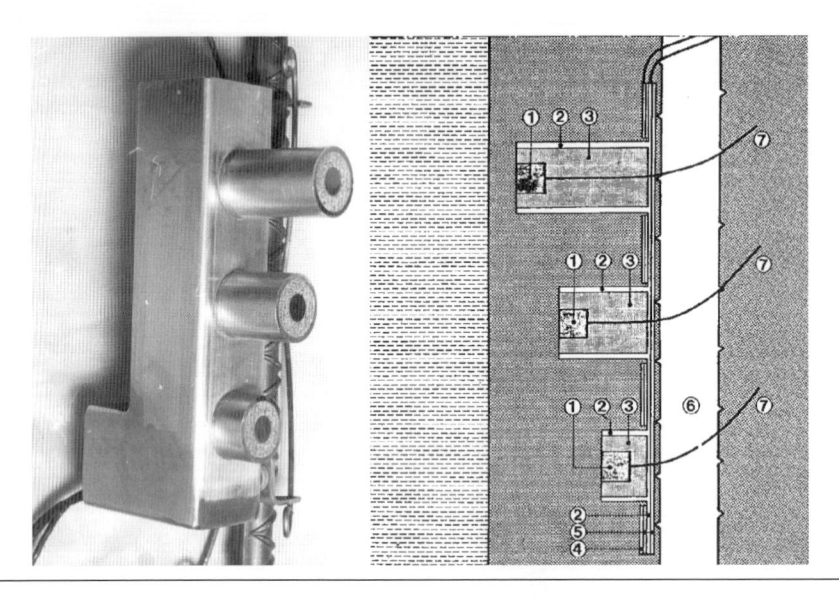

Fig. 8.1 A sonda BML para controle automático da penetração do cloreto e das condições da corrosão em estruturas de concreto: (1) eletrodo, (2) gabinete de aço inoxidável, (3) isolamento, (4) eletrodo de referência, (5) isolamento, (6) sistema de armaduras e (7) shielded leads
Fonte: Gjørv e Vennesland (1982).

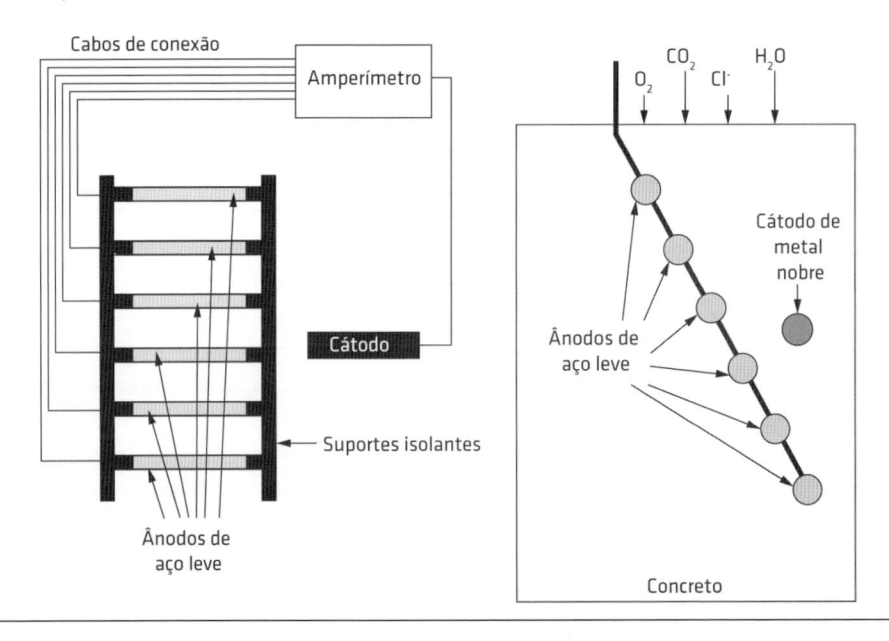

Fig. 8.2 A sonda tipo escada de ânodos para controle automático da penetração do cloreto e das condições da corrosão em estruturas de concreto
Fonte: adaptado de Raupach e Schiessl (1997).

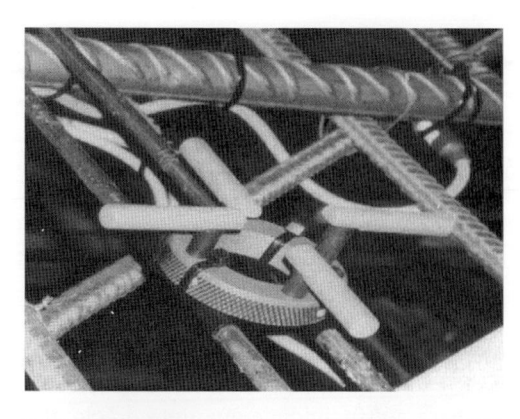

Fig. 8.3 *O multissensor CorroWatch para controle automático da penetração do cloreto e das condições da corrosão em estruturas de concreto*
Fonte: Force Technology (2008).

Fig. 8.4 *O sensor de corrosão Braunschweig para controle automático da penetração do cloreto e das condições da corrosão em estruturas de concreto*
Fonte: Fraunhofer Institute (2011).

8.2 Probabilidade de corrosão

Assim que a profundidade de penetração do cloreto possa ser medida em pelo menos seis regiões diferentes da estrutura, realiza-se uma análise de regressão de todos esses dados para o período de exposição, com adaptação da curva à segunda lei de difusão de Fick. O resultado será uma curva mais completa da penetração do cloreto do que a que aparece na Fig. 8.5. Essa curva oferece as bases para determinar alguns dos parâmetros de durabilidade mais importantes para o cálculo da probabilidade de corrosão.

Com base nessa análise de regressão, determina-se a concentração do cloreto na superfície (C_s) e a difusividade aparente do cloreto (D_a). O cálculo da probabilidade de corrosão também precisa de informação sobre a influência do tempo na difusividade do cloreto (α) e sobre o cobrimento (X_c).

Pode-se obter informação sobre o cobrimento com base no controle de qualidade do concreto realizado durante a concretagem (execução da estrutura) ou por outros meios. No estágio inicial da operação, porém, não está disponível a informação sobre a influência do tempo na difusividade do cloreto (α). Portanto, para fazer um cálculo precoce da probabilidade de corrosão, o cálculo deve ser baseado num valor α estimado, empírico.

Tão logo as medições de controle adicionais disponibilizam dois ou mais valores para a difusividade aparente do concreto (D_a), pode-se determinar um valor mais acurado para α, como demonstrado a seguir (Poulsen; Mejlbro, 2006):

$$D_{a2} = D_{a1}\left(\frac{t_1}{t_2}\right) \tag{8.1}$$

em que D_{a1} e D_{a2} são as difusividades aparentes do cloreto após exposição pelos períodos t_1 e t_2, respectivamente. A influência do tempo na difusividade do cloreto (α) torna-se, então,

$$\alpha = \frac{\ln\left(\dfrac{D_{a(t_2)}}{D_{a(t_1)}}\right)}{\ln\left(\dfrac{t_1}{t_2}\right)} \tag{8.2}$$

Quando existirem três ou mais valores para a difusividade aparente do cloreto, será possível determinar valores ainda mais precisos para α com base na análise de regressão, e, quanto mais valores futuros da difusividade aparente estiverem disponíveis, mais preciso será o valor de α. Portanto, o cálculo da probabilidade de corrosão vai ser gradualmente mais preciso durante a operação da estrutura. Antes que a probabilidade de corrosão se torne muito alta, porém, devem-se implementar as apropriadas medidas de proteção para controle e redução da velocidade de penetração do cloreto.

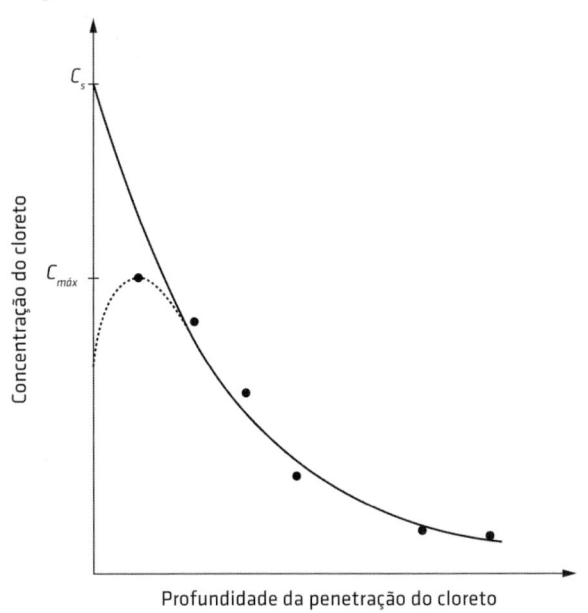

Fig. 8.5 *Resultado da análise de regressão de todos os dados de penetração do cloreto observados em certo período de exposição*

8.3 Medidas de proteção

Dependendo do tipo de medida de proteção, as taxas observadas de penetração do cloreto podem ser reduzidas ou completamente interrompidas (Cap. 5). Se os cloretos não tiverem penetrado muito profundamente no cobrimento, um tratamento ou revestimento adequado da superfície pode reduzir a sua taxa de penetração. Se os cloretos já chegaram muito fundo, porém, a prevenção catódica é a única medida protetora que pode interromper a sua penetração e, assim, evitar o desenvolvimento da corrosão do aço.

Dessa forma, o controle adequado da penetração do cloreto, combinado com os cálculos de probabilidade de corrosão, fornece a base para a avaliação regular das condições e para a manutenção preventiva da estrutura. Se os cloretos conseguirem chegar às armaduras e a corrosão começar, é só uma questão de tempo antes que apareçam os danos visuais a exigir reparos onerosos.

8.4 Reparos

Dos vários tipos de reparos da corrosão induzida por cloretos, os reparos localizados não são muito eficazes para controlar a corrosão. Como mencionado no Cap. 2, os maus efeitos dos reparos localizados já foram constatados no início dos anos 1950 na ponte San Mateo-Hayward (1929), na área da baía de San Francisco (Gewertz et al., 1958). Essa ponte recebeu muitos reparos localizados, primeiro com a limpeza do local dos danos e, em seguida, com concreto projetado, mas em curto período de tempo a corrosão contínua do aço foi observada. Durante sua vasta pesquisa de campo sobre essa ponte, Stratfull (1974) realizou pela primeira vez um mapeamento detalhado do potencial de corrosão da estrutura que sofrera reparos, por meio de eletrodos meia célula cobre/sulfato de cobre. Dessa forma, ele demonstrou que as áreas reparadas tinham formado áreas catódicas, circundadas por áreas anódicas, como mostra a Fig. 8.6.

No início dos anos 1970, Stratfull também demonstrou que a proteção catódica seria a maneira mais eficiente de controlar a corrosão induzida por cloretos (Stratfull, 1974). Mais tarde, extensa experiência confirmou que a proteção catódica é mesmo a única maneira de controlar a grave corrosão do aço induzida por cloretos (Broomfield, 1997; Bertolini et al., 2004).

8.5 Estudo de caso

Para demonstrar como se faz a avaliação das condições de uma estrutura portuária de concreto em ambiente marinho, foi escolhido como estudo de caso o terminal de cruzeiros do porto de Trondheim (Fig. 2.20). A avaliação ocorreu após oito anos de operação, sem que nenhum controle da penetração do cloreto tivesse sido realizado antes. Construída em 1993, a estrutura tem frontão de 95 m e consiste em um deque ou tabuleiro exposto de concreto apoiado em tubos de aço preenchidos com concreto. O deque é do tipo viga e laje, cujo topo tem uma elevação de 3 m sobre o nível médio da água. A durabilidade especificada baseou-se nas normas do concreto então vigentes na Noruega, apresentando uma relação água/aglomerante de $\leq 0{,}45$, um teor de aglomerante ≥ 300 kg/m^3 e um cobrimento mínimo de 50 mm. O concreto aplicado, que tinha uma resistência à compressão de 45 MPa, foi produzido com 380 kg/m^3 de cimento Portland puro de alto desempenho e 19 kg/m^3 de sílica ativa (5%). De acordo com os arquivos do período de concretagem, todos os requisitos de qualidade do concreto e do cobrimento foram atendidos.

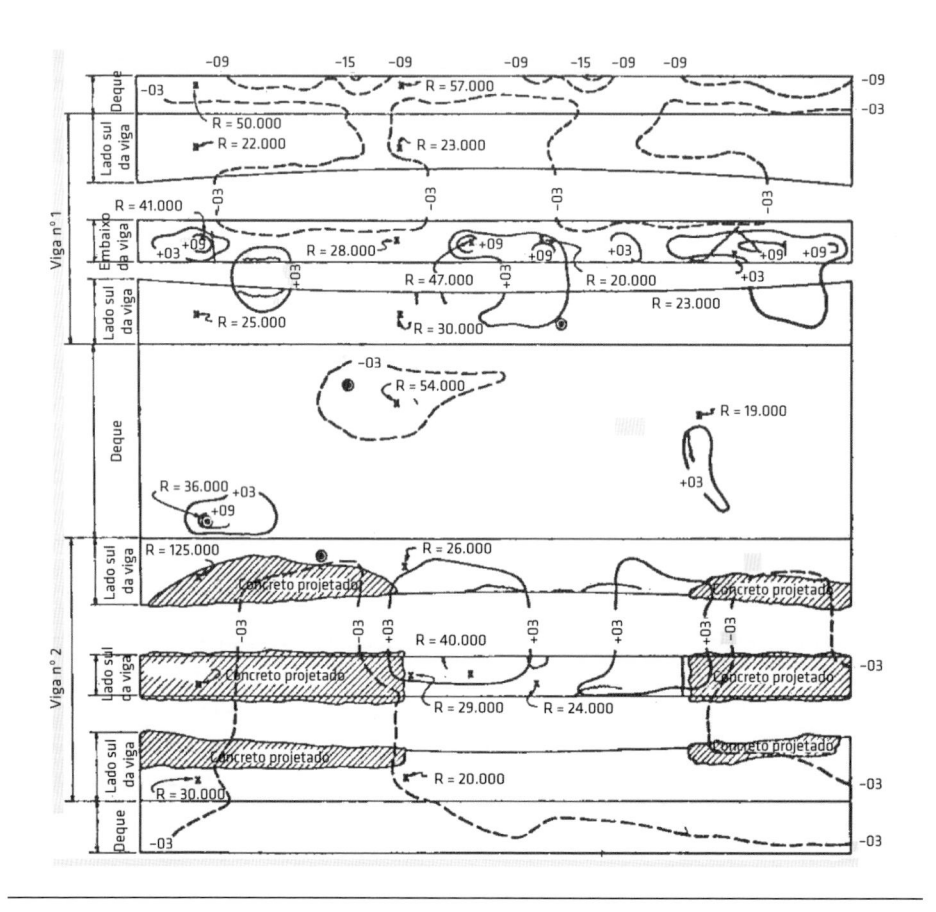

FIG. 8.6 Os contornos equipotenciais demonstram como os reparos localizados feitos com concreto projetado formaram um padrão de áreas anódicas (linhas sólidas) e catódicas (linhas tracejadas) ao longo da superfície de concreto da ponte San Mateo-Hayward (1929)
Fonte: adaptado de Gewertz et al. (1958).

8.5.1 Inspeção e avaliação

Durante a inspeção e avaliação do estado de conservação da estrutura, não foram constatados danos visuais, mas foram feitas pesquisas de campo mais aprofundadas, incluindo mapeamento eletroquímico do potencial da superfície e várias medições da penetração do cloreto e do cobrimento. Para avaliar a qualidade do concreto in situ, alguns testemunhos de concreto foram removidos da laje do deque para determinar a difusividade do cloreto por meio do método da rápida migração (método RCM).

O mapeamento eletroquímico do potencial de correção da superfície revelou que já havia ocorrido uma despassivação com um estágio inicial de corrosão do aço em algumas partes mais expostas das vigas do deque. Contudo, na maior parte do deque de concreto, a penetração do cloreto ainda não tinha atingido o aço embutido.

8 Inspeção, avaliação, manutenção preventiva e reparos

Como parte da avaliação geral das condições, duas das vigas do deque mais expostas foram selecionadas para uma investigação mais detalhada e submetidas a análises de durabilidade, cujos parâmetros de entrada estão na Tab. 8.1. Observou-se uma profunda penetração do cloreto nas duas vigas, mas a viga V2 apresentava profundidade de penetração ligeiramente maior do que a viga V1, resultando em valores de concentração do cloreto (C_S) ligeiramente diferentes.

Tab. 8.1 Parâmetros de entrada para a análise de durabilidade das duas vigas de deque analisadas

Viga do deque	V1	V2
Concentração superficial do cloreto, C_s (% por massa de cimento)	N [a](3,2; 0,74)	N(4,1; 0,17)
Temperatura, T (°C)	10	
Difusividade do cloreto, D_a (× 10^{-12} m²/s)	N(0,95; 0,17)	N(1,1; 0,27)
Coeficiente de influência da idade, α	N(0,4; 0,07)	
Idade do concreto, t_0 (anos)	8	
Teor crítico do cloreto, C_{CR} (% por massa do cimento)	N(0,4; 0,01)	
Cobrimento, X_C (mm)	N(50,0; 10,0)	N(48,7; 5,5)
Vida útil (anos)	100	

[a] Distribuição normal com valor médio e desvio padrão.

As curvas de penetração do cloreto observadas também produziram os valores para a difusividade aparente do cloreto (D_a), enquanto os valores para o cobrimento (X_C) foram baseados em várias medições deste. Como parâmetro de entrada para o coeficiente de dependência do tempo (α), porém, só foi possível adotar um valor empírico, com base na atual experiência com estruturas de concreto semelhantes em ambientes similares. Para as duas vigas do deque, a Fig. 8.7 demonstra que os 10% de probabilidade de corrosão já tinham sido atingidos para uma vida útil de dez anos. Na viga V2, os potenciais eletroquímicos da superfície revelaram que a despassivação já havia ocorrido.

Embora os requisitos de durabilidade especificados para relação água/aglomerante, teor de aglomerante e cobrimento tivessem sido atendidos, a avaliação das condições efetivas da estrutura revelou que a corrosão do aço já tinha começado nas partes mais expostas da estrutura, depois de uma vida útil de apenas oito anos. Com base no ensaio pelo método RCM de três testemunhos de concreto de Ø100 mm da laje, observou-se uma difusividade média do cloreto de 10,7 × 12^{-12} m²/s, com um desvio padrão de 1,1. Esse nível de difusividade do cloreto depois de oito anos de cura num ambiente úmido indica que o concreto tinha uma resistência à penetração do cloreto baixa a moderada (Tab. 4.2).

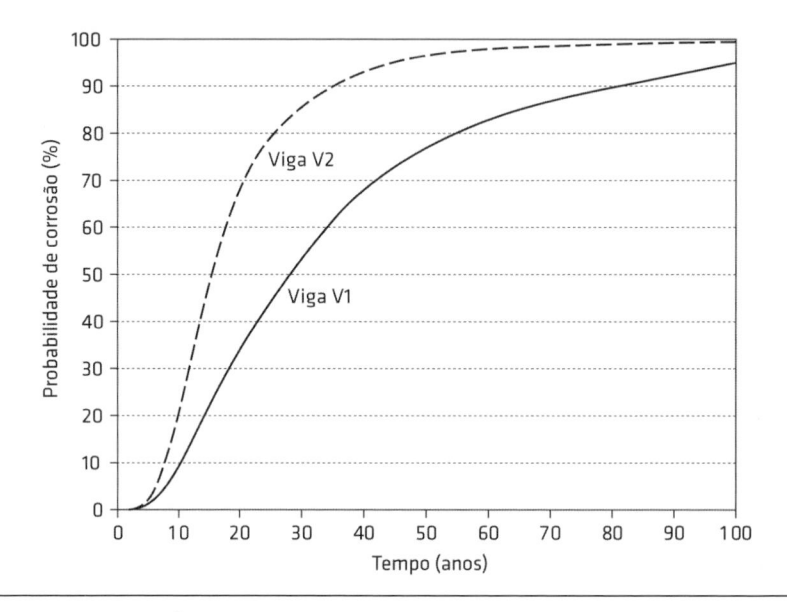

FIG. 8.7 *Probabilidade de corrosão nas duas vigas do deque depois de oito anos de operação*

8.5.2 Medida de proteção

Como o estágio inicial da corrosão do aço ainda não havia causado nenhum dano visível, a aplicação do sistema de prevenção catódica teria sido a medida mais apropriada para interromper tanto a corrosão já em andamento como a penetração adicional de cloretos. No entanto, como a continuidade elétrica dentro do sistema de armaduras era muito fraca e, por isso, a aplicação de um sistema de prevenção catódica ficaria muito cara, o proprietário decidiu aplicar apenas um tratamento hidrofugante da superfície sob o deque de concreto. Acreditava-se que essa medida de proteção pelo menos retardaria a penetração adicional de cloretos nas partes do deque de concreto nas quais a penetração do cloreto observada ainda não tinha chegado muito fundo.

Depois de dois anos de exposição adicional, foram feitas algumas medições da penetração do cloreto para investigar o efeito do tratamento hidrofugante da superfície. Como se vê na Fig. 8.8, ocorreu uma certa redistribuição do teor de cloreto: havia um teor reduzido de cloretos na camada superficial do cobrimento e uma penetração mais profunda da frente de cloreto abaixo do cobrimento. Esse tipo de redistribuição da penetração do cloreto também já havia sido reportada na literatura (Arntsen, 2001). Embora a taxa de penetração do cloreto tivesse sido retardada de maneira geral, o tratamento de superfície não tinha sido muito eficaz na prevenção de penetração adicional de cloretos. Portanto, essa medida protetora não deve ser aplicada se os cloretos já atingiram níveis demasiadamente profundos.

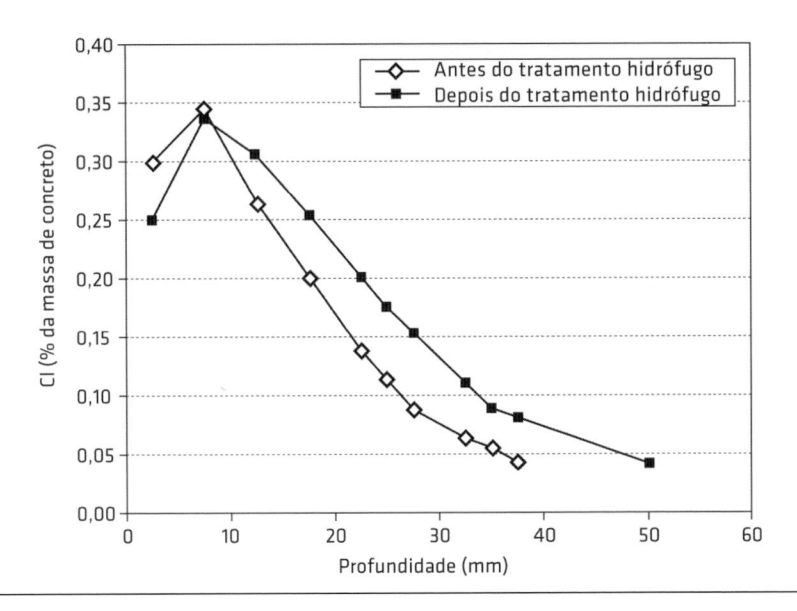

FIG. 8.8 *Penetração do cloreto antes do tratamento hidrofugante da superfície do deque de concreto e depois de dois anos de exposição adicional*
Fonte: adaptado de Årskog et al. (2004).

REFERÊNCIAS BIBLIOGRÁFICAS

Arntsen, B. (2001). In-Situ Experiences on Chloride Redistribution in Surface-Treated Concrete Structures. In *Proceedings, Third International Conference on Concrete under Severe Conditions—Environment and Loading*, vol. 1, ed. N. Banthia, K. Sakai, and O.E. Gjørv. University of British Columbia, Vancouver, pp. 95–103.

Årskog, V., Liu, G., Ferreira, M., and Gjørv, O. E. (2004). Effect of Surface Hydrophobation on Chloride Penetration into Concrete Harbor Structures. In *Proceedings, Fourth International Conference on Concrete under Severe Conditions—Environment and Loading*, vol. 1, ed. B.H. Oh, K. Sakai, O.E. Gjørv, and N. Banthia. Seoul National University and Korea Concrete Institute, Seoul, pp. 441–448.

Bertolini, L., Elsener, B., Pediferri, P., and Polder, R. (2004). *Corrosion of Steel in Concrete—Prevention, Diagnosis, Repair*. Wiley-VCH, Weinheim, Germany.

BRIME. (1997). *Bridge Management in Europe*, EC-DG-VII-RTD, European Union—Program Contract RO-97-SC.2220.

Broomfield, J. P. (1997). *Corrosion of Steel in Concrete*. E & FN Spon, London.

Eri, J., Vælitalo, S. H., Gjørv, O. E., and Pruckner, F. (1998). Automatic Monitoring for Control of Steel Corrosion in Concrete Structures. In *Proceedings, Second International Conference on Concrete under Severe Conditions—Environment and Loading*, vol. 2, ed. O.E. Gjørv, K. Saka, and N. Banthia. E & FN Spon, London, pp. 1007–1015.

Force Technology. (2008). *CorroWatch Multiprobe*. Force Technology, Brøndby, Denmark, www.forcetechnology.com.

Fraunhofer Institute. (2011). *Braunschweig Corrosion Sensor*. Fraunhofer Institute for Microelectronic Circuits and Systems, Duisburg, Germany, www.ims.fraunhofer.de.

Gewertz, M. W., Tremper, B., Beaton, J. L., and Stratfull, R. F. (1958). Causes and Repair of Deterioration to a California Bridge due to Corrosion of Reinforcing Steel in a Marine Environment, *Highway Research Board Bulletin 182*, National Research Council Publication 546. National Academy of Sciences, Washington, DC.

Gjørv, O. E. (2002). Durability and Service Life of Concrete Structures. In *Proceedings, First FIB Congress 2002*, session 8, vol. 6. Japan Prestressed Concrete Engineering Association, Tokyo, pp. 1–16.

Gjørv, O. E., and Vennesland, Ø. (1982). A New Probe for Monitoring Steel Corrosion in Offshore Concrete Platforms. *Materials Performance*, 21(1), 33–35.

Grigg, N. S. (1988). *Infrastructure Engineering and Management*. John Wiley & Sons, New York.

Hudson, S. W., Carmichael, R. F., Moser, L. O., Hudson, W. R., and Wilkes, W. J. (1987). *Bridge Management Systems, NCHRP Report 300*. Transportation Research Board, National Research Council, Washington, DC.

O'Connor, D. S., and Hyman W. A. (1989). Bridge Management Systems, Report FHWA-DP-71-01R, Demonstration Project 71. *Demonstration Projects Division*, Federal Highway Administration, Washington, DC.

Poulsen, E., and Mejlbro, L. (2006). *Diffusion of Chlorides in Concrete—Theory and Application*. Taylor & Francis, London.

Raupach, M., and Schiessl, P. (1997). Monitoring System for the Penetration of Chlorides, *Carbonation and the Corrosion Risk for the Reinforcement, Construction and Building Materials*, 11, 207–214.

RIMES. (1997). *Road Infrastructure Maintenance Evaluation Study on Pavement and Structure Management System*, EC-DG-VII-RTD, Programme-Contract RO-97-SC 1085/1189.

Stratfull, R. F. (1974). *Experimental Cathodic Protection of a Bridge, Research Report 635117-4*, FHWA D-3-12, Department of Transportation, Sacramento, CA.

Tromposch, E. W., Dunaszegi, L., Gjørv, O. E., and Langley, W. S. (1998). Northumberland Strait Bridge Project—Strategy for Corrosion Protection. In *Proceedings, Second International Conference on Concrete under Severe Conditions—Environment and Loading*, vol. 3, ed. O.E. Gjørv, K. Sakai, and N. Banthia. E & FN Spon, London, pp. 1714–1720.

nove
APLICAÇÕES PRÁTICAS

VÁRIAS NOVAS E IMPORTANTES infraestruturas de concreto foram construídas nos últimos anos ao longo da costa norueguesa. Para a maioria delas, a durabilidade especificada foi baseada principalmente nos requisitos de durabilidade das atuais normas para o concreto, com uma relação água/aglomerante $\leq 0{,}40$ e um teor de aglomerante de ordem ≥ 330 kg/m^3 (Standard Norway, 2003a, 2003b, 2003c). Para novas pontes costeiras de concreto, especificou-se uma relação água/aglomerante de ordem $\leq 0{,}38$ (NPRA, 1996).

Para obter informação adicional sobre a qualidade do concreto aplicado a todas essas estruturas, foram coletadas amostras do concreto de alguns canteiros de obra para testar o desenvolvimento da difusividade do cloreto, com base no método da rápida migração do cloreto (método RCM, na sigla em inglês) (Nordtest, 1999). A Tab. 9.1 mostra que, embora todos esses tipos de concreto atendessem aos requisitos de durabilidade especificados para uma vida útil de cem anos em ambiente marinho, a difusividade do cloreto ou a resistência à penetração do cloreto dos vários tipos de concreto variou dentro de limites muito vastos. Todos os ensaios foram realizados com amostras de concreto dos vários canteiros de obra, concretadas separadamente e depois curadas em água no laboratório até o momento do teste.

Para obter uma vida útil e uma durabilidade maiores e mais controladas, algumas das estruturas de concreto citadas também foram submetidas a um projeto de durabilidade e a um controle de qualidade do concreto, de acordo com as recomendações de 2004 da Norwegian Association for Harbor Engineers (Nahe) (Nahe, 2004a, 2004b, 2004c). Apresenta-se, a seguir, uma breve descrição da experiência obtida com essas aplicações práticas, cujos procedimentos são praticamente os mesmos descritos nos capítulos anteriores. O *software* Duracon (http://www.pianc.no/) para cálculo da probabilidade de corrosão também é o mesmo.

Tab. 9.1 Difusividade do cloreto (método RCM) do concreto aplicado em novas concretagens ao longo da costa norueguesa

Canteiro de obra	Difusividade do cloreto ($\times 10^{-12}$ m²/s) Idade (dias)								
	14	28	60	90	180	365	400	460	620	730
Terminal de contêineres 1, Oslo (2002)	13,5	6,0	4,4	3,8	3,0	—	—	—	—	—
Terminal de gás, Aukra (2005)	17,6	6,8	4,3	2,3	—	—	1,5	—	—	—
Ponte Eiksund, Eiksund (2005)	14,1	4,4	3,8	3,4	3,1	—	—	3,0	—	—
Terminal de contêineres 2, Oslo (2007)	14,0	6,9	4,6	2,4	1,2	0,7	—	—	—	0,7
Tjuvholmen, novo bairro em Oslo (2010)	4,7	1,6	0,4	0,4	0,3	0,2	—	—	0,2	0,2

Todas as estruturas de concreto indicadas adiante foram construídas na região portuária da cidade de Oslo nos últimos anos. Uma delas foi a primeira parte de um novo terminal de contêineres concluído em 2007 (Terminal de contêineres 2), enquanto as outras estruturas eram parte de um projeto mais abrangente (Tjuvholmen, um novo bairro em Oslo), concluído em 2010. Como projeto de referência, incluiu-se também uma breve descrição da experiência ganha com outro terminal de contêineres completado em 2002 (Terminal de contêineres 1), para o qual os requisitos de durabilidade foram baseados apenas nas normas de então.

9.1 Terminal de contêineres 1, Oslo (2002)

9.1.1 Durabilidade especificada

Essa estrutura portuária de concreto consiste em um deque ou tabuleiro exposto do tipo laje e viga sobre tubos de aço preenchidos com concreto (Fig. 9.1). A estrutura, que tem uma extensão de 144 m, foi construída em duas fases e completada em 2002. Nessa época, os procedimentos para o projeto de durabilidade ainda não estavam disponíveis. As especificações para uma vida útil de cem anos eram baseadas nas então normas norueguesas do concreto vigentes, com alguns requisitos adicionais:
* $A/(C + k \cdot S)$: 0,40 ± 0,03;
* consumo mínimo de cimento (C): 370 kg/m³;
* sílica ativa (S): 6% a 8% por massa do cimento;
* teor de ar total no concreto fresco: 5,0 ± 1,5%.

Para a relação água/aglomerante anterior, k é o coeficiente de eficiência empírica de dois para uso da sílica ativa. Também foi especificado um cobrimento nominal de 75 ± 15 mm para o aço estrutural.

FIG. 9.1 O terminal de contêineres 1 (2002) no porto de Oslo é formado por um deque exposto sobre tubos de aço preenchidos com concreto

Embora não se tenha feito um projeto de durabilidade baseado em probabilidade, a Oslo Harbor KF, proprietária da estrutura, exigiu a melhor documentação possível da qualidade especificada da execução durante o período de construção. Fez-se um controle de qualidade do concreto e uma documentação similares aos descritos nos Caps. 6 e 7.

9.1.2 Qualidade especificada da execução

Para providenciar a documentação da qualidade especificada da execução, no estágio inicial da concretagem foram moldados vários cilindros de concreto de Ø100 mm × 200 mm, cuja difusividade do cloreto (método RCM) foi ensaiado em diferentes períodos de cura. Todos esses corpos de prova foram curados em água a 20 °C no laboratório até o momento do ensaio por um período de até seis meses. Além disso, um protótipo representativo também foi moldado no canteiro de obra. Testemunhos de Ø100 mm foram removidos tanto da própria estrutura em construção como do protótipo na obra para verificar a evolução *in situ* da difusividade do cloreto (Fig. 9.2). Além disso, foi realizado o controle regular da qualidade do cobrimento executado, por meio de 153 medições individuais, encontrando-se valor médio de 65 mm e desvio padrão de 7 mm.

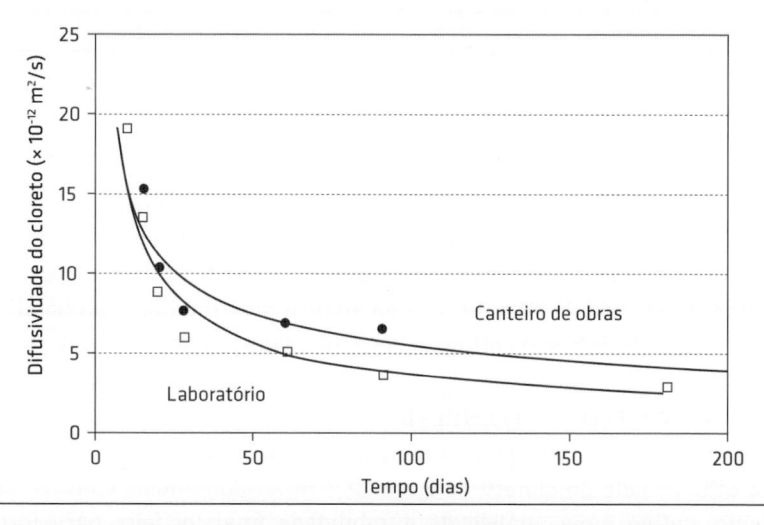

FIG. 9.2 Evolução da difusividade do cloreto no canteiro de obra e no laboratório

Obteve-se uma difusividade do cloreto aos 28 dias (D_{28}) de 6,0 × 10^{-12} m²/s, com base nos corpos de prova de concreto moldados separadamente e curados em água no laboratório. Esses dados combinados com os dados do cobrimento executado, obtidos mediante o controle de qualidade, geraram uma análise de durabilidade para calcular a vida útil da estrutura antes de se atingir o patamar de 10% de probabilidade de corrosão. Todos os parâmetros de entrada necessários para essa análise de durabilidade estão na Tab. 9.2. A atuação do cloreto (C_S) foi baseada em experiência de longo prazo com estruturas de concreto no porto de Oslo, após períodos de exposição de até 80 anos. Como parte da ação ambiental, foram selecionadas uma temperatura (T) média de 10 °C e uma idade de 28 dias para a exposição ao cloreto (t'). Como o concreto em questão era baseado num cimento Portland puro (CEM I 52,5 LA) combinado com 6% de sílica ativa por massa do cimento, selecionou-se um coeficiente empírico da dependência do tempo de 0,40 para a difusividade do cloreto (α), junto com um teor crítico de cloreto (C_{CR}) de 0,4% por massa do aglomerante. Como pode ser visto na Fig. 9.3, os 10% de probabilidade de corrosão seriam atingidos após uma vida útil de cerca de 30 anos, enquanto a probabilidade de corrosão após cem anos seria de aproximadamente 65%.

TAB. 9.2 PARÂMETROS DE ENTRADA PARA ANÁLISE DA DURABILIDADE EXECUTADA

Parâmetro de entrada	
Atuação do cloreto, C_s (% por massa do aglomerante)	N[a](3,8; 0,9)
Idade do concreto durante a exposição, t' (dias)	28
Temperatura, T (°C)	10
Difusividade do cloreto, D_{28} (× 10^{-12} m²/s)	N(6,0; 0,6)
Idade do concreto no ensaio, t (dias)	28
Coeficiente de dependência do tempo, α	N(0,4; 0,08)
Teor crítico de cloreto, C_{CR} (% por massa do aglomerante)	N(0,4; 0,08)
Cobrimento, X_C (mm)	N(65; 7)
Vida útil (anos)	100

[a] Distribuição normal com valor médio e desvio padrão.

9.1.3 QUALIDADE IN SITU

Uma nova análise de durabilidade foi feita após 200 dias, com base na difusividade do cloreto (3,9 × 10^{-12} m²/s) no canteiro de obra, combinada com os dados do controle da espessura do cobrimento efetivamente executado. Mantidos todos os outros parâmetros de entrada da Tab. 9.2, a nova análise mostrou que a probabilidade de corrosão de cerca de 80% seria atingida após uma vida útil de cem anos.

9.1.4 QUALIDADE POTENCIAL

Com base nos corpos de prova curados em água no laboratório por 180 dias, obteve-se uma difusividade do cloreto de 3,0 × 10^{-12} m²/s. Combinada com os dados do cobrimento efetivo, uma análise de durabilidade final foi feita para fornecer a documentação sobre a qualidade potencial da estrutura. Mantidos todos os outros parâmetros de entrada (Tab. 9.2), a nova análise mostrou que uma probabilidade de corrosão de aproximadamente 60% seria atingida durante a vida útil de cem anos.

Tomando como base os resultados anteriores sobre a qualidade efetiva da obra, a experiência geral indica que um nível relativamente alto de custos de manutenção deve ser esperado para manter a operação e o desempenho de longo prazo adequados durante a vida útil especificada de cem anos.

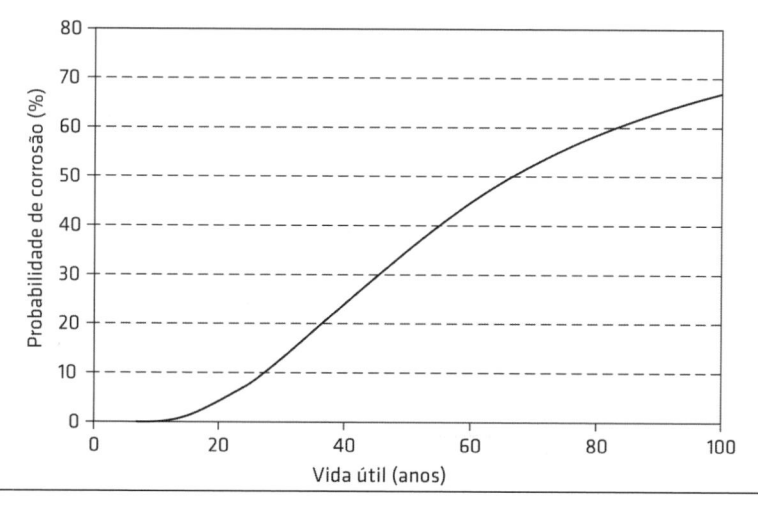

FIG. 9.3 *Probabilidade de corrosão versus tempo para o terminal de contêineres 1, no porto de Oslo (2002)*

9.2 TERMINAL DE CONTÊINERES 2, OSLO (2007)

Entre 2005 e 2007, foi construída a primeira parte de outro terminal de contêineres no porto de Oslo. Essa estrutura, com uma extensão exposta de cerca de 300 m, também consiste em um deque ou tabuleiro exposto sobre tubos de aço preenchidos com concreto. De acordo com as atuais normas norueguesas do concreto, para uma vida útil de cem anos, os requisitos mínimos de durabilidade devem incluir uma relação água/aglomerante $\leq 0,40$, um consumo de aglomerante ≥ 330 kg/m^3 e uma espessura de cobrimento mínimo de 60 mm (Standard Norway, 2003a, 2003b, 2003c). Um teor total de ar do concreto fresco da ordem de 4% a 6% deve garantir a resistência adequada ao gelo.

Contudo, para obter uma durabilidade maior e mais controlada, o proprietário da estrutura, Oslo Harbor KF, decidiu aplicar as novas recomendações Nahe de 2004, que tinham acabado de ser publicadas (Nahe, 2004a, 2004b, 2004c).

9.2.1 DURABILIDADE ESPECIFICADA

Como um requisito geral para a estrutura, o proprietário requereu uma vida útil de cem anos antes que fosse atingida uma probabilidade de corrosão de 10%. Para satisfazer esse requisito de durabilidade, foi realizada uma análise inicial de durabilidade com os parâmetros de entrada da Tab. 9.3. Essa análise ofereceu a base para estabelecer os requisitos necessários para a qualidade do concreto e o cobrimento. Como a estrutura estava muito próxima da anterior (Terminal de contêineres 1), selecionaram-se os mesmos dados para caracterizar a ação ambiental. Também foi mantido o tempo de 28 dias de exposição ao cloreto (t'), já que a experiência anterior demonstrara que era alto o risco de exposição precoce durante a concretagem. Com base na experiência atual para o uso de cimento de cinzas volantes, também foram escolhidos os seguintes parâmetros: uma qualidade do concreto com difusividade do cloreto de $5{,}0 \times 10^{-12}$ m²/s, um coeficiente de influência do tempo (α) de 0,60 e um teor crítico de cloreto (C_{CR}) da ordem de 0,4%, conforme a Tab. 9.3.

TAB. 9.3   PARÂMETROS DE ENTRADA PARA ANÁLISE DA DURABILIDADE INICIAL

Parâmetro de entrada	
Concentração do cloreto, C_s (% por massa do aglomerante)	N[a](3,8; 0,9)
Idade do concreto durante a exposição, t' (dias)	28
Temperatura, T (°C)	10
Difusividade do cloreto, D_{28} ($\times 10^{-12}$ m²/s)	N(5,0; 1,0)
Idade do concreto no ensaio, t (dias)	28
Coeficiente de dependência do tempo, α	N(0,6; 0,12)
Teor crítico de cloreto, C_{CR} (% por massa do aglomerante)	N(0,4; 0,08)
Cobrimento, X_C (mm)	N(90; 11)
Vida útil (anos)	100

[a] Distribuição normal com valor médio e desvio padrão.

A análise de durabilidade indicada constatou que a difusividade do cloreto de $D_{28} \leq 5{,}0 \times 10^{-12}$ m²/s, combinada com o cobrimento de 90 ± 15 mm, atenderia ao requisito geral de durabilidade com uma margem adequada. Portanto, esses dados foram adotados como base para especificar os requisitos necessários de difusividade do cloreto e de cobrimento.

A construtora fez alguns testes preliminares para estabelecer uma composição de concreto que atendesse à difusividade do cloreto especificada. Foram produzidas e testadas três composições ou traços diferentes com base em cimento Portland puro (CEM I 52,5 LA) e 4% de sílica ativa por massa do cimento, com substituições de 20%, 30% e 40% do cimento Portland por cinzas volantes (CV) de baixo teor de cálcio. Com base nos ensaios, a construtora selecionou a composição com 60% de CV para o restante da concretagem. Embora esse tipo de concreto tenha um valor D_{28} um pouco mais alto, a evolução subsequente da difusividade do cloreto mostrou resultados muito bons. Além disso, a documentação desse concreto para resistência ao gelo também era muito boa.

9.2.2 CONFORMIDADE COM A DURABILIDADE ESPECIFICADA

Logo depois de iniciada a concretagem, foi feito no canteiro de obra um protótipo representativo, na forma de uma laje de concreto com as dimensões de

2,0 m × 2,0 m × 0,5 m, sem nenhuma armadura. Do mesmo concreto usado para o protótipo, também foram moldados vários cubos de concreto de 100 mm de aresta e cilindros de concreto de Ø100 mm × 200 mm.

No dia seguinte, todos esses corpos de prova foram enviados ao laboratório para ensaio e estabelecimento da necessária curva de calibração. Utilizou-se o dispositivo Wenner para as medições de resistividade elétrica, enquanto a difusividade do cloreto foi testada com base no método RCM. Estabeleceu-se, assim, a curva de calibração da Fig. 9.4, com medições paralelas de difusividade do cloreto e de resistividade elétrica, após períodos de cura de cerca de 14, 28, 56 e 90 dias (Tab. 9.4). Essa curva de calibração foi usada mais tarde para o controle de qualidade indireto da difusividade do cloreto (D_{28}), com base nas medições de resistividade elétrica em todos os cubos de 100 mm de aresta com concreto, usados para o controle regular da resistência à compressão aos 28 dias, durante a etapa de execução.

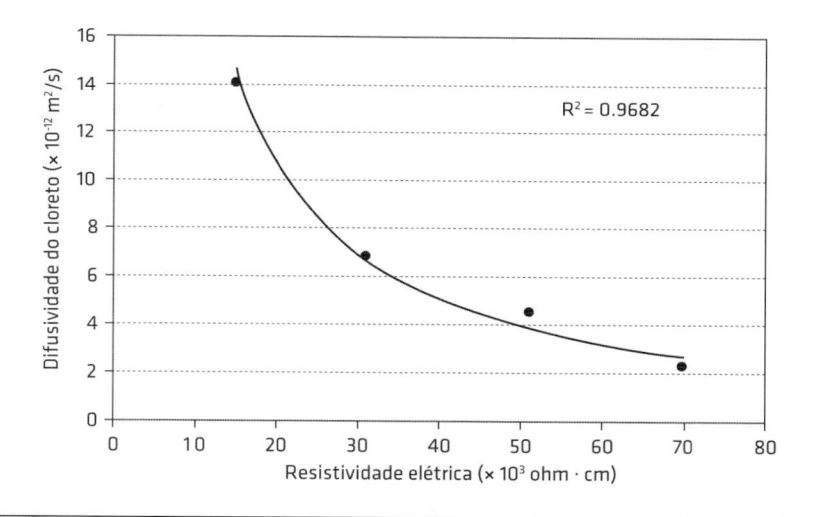

FIG. 9.4 *Curva de calibração para controle da qualidade da difusividade do cloreto, com base nas medições da resistividade elétrica*

TAB. 9.4 RESULTADOS DO ENSAIO PARA ESTABELECER A NECESSÁRIA CURVA DE CALIBRAÇÃO

Idade no ensaio (dias)	Difusividade do cloreto[a] (× 10^{-12} m²/s)	Resistividade elétrica[a] (ohm · m)
14	14,0; 1,9	146; 9
28	6,9; 0,1	307; 21
56	4,6; 0,6	508; 41
90	2,4; 0,5	699; 131

[a] Valor médio e desvio padrão.

Durante a concretagem, foram feitas 344 medições individuais da resistividade elétrica e esse controle da qualidade mostrou um nível aceitável de difusividade do cloreto, sem grandes desvios por todo o período de execução da estrutura. O resultado foi um valor médio de 7,9 × 10⁻¹² m²/s para a difusividade do cloreto, com um desvio padrão de 3,2 (Tab. 9.5).

TAB. 9.5 DIFUSIVIDADE DO CLORETO (D_{28}) OBTIDA COM BASE NAS MEDIÇÕES DA RESISTIVIDADE ELÉTRICA DURANTE A EXECUÇÃO DA ESTRUTURA

Idade no ensaio (dias)	Resistividade elétrica[a] (ohm · m)	Difusividade do cloreto[a] (× 10^{-12} m²/s)
28	260; 102	7,9; 3,2

[a] Valor médio e desvio padrão.

Ao longo da concretagem, também foram feitas várias medições de controle do concreto executado. Devido ao cobrimento muito espesso e a um sistema de armaduras muito congestionado (Figs. 9.5 e 9.6), não foi fácil obter medições confiáveis com base num instrumento convencional de medição do cobrimento. Portanto, todas as medições de controle foram feitas com base na observação visual dos cobrimentos em barras salientes nas juntas de construção durante a concretagem. Com base no total de 68 medições individuais, obteve-se uma média de 99 mm de cobrimento, com um desvio padrão de 11 mm.

Com base nesses dados de controle, tanto sobre a difusividade do cloreto como sobre o cobrimento como novos parâmetros de entrada, fez-se uma nova análise de durabilidade, mantendo todos os demais parâmetros de entrada (Tab. 9.6). Obteve-se, assim, uma probabilidade de corrosão de aproximadamente 2% até os cem anos de vida útil, demonstrando que a durabilidade especificada fora atingida com a margem adequada.

9.2.3 QUALIDADE IN SITU

Durante a concretagem, diversos testemunhos de concreto de Ø100 mm foram extraídos em vários estágios da estrutura em construção e também dos protótipos produzidos separadamente no canteiro de obra. Imediatamente depois da remoção, todos esses testemu-

FIG. 9.5 *Barras salientes nas juntas do deque de concreto*

nhos foram devidamente embrulhados em plástico e enviados ao laboratório para ensaios da difusividade do cloreto. Os resultados estão na Fig. 9.7, até a idade de um ano. A mesma figura também mostra a evolução da difusividade do cloreto em corpos de prova curados em água no laboratório.

FIG. 9.6 *O deque de concreto tinha um sistema de armaduras muito congestionado*

TAB. 9.6 PARÂMETROS DE ENTRADA PARA ANÁLISE DA DURABILIDADE ESPECIFICADA

Parâmetro de entrada	
Concentração de cloreto, C_s (% por massa do aglomerante)	N^a(3,8; 0,9)
Idade do concreto durante a exposição, t' (dias)	28
Temperatura, T (°C)	10
Difusividade do cloreto, D_{28} (× 10^{-12} m²/s)	N(7,9; 3,2)
Idade do concreto no momento do ensaio, t (dias)	28
Coeficiente de dependência do tempo, α	N(0,6; 0,12)
Teor crítico de cloreto, C_{CR} (% por massa do aglomerante)	N(0,4; 0,08)
Cobrimento, X_C (mm)	N(99; 11)
Vida útil (anos)	100

[a] Distribuição normal com valor médio e desvio padrão.

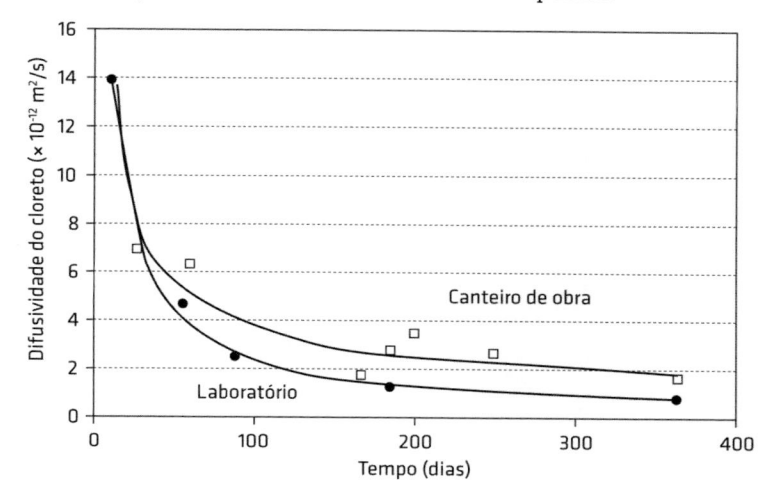

FIG. 9.7 *Evolução da difusividade do cloreto no canteiro de obra e no laboratório*

A nova análise de durabilidade foi feita com base na difusividade do cloreto de $1,5 \times 10^{-12}$ m²/s, constatada no canteiro de obra depois de um ano, com um desvio padrão de 0,54, em combinação com o cobrimento executado. Obteve-se uma probabilidade de 10% de corrosão de aproximadamente 0,05% para uma vida útil de cem anos. Esse resultado indica que era muito boa a qualidade executada no canteiro dessa obra durante a construção.

9.2.4 Qualidade potencial

Outra análise de durabilidade foi feita com base na difusividade do cloreto após o período de um ano em corpos de prova curados em água a 20 °C no laboratório, os quais também foram parametrizados com o cobrimento efetivo de concreto. Nesse caso, com a difusividade de cloreto de $0,7 \times 10^{-12}$ m²/s, com desvio padrão de 0,02, a análise de durabilidade mostrou uma probabilidade de corrosão inferior a 0,001%, que seria quase imperceptível depois de cem anos de vida útil. Esse resultado indica que era excelente a qualidade potencial da construção dessa estrutura.

9.3 Desenvolvimento urbano, Oslo (2010)

Começaram em 2005 as obras do novo bairro de Tjuvholmen, na região portuária de Oslo. Esse projeto de desenvolvimento incluiu várias subestruturas de concreto submersas em profundidades de até 20 m, sobre as quais vários prédios residenciais e comerciais foram construídos (Fig. 9.8). Todas as subestruturas de concreto foram concluídas por volta de 2010, a maioria das quais consiste em grandes estacionamentos submarinos. Nas águas mais rasas, as estruturas são compostas por uma sólida laje de concreto no leito do mar cercada por paredes externas de concreto, em parte protegidas por enrocamentos ou revestimentos de madeira, em parte expostas às marés. Nas águas um pouco mais profundas, algumas estruturas têm um deque ou tabuleiro de concreto exposto sobre estacas obtidas de tubos de aço cheios de concreto. Na água mais profunda, quatro grandes ensecadeiras de concreto foram pré-fabricadas em doca seca, transportadas para suas posições e submersas em até 20 m de água (Fig. 9.9). Três dessas estruturas oferecem até quatro andares de estacionamento submerso (Fig. 9.10).

Fig. 9.8 O novo bairro de Tjuvholmen, na região portuária de Oslo
Fonte: Terje Lechen.

FIG. 9.9 *Grandes ensecadeiras de concreto foram pré-fabricadas em doca seca, transportadas para suas posições e submersas em até 20 m de água*

FIG. 9.10 *Corte transversal mostra que, depois da instalação, as grandes ensecadeiras pré-fabricadas de concreto resultaram em quatro andares de estacionamento submerso*

Para todas as subestruturas de concreto, o proprietário e projetista requereu uma vida útil de 300 anos, o que significa que exigiu a maior durabilidade e o maior desempenho de longo prazo possíveis. Como requisito mínimo de durabilidade, todos os requisitos da atual norma norueguesa do concreto para uma vida útil de cem anos precisavam ser atendidos (Standard Norway, 2003a, 2003b, 2003c).

Para obter uma durabilidade maior e mais controlada de todas as subestruturas de concreto nas primeiras quatro partes do projeto, essas estruturas foram submetidas a um projeto de durabilidade baseado em probabilidade, de acordo com as recomendações Nahe de 2004 (Nahe, 2004a, 2004b, 2004c). Todas essas estruturas de concreto, que foram produzidas por uma única construtora (designada A), incluíam sólidas lajes de concreto na base, sobre o leito do mar, rodeadas de paredes externas de concreto expostas à zona de variação de marés.

Todas as outras subestruturas de concreto, nas últimas quatro partes do projeto, foram produzidas por outra construtora (designada B), incluindo principalmente quatro grandes ensecadeiras pré-fabricadas em doca seca em dois canteiros de obra diferentes. Além disso, foram produzidos vários deques expostos, parcialmente como elementos pré-fabricados, mas principalmente produzidos *in situ*. Para todas essas estruturas de concreto, os contratos baseavam-se, sobretudo, nos requisitos de durabilidade para uma vida útil de cem anos, em conformidade com as atuais normas norueguesas do concreto, com alguns requisitos adicionais de durabilidade.

Para todas as estruturas de concreto do projeto inteiro, porém, o proprietário e projetista também exigiu um controle de qualidade do concreto baseado em desempenho, com documentação da qualidade executada da obra de acordo com as recomendações Nahe. Assim, surgiu uma oportunidade única para comparar os resultados e a experiência obtidos com o uso de requisitos de durabilidade com base em desempenho e com base em normas, conforme será brevemente apresentado e discutido a seguir.

9.3.1 Durabilidade especificada

Requisitos de durabilidade com base no desempenho

Como os atuais procedimentos para um projeto de durabilidade baseado em probabilidade não são considerados válidos para uma vida útil superior a 150 anos, o requisito geral de durabilidade para todas as estruturas de concreto nas primeiras quatro partes do projeto foi baseado na menor probabilidade possível de corrosão, não superior a 10%, para uma vida útil de 150 anos. Para aumentar e garantir ainda mais a durabilidade, uma medida de proteção adicional também deveria ser aplicada. Na primeira estrutura, essa medida foi a previsão de uma futura prevenção catódica, combinada com sondas embutidas para monitoramento do cloreto. Para todas as outras estruturas nas primeiras quatro partes do projeto, porém, a medida de proteção adicional foi uma substituição parcial do aço-carbono por aço inoxidável no sistema de armaduras (W.1.4301).

Para selecionar a combinação adequada de qualidade do concreto e de cobrimento de maneira a atender a esse requisito de durabilidade, fez-se uma análise inicial de durabilidade, com base na experiência atual com difusividade do cloreto de diferentes tipos de concreto (Cap. 3). Adotou-se um concreto baseado em cimento de escória de alto-forno com 70% de escória (CEM III/B 42,5 LH HS), combinado com 10% de sílica ativa, o que resultou numa difusividade do cloreto aos 28 dias (D_{28}) de 2,0 × 10^{-12} m²/s. Um cobrimento nominal do concreto de 100 ± 10 mm também foi adotado, enquanto todos os demais parâmetros de entrada necessários para uma análise de durabilidade foram baseados em dados típicos do ambiente marinho no porto de Oslo (Tab. 9.7). O resultado foi uma probabilidade de corrosão inferior a 0,3% depois de uma vida útil de 150 anos para as partes mais expostas das estruturas. Portanto, os valores mencionados, tanto para a difusividade do cloreto aos 28 dias como para o cobrimento nominal, foram adotados como valores pretendidos para a primeira estrutura de concreto. Também se exigiu um valor adequado de resistência do concreto ao gelo, e, para reduzir o risco de fissuras no cobrimento de 100 mm nas primeiras idades, adicionou-se uma determinada dose de fibras sintéticas ao concreto.

Foram tomadas medidas para a futura prevenção catódica em todas as paredes expostas da primeira estrutura de concreto, mas não se considerou necessária nenhuma outra medida de proteção da laje continuamente submersa na base da estrutura, devido à disponibilidade muito baixa de oxigênio nessa parte submersa.

Tab. 9.7   Parâmetros de entrada para análise inicial de durabilidade

Parâmetro de entrada	
Concentração do cloreto, C_S (% por massa do aglomerante)	N^a(3,8; 0,9)
Idade do concreto durante a exposição, t' (dias)	28
Temperatura, T (°C)	10
Difusividade do cloreto, D_{28} ($\times 10^{-12}$ m²/s)	N(2,0; 0,4)
Idade do concreto no momento do ensaio, t (dias)	28
Coeficiente de dependência do tempo, α	N(0,5; 0,1)
Teor crítico de cloreto, C_{CR} (% por massa do aglomerante)	N(0,4; 0,08)
Cobrimento, X_C (mm)	N(100; 7)
Vida útil (anos)	150

[a] Distribuição normal com valor médio e desvio padrão.

Para a segunda estrutura de concreto, que continha um deque exposto, apoiado em tubos de aço preenchidos com concreto, adotou-se uma medida de proteção adicional: o uso parcial de aço inoxidável (W.1.4301). Como essa medida se revelou uma solução técnica muito mais simples e robusta, ela foi escolhida e aplicada às partes mais expostas de todas as outras estruturas de concreto nas primeiras quatro partes do projeto.

Quando o aço-carbono foi substituído por aço inoxidável na camada externa do sistema de armaduras, seu cobrimento efetivo aumentou para mais de 150 mm. Com isso, o cobrimento nominal do aço inoxidável poderia ser reduzido para 85 ± 10 mm, mantendo uma probabilidade de corrosão ainda muito baixa. Ao mesmo tempo, qualquer adição de fibras ao concreto para essas partes das estruturas já não era necessária. Para todas as lajes sólidas na base das estruturas, contudo, aplicou-se cobrimento de 100 ± 10 mm para as armaduras em aço-carbono e também a adição de fibras sintéticas ao concreto.

Requisitos de durabilidade baseados em normas

Para todas as subestruturas de concreto nas últimas quatro partes do projeto (construtora B), os requisitos de durabilidade eram baseados principalmente na norma norueguesa do concreto para uma vida útil de cem anos, inclusive uma relação água/aglomerante ≤ 0,40 e um teor ou consumo mínimo de aglomerante da ordem de 330 kg/m³. Esses requisitos também incluem cobrimentos nominais de 60 mm e 70 mm, respectivamente, para as partes permanentemente submersas e para aquelas expostas às zonas de variação de marés e de respingos. Para aumentar a durabilidade dessas estruturas, porém, o cobrimento nominal das lajes de concreto permanentemente submersas nas ensecadeiras foi elevado de 60 mm para 80 mm; nas paredes externas com exposição às zonas de variação de marés e de respingos, o cobrimento cresceu de 70 mm para 100 mm. Para as partes submersas das estruturas em todo o projeto, também foi aplicada a prevenção catódica sob a forma de ânodos de sacrifício, mas acima da água só foram usadas medidas para a futura instalação da prevenção catódica, combinada com instrumentação embutida para o monitoramento do cloreto. Para as partes das estruturas que seriam mais expostas ao gelo e degelo, requereu-se também um teor de ar da ordem de 4% a 6%, de forma a assegurar a resistência adequada ao gelo.

9.3.2 Controle de qualidade do concreto

Para todas as estruturas de concreto no projeto inteiro, o proprietário e autor do projeto exigiu controle de qualidade do concreto com base em desempenho, com documentação da qualidade executada da obra de acordo com as atuais recomendações Nahe. Assim, um controle constante da difusividade do cloreto aos 28 dias e do cobrimento teve de ser feito para todas as estruturas de concreto. Portanto, para cada estrutura de concreto e para cada tipo de concreto, foi preciso estabelecer curvas de calibração com base na difusividade do cloreto e na resistividade elétrica antes que qualquer concretagem ocorresse. Essas curvas de calibração basearam-se em teste paralelo da difusividade do cloreto e da resistividade elétrica depois de 14, 28, 56 e 90 dias de cura em água a 20 °C em laboratório (ver exemplo típico na Fig. 9.11). Para cada tipo de concreto, alguns corpos de prova adicionais foram curados em água no laboratório por períodos de até um ano, para ensaio adicional da difusividade do cloreto. Para o controle de qualidade contínuo do concreto, todas as medições da resistividade elétrica basearam-se no método dos quatro eletrodos (Wenner).

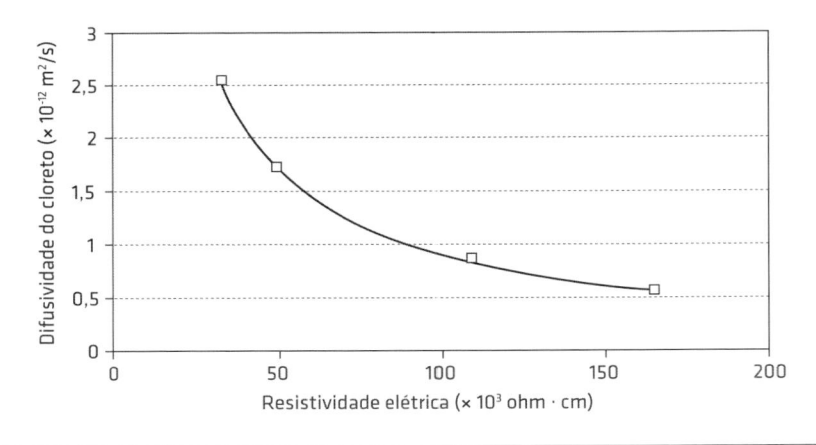

FIG. 9.11 *Típica curva de calibração para o controle da difusividade do cloreto com base em medições da resistividade elétrica*

No canteiro de obra, todas as medições de controle da difusividade do cloreto executada durante a construção basearam-se principalmente em vários testemunhos de concreto removidos das estruturas durante a execução da estrutura. Além disso, vários testemunhos dos protótipos correspondentes foram separadamente produzidos no canteiro de obra e também foram testados. Para cada estrutura de concreto, um ou mais protótipos foram produzidos e esses eram do tipo laje, parede ou ambos (Figs. 9.12 e 9.13). A Fig. 9.14 mostra a evolução típica da difusividade do cloreto no canteiro de obra e no laboratório por até um ano.

FIG. 9.12 Produção de um protótipo do tipo parede no canteiro de obra

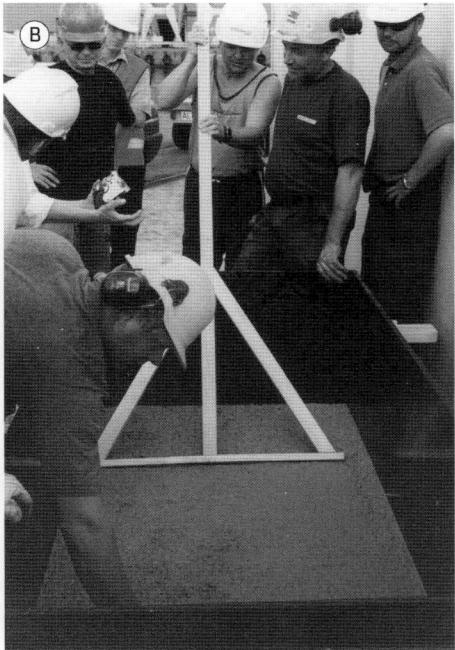

FIG. 9.13 Produção de um protótipo do tipo laje no canteiro de obra

Para cada estrutura de concreto, também foram realizadas medições contínuas do cobrimento executado durante a execução da estrutura. Todas essas medições foram feitas manualmente nas barras salientes das juntas construtivas (junta fria ou de construção).

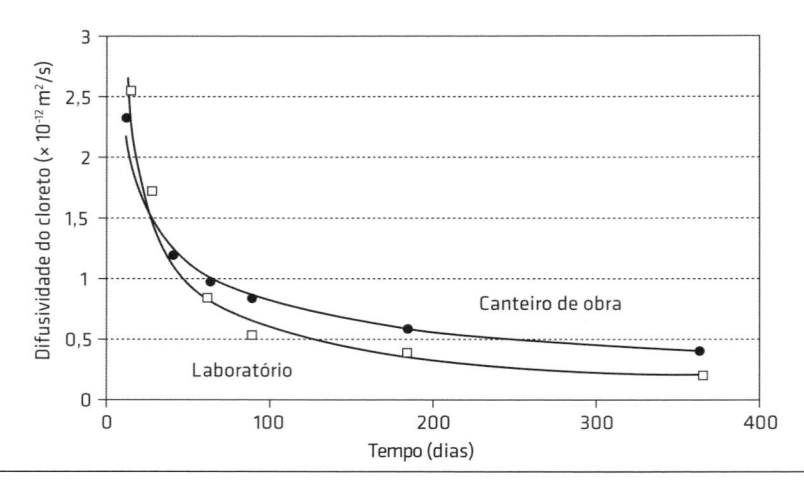

FIG. 9.14 *Evolução da difusividade do cloreto no canteiro de obra e no laboratório por até um ano*

9.3.3 QUALIDADE EFETIVA EXECUTADA DA OBRA

Conformidade com a durabilidade especificada

Para todas as estruturas de concreto nas primeiras quatro partes do projeto (construtora A), foi especificada a probabilidade de corrosão mais baixa possível, sem exceder 10%, numa vida útil de 150 anos. Para provar a conformidade com esse requisito, uma nova análise de durabilidade precisava ser feita logo depois da conclusão de cada estrutura. Essas análises utilizaram parâmetros de entrada baseados nos dados de controle obtidos para a difusividade do cloreto aos 28 dias e para o cobrimento, com todos os demais parâmetros mantidos constantes. Portanto, essa documentação refletiu principalmente os resultados obtidos pelo controle contínuo de qualidade durante a concretagem, inclusive as falhas de adensamento envolvidas. Para todas as estruturas em que se tinha especificado um certo valor para a difusividade do cloreto aos 28 dias, qualquer desvio inaceitável em relação a esse valor podia ser detectado e corrigido durante a concretagem, o que também era válido para o controle contínuo do cobrimento.

Para a primeira subestrutura de concreto na Parte 1 do projeto, aplicou-se um tipo de concreto um pouco inferior àquele que se pretendia. Por isso, as médias obtidas para a difusividade do cloreto aos 28 dias na laje da base ($3{,}0 \times 10^{-12}$ m²/s) e nas paredes externas ($5{,}0 \times 10^{-12}$ m²/s) dessa estrutura eram mais altas do que o valor pretendido, $\leq 2{,}0 \times 10^{-12}$ m²/s. Como o tipo de concreto em questão apresentava uma subsequente redução muito rápida da difusividade do cloreto, esse concreto foi aceito mesmo assim.

Para todas as paredes externas da primeira estrutura de concreto em que o cobrimento nominal de 100 mm tinha sido especificado, obteve-se um cobrimento médio de 102 mm, com desvio padrão de 8 mm. Para uma seção dessas paredes, porém, o controle de qualidade revelou um claro desvio. Nessa seção específica, observou-se um cobrimento de apenas 74 mm, também com desvio padrão de 8 mm. Por isso, foi necessário um revestimento especial de proteção da superfície, o qual foi aplicado mais tarde. Apesar disso, a probabilidade de corrosão obtida para essa estrutura específica de concreto como um todo foi de 0,24% para a laje da base e de 2,1% para as paredes externas (Tab. 9.8). Para o deque exposto na segunda estrutura de concreto da Parte 1, no qual foi usado aço inoxidável, a probabilidade de corrosão era de 0,13%.

Para todas as outras estruturas de concreto nas Partes 2 a 4 do projeto, a difusividade do cloreto aos 28 dias variou de 2,0 a 4,1 × 10^{-12} m²/s. Combinados com os dados do cobrimento executado, esses valores resultaram em probabilidades de corrosão de 0,01% a 0,92% nas lajes da base e de menos de 0,001% a 0,02% nas paredes externas. Portanto, os resultados da Tab. 9.8 demonstram que a durabilidade especificada foi atendida em todas as subestruturas das Partes 1 a 4 do projeto, com uma margem muito boa.

Tab. 9.8 Probabilidades de corrosão (%) obtidas por medições de controle contínuo da difusividade do cloreto aos 28 dias e do cobrimento (construtora A)

Parte do projeto	Laje da base	Paredes externas	Deque exposto
1	0,24	2,1	0,13
2	0,92	0,02	–
3	0,64	0,002	–
4	0,01	< 0,001	–

Para todas as outras subestruturas de concreto nas Partes 5 a 8 do projeto, que foram baseadas somente nos requisitos normativos de durabilidade (construtora B), não foi possível prover nenhuma documentação de conformidade com a durabilidade especificada. Porém, como para essas estruturas também foi feito um controle de qualidade baseado no desempenho, foi possível produzir uma documentação da qualidade executada da obra sob a forma de probabilidades de corrosão depois de 150 anos. Essas análises de durabilidade também foram baseadas nos valores médios e desvios padrão obtidos para a difusividade do cloreto aos 28 dias e para o cobrimento, extraídos do controle contínuo da qualidade de cada estrutura (Tab. 9.9). Para a estrutura de concreto na Parte 5, as probabilidades de corrosão obtidas foram de 15% para a laje de fundo e de 3% para as paredes externas, enquanto os deques expostos apresentaram uma probabilidade de cerca de 6%. Para a estrutura de concreto na Parte 6, não foram realizadas medições para a laje de fundo, mas sim para as paredes externas da estrutura, com probabilidades de corrosão variando entre 11% e 13%. Para a laje da base e as paredes externas da estrutura na Parte 7, probabilidades de cerca de 14% e 1,3% foram obtidas, respectivamente. Já para os deques expostos da Parte 8, a probabilidade era de cerca de 4,5%.

TAB. 9.9 PROBABILIDADES DE CORROSÃO (%) OBTIDAS POR MEDIÇÕES DE CONTROLE CONTÍNUO DA DIFUSIVIDADE DO CLORETO AOS 28 DIAS E DO COBRIMENTO (CONSTRUTORA B)

Parte do projeto	Laje da base	Paredes externas	Deque exposto
5	15	3	6
6	–	11-13	–
7	14	1,3	–
8	–	–	4,5

As probabilidades bem mais altas obtidas para todas as subestruturas de concreto nas Partes 5 a 8 do projeto (Tab. 9.9), em relação às das Partes 1 a 4 (Tab. 9.8), podem ser atribuídas a muitas razões. Para todas as estruturas de concreto nas Partes 1 a 4, o concreto era baseado num cimento de escória de alto-forno com 70% de escória (CEM III/B 42,5 LH HS) combinado com sílica ativa, enquanto as estruturas de concreto das Partes 5 a 8 usaram concreto baseado em cimentos de cinzas volantes, combinados com sílica ativa. Para a maioria dessas estruturas, utilizou-se um cimento com 30% de cinzas volantes (CEM II/B-V 32,5 N), mas em parte também um cimento com 20% de cinzas volantes (CEM II/A-V 42,5 N). É sabido que o cimento de escória de alto--forno geralmente apresenta uma redução muito rápida da difusividade do cloreto ao longo do tempo, enquanto os cimentos de cinzas volantes geralmente apresentam uma redução mais lenta (Cap. 3). Para todas as paredes externas das Partes 2 a 4 do projeto, usou-se aço inoxidável; já as probabilidades muito mais altas das lajes de base na Tab. 9.9, em comparação com as da Tab. 9.8, refletem principalmente a aplicação de cobrimentos diferentes (80 mm na Tab. 9.9 e 100 mm na Tab. 9.8).

Embora os compostos dos vários tipos de concreto aplicados nas Partes 5 a 8 do projeto tenham sido basicamente os mesmos, houve muita diferença entre os canteiros de obra nas medições da difusividade do cloreto aos 28 dias. Assim, para as estruturas de concreto das Partes 5 e 7 do projeto, que foram produzidas num canteiro de obra, a difusividade aos 28 dias variou tipicamente de 6,4 a 8,9 × 10^{-12} m²/s, enquanto a estrutura de concreto da Parte 6, produzida em outro canteiro de obra, apresentou uma variação de 12,1 a 16,7 × 10^{-12} m²/s.

Qualidade in situ

Para documentar a qualidade *in situ* executada durante a concretagem, vários testemunhos de concreto foram extraídos das estruturas em construção e dos correspondentes protótipos. Novas análises de durabilidade foram realizadas para cada estrutura, com os seguintes parâmetros de entrada: difusividades do cloreto obtidas depois de um ano de cura no canteiro de obra; e os dados de controle do cobrimento. Além disso, todos os demais parâmetros de entrada previamente selecionados foram mantidos constantes. Os valores típicos da qualidade executada da obra depois de um ano estão na Tab. 9.10.

Tab. 9.10 Probabilidades de corrosão (%) com base em dados obtidos após um ano no canteiro de obra

Parte do projeto	Laje da base	Paredes externas	Deque exposto
1	< 0,001	< 0,001	0,2
2	< 0,001	< 0,001	–
3	< 0,001	< 0,001	–
4	< 0,001	< 0,001	–
5	70	25	35
6	–	30	–
7	20	0,6	–
8	–	–	1,2

Para todas as subestruturas de concreto das Partes 1 a 4 do projeto (construtora A), foram obtidas probabilidades de corrosão muito baixas (Tab. 9.10) em comparação com as das estruturas das Partes 5 a 8. Tanto para as lajes de base como para as paredes externas das estruturas de concreto nas Partes 1 a 4, a probabilidade de corrosão foi tipicamente inferior a 0,001% e quase imperceptível, enquanto para as estruturas das Partes 5 a 8 essa mesma probabilidade variou de 20% a 70% nas lajes de base e de 0,6 a 30% nas paredes externas. Também foi observada uma alta variação da probabilidade de corrosão nos deques expostos. Já foi ressaltada a lenta evolução da difusividade do cloreto em concreto baseado em cimentos de cinzas volantes, o que, particularmente, também ocorria em estruturas de concreto produzidas durante o inverno, com baixas temperaturas de cura. No caso de construções em ambiente marinho, como mencionado no Cap. 2, esse fato pode trazer algumas implicações para a exposição do concreto à água do mar nas primeiras idades, antes que o concreto tenha adquirido maturidade e densidade suficientes.

Para a estrutura de concreto na Parte 6, deve-se notar, também, que os dados *in situ* sobre a difusividade do cloreto só foram baseados nos testemunhos de concreto extraídos de protótipos produzidos separadamente. Portanto, a probabilidade de 30% obtida para as paredes externas dessa estrutura não é muito representativa para essa estrutura de concreto específica. No entanto, em uma dessas paredes, ocorreu uma grave segregação do concreto autoadensável durante a concretagem. Investigações separadas, com base na extração de muitos testemunhos dessa parede em particular, mostraram que a resistência *in situ* do concreto ainda era aceitável, mas as propriedades de durabilidade tinham sido claramente reduzidas.

Qualidade potencial

Para a maioria dos tipos de sistemas aglomerantes, a evolução da difusividade do cloreto tende a estagnar depois de cerca de um ano de cura em água a 20 °C no laboratório. Para apresentar informação sobre a qualidade potencial da obra das várias estruturas, determinou-se a difusividade do cloreto também em vários corpos de prova produzidos e curados em água no laboratório por até um ano. Essas difusividades do cloreto, combinadas com os dados do cobrimento executado no canteiro de obra, foram usadas como novo parâmetro de entrada para mais análises de durabilidade. Foram mantidos todos os demais parâmetros de entrada usados originalmente nesse tipo de análise. A Tab. 9.11 mostra os valores típicos obtidos para a qualidade potencial das várias estruturas de concreto.

TAB. 9.11 PROBABILIDADES DE CORROSÃO (%) CALCULADAS COM BASE EM CORPOS DE PROVA PRODUZIDOS E CURADOS EM ÁGUA NO LABORATÓRIO POR UM ANO

Parte do projeto	Laje da base	Paredes externas	Deque exposto
1	< 0,001	< 0,001	0,002
2	< 0,001	< 0,001	–
3	< 0,001	< 0,001	–
4	< 0,001	< 0,001	–
5	0,04	0,01	0,01
6	–	0,05	–
7	0,5	0,01	–
8	–	–	0,5

A probabilidade de corrosão foi tipicamente inferior a 0,001% e quase imperceptível tanto para as lajes de base como para as paredes externas de todas as subestruturas de concreto das Partes 1 a 4 do projeto (construtora A). No caso dessas estruturas, portanto, a qualidade potencial da obra era excelente. A probabilidade de corrosão também era muito baixa no caso das estruturas de concreto das Partes 5 a 8 do projeto (construtora B), variando tipicamente de 0,04% a 0,5% nas lajes de base e de 0,01% a 0,05% nas paredes externas. Mesmo assim, a probabilidade de corrosão era claramente mais alta do que nas estruturas de concreto das Partes 1 a 4 do projeto. Esses resultados demonstram claramente que as estruturas de concreto baseadas em cimentos com alto volume de cinzas volantes também atingiram uma boa qualidade potencial da obra, sempre que foram fornecidas boas condições de cura.

9.3.4 Resistência ao gelo

Realizou-se um extenso programa de documentação sobre a resistência ao gelo do tipo de concreto baseado em cimento de escória (Årskog; Gjørv, 2010), já que a resistência ao gelo do concreto baseado em cimentos de escória de alto-forno é geralmente considerada mais baixa do que a de concretos baseados em outros tipos de aglomerantes.

Tipicamente, o concreto em questão tinha um teor de cimento da ordem de 390 kg/m^3 (CEM III/B 42,5 LH HS), em combinação com 39 kg/m^3 de sílica ativa (10%), resultando numa relação água/aglomerante de 0,37. Para melhorar as propriedades do concreto fresco, uma pequena quantidade de ar incorporado (3%) foi adicionada ao concreto. Além desse tipo básico de concreto, o programa de documentação também incluiu o teste de duas outras versões do composto de concreto, uma delas com maior dose de ar incorporado (6%) e a outra, como referência, sem ar incorporado. O programa utilizou dois tipos diferentes de métodos de ensaio com condições muito diferentes de exposição: o método CDF alemão prEN12390-9, com 28 ciclos de gelo-degelo (Setzer; Fagerlund; Janssen, 1996); e o método sueco SS 13 72 44-3, com 112 ciclos de gelo-degelo (SSI, 1995). Os dois métodos demonstraram que as três versões de concreto baseado em 70% de cimento de escória apresentavam uma resistência muito boa ao gelo, independentemente das variações no conteúdo de ar.

Esses resultados são, de maneira geral, consistentes com outras experiências relatadas na literatura; desde que o concreto seja suficientemente denso, com uma relação água/aglomerante de 0,40 ou menos, por exemplo, a resistência ao gelo de concreto baseado em cimentos de escória de alto-forno não deve apresentar nenhum problema de durabilidade (Gjørv, 2012). Com base nessa documentação, portanto, adotou-se o concreto com 3% de ar incorporado para todas as estruturas de concreto das Partes 1 a 4 do projeto (construtora A).

Para todas as estruturas de concreto produzidas com 30% de cimento de cinzas volantes (CEM II/B-V 32,5 N), nas Partes 5 a 8 do projeto, não houve documentação da resistência ao gelo. Em todas as estruturas construídas com 20% ou 30% de cimento de cinzas volantes (construtora B), a resistência ao gelo exigida era baseada num teor de ar total de 4% a 6% no concreto fresco. No entanto, o contínuo controle de qualidade do concreto revelou que era muito difícil manter o teor pretendido de ar aprisionado durante a concretagem; o teor de ar apresentava tipicamente alta dispersão e variabilidade, o que ocorre com frequência com o concreto baseado em cimentos de cinzas volantes com um teor variável de carbono (Gebler; Klieger, 1983; Nagi et al., 2007).

9.3.5 Medidas adicionais de proteção

Para todas as paredes externas da primeira estrutura de concreto na Parte 1 do projeto (construtora A), foi prevista a futura instalação de um sistema de prevenção catódica como medida adicional de proteção. Como essa medida requer que a resistência ôhmica entre quaisquer dois pontos do sistema de armaduras não exceda 1 ohm (CEN, 2000), um programa especial de qualidade foi executado durante a concretagem e demonstrou que foi obtida a continuidade elétrica adequada. Para essa estrutura, exclusivamente, a especificação também incluiu sondas e instrumentos embutidos para o futuro controle da penetração do cloreto, mas essas sondas só foram embutidas em um local selecionado da estrutura. Para todas as outras subestruturas de concreto nas primeiras quatro partes do projeto (construtora A), a medida protetora adicional foi baseada na substituição parcial do aço-carbono por aço inoxidável do tipo W.1.4301.

Como todas as ensecadeiras pré-fabricadas para as Partes 5 a 8 do projeto (construtora B) foram instaladas em tubos e elementos de aço estrutural que haviam sido protegidos catodicamente, esses sistemas de proteção catódica foram projetados de maneira a proteger também as partes submersas das estruturas de concreto instaladas. Para essas mesmas estruturas, o controle de qualidade mostrou a existência de uma continuidade elétrica adequada dentro do sistema de armaduras. Para as partes das estruturas de concreto que ficaram acima da água, porém, só se previu a futura instalação da prevenção catódica combinada com sondas embutidas para controle da penetração do cloreto em um único local de cada estrutura.

9.4 Avaliação e discussão dos resultados obtidos

Para um projeto mais completo de durabilidade de estruturas de concreto em ambientes marinhos, deve-se também considerar outros problemas potenciais de durabilidade, além da penetração do cloreto, como o controle de fissuras nas primeiras idades. A Tab. 9.12 resume a durabilidade especificada e os resultados obtidos na qualidade executada da obra para todas as estruturas indicadas, com base nos procedimentos para projeto de durabilidade e garantia de qualidade. Como o risco de corrosão está relacionado principalmente às partes da estrutura localizadas acima da água, os resultados se referem apenas a essas partes. Para esse projeto em especial, a Tab. 9.12 também mostra os resultados obtidos nas estruturas submetidas ao projeto de durabilidade baseado em probabilidade.

Tab. 9.12 Períodos de vida útil especificados e qualidade efetiva da obra, com base em probabilidade de corrosão

Projeto	Período de vida útil especificado (anos)	Qualidade efetiva da obra (probabilidade de corrosão em %)		
		Conformidade	Qualidade in situ	Qualidade potencial
Terminal de contêineres 1, Oslo (2002)	100 anos: normas do concreto vigentes então	–	Após 100 anos: cerca de 80%	Após 100 anos: cerca de 60%
Terminal de contêineres 2, Oslo (2007)	100 anos: probabilidade de corrosão ≤ 10%	Aprovada; cerca de 2%	Após 100 anos: cerca de 0,05%	Após 100 anos: < 0,001%
Tjuvholmen, Oslo (2010)	150 anos: probabilidade de corrosão ≤ 10%	Aprovada; 0,02 < 0,001%[a]; cerca de 2%[b]	Após 150 anos: < 0,001%[a]; < 0,001%[b]	Após 150 anos: < 0,001%[a]; < 0,001%[b]

[a] Aço inoxidável.
[b] Aço-carbono.

Mais uma vez, deve-se notar que os procedimentos já mencionados para projeto de durabilidade não oferecem nenhuma base para previsão ou avaliação da vida útil das estruturas. Uma vez iniciada a corrosão, tem início também um processo muito complexo de deterioração, com muitos estágios críticos adicionais, antes do fim da vida útil. O proprietário da estrutura tem um problema assim que os primeiros cloretos chegam às armaduras e a corrosão começa. Inicialmente, é apenas um problema de manutenção e custo, mas, com o tempo, pode também se tornar um problema de segurança mais difícil de controlar. Como base para o projeto de durabilidade, portanto, deve-se fazer todo esforço para obter o melhor controle possível da penetração do cloreto durante o período inicial, antes que a corrosão comece. Nesse período inicial do processo de deterioração, é tecnicamente mais fácil e muito mais barato tomar as precauções necessárias e selecionar as medidas de proteção adequadas para controle de qualquer processo adicional de deterioração. Esse controle também se revelou uma estratégia muito boa do ponto de vista da sustentabilidade (Cap. 11).

Como os cálculos de probabilidade de corrosão são baseados em várias suposições e simplificações, deve-se observar também que os períodos de vida útil resultantes, com probabilidade de corrosão inferior a 10%, não devem ser considerados como períodos de vida útil reais das estruturas. No entanto, para todas as estruturas em que os procedimentos de projeto de durabilidade foram aplicados, as análises de durabilidade deram suporte a um julgamento de engenharia dos mais importantes parâmetros relacionados à durabilidade, inclusive a dispersão e a variabilidade envolvidas. Assim, foi possível obter uma base adequada para comparar e selecionar uma de muitas soluções técnicas para conseguir a melhor durabilidade possível dessas estruturas de concreto no ambiente em que estão. Dessa forma, puderam-se especificar requisitos de durabilidade baseados no desempenho, que podiam ser verificados e controlados durante a concretagem para garantia da qualidade.

No caso do projeto de referência (Terminal de contêineres 1), no qual a vida útil especificada, de cem anos, foi baseada apenas nos requisitos normativos de durabilidade, de acordo com as normas vigentes então, não foi possível preparar nenhuma documentação de conformidade com a durabilidade especificada. No entanto, com base no concreto aplicado, que apresentava tipicamente uma difusividade do cloreto de $6,0 \times 10^{-12}$ m^2/s, e no cobrimento de 65 mm, foi possível estimar uma vida útil de cerca de 30 anos antes que a probabilidade de corrosão chegasse a 10%. Além disso, a probabilidade de corrosão chegaria a cerca de 65% depois de uma vida útil de cem anos, enquanto esse porcentual foi calculado em aproximadamente 80%, com base nas difusividades do cloreto constatadas no canteiro de obra e no laboratório durante seis meses, e em cerca de 60%, com base nos dados do canteiro de obra sobre o cobrimento.

Para essa estrutura portuária de concreto específica, deve-se observar que durante a concretagem também ocorreram ventos fortes e marés altas. Por isso, ocorreu uma profunda penetração de cloretos já na concretagem de muitas das vigas do deque, como mostra a Fig. 2.28 (Cap. 2). Por isso, é importante adotar medidas de proteção quando há alto risco de exposição ao cloreto antes que o concreto ganhe maturidade e densidade suficientes.

Entretanto, no caso do Terminal de contêineres 1, com base na experiência geral, os resultados citados para a qualidade executada da obra indicam a necessidade de prever um nível relativamente alto de custos de operação para manter, em longo prazo, o desempenho e a operacionalidade adequados ao longo da vida útil especificada de cem anos.

Para o Terminal de contêineres 2, especificou-se uma vida útil de cem anos com probabilidade de corrosão inferior a 10%. Constatou-se uma probabilidade de corrosão de cerca de 2% após uma vida útil de cem anos, com base nos dados médios obtidos pelo controle de qualidade para difusividade do cloreto aos 28 dias ($7,9 \times 10^{-12} m^2/s$) e pelo cobrimento (99 mm). Assim, a durabilidade especificada foi atingida com uma margem adequada. Calcularam-se as probabilidades de corrosão após uma vida útil de cem anos em cerca de 0,05% (com base na difusividade do cloreto constatada no canteiro de obra durante um ano) e de 0,001% (mesmo ensaio e mesmo período em laboratório). Esses resultados indicam que eram muito boas a qualidade in situ durante a construção e a qualidade potencial da estrutura.

Para todas as estruturas de concreto em Tjuvholmen, foi especificada a menor probabilidade possível de corrosão, inferior a 10%, durante uma vida útil de 150 anos. Como se vê na Tab. 9.12, essa especificação foi atendida com uma margem muito boa (construtora A). Para a primeira estrutura de concreto, que foi produzida apenas com armaduras de aço-carbono, obteve-se uma probabilidade de cerca de 2% após 150 anos de vida útil, enquanto todas as outras estruturas de concreto, produzidas com substituição parcial do aço-carbono por aço inoxidável, a probabilidade de corrosão variou tipicamente de 0,02% a 0,001%. Com base nas difusividades do cloreto obtidas no canteiro de obra e no laboratório durante um ano, a probabilidade de corrosão após 150 anos de vida útil foi tipicamente inferior a 0,001% e quase imperceptível. Esses resultados indicam que eram excelentes a qualidade executada in situ durante o período da construção e a qualidade potencial.

No caso das estruturas de concreto do projeto Tjuvholmen nas quais a durabilidade especificada foi baseada apenas nos requisitos normativos de durabilidade, não foi possível apresentar nenhuma documentação de conformidade com a durabilidade especificada (construtora B). A qualidade efetiva dessas estruturas também apresentou maior dispersão e variabilidade do que as estruturas de concreto das primeiras quatro partes do projeto. Com base nos dados de controle da execução da obra para difusividade do cloreto aos 28 dias e para o cobrimento, as probabilidades obtidas para depois de 150 anos foram, respectivamente, de 1,3% e 13%. Com base nas difusividades do cloreto medidas durante um ano, as probabilidades de corrosão variaram tipicamente de 0,6% a 70% no canteiro de obra e de 0,01% a 0,05% no laboratório. Esses resultados indicam que a durabilidade potencial das estruturas era bastante boa, mas que a qualidade executada in situ depois de um ano no canteiro de obra era parcialmente muito ruim. Uma das razões pode ter sido a exposição a cloretos nas primeiras idades, antes que o concreto ganhasse maturidade e densidade suficientes, quando posicionaram no mar as ensecadeiras pré-fabricadas em doca seca.

Já no caso das estruturas de concreto desse mesmo projeto nas quais a durabilidade foi baseada nos requisitos normativos de durabilidade, a composição de todos os tipos de concreto aplicados foi basicamente a mesma, mas a qualidade executada do concreto tipicamente variou de um canteiro de obra para outro. Quando ocorreu grave segregação em uma das estruturas durante a concretagem, o proprietário do projeto teve de aceitar a redução das propriedades de durabilidade desse concreto, desde que o requisito normativo para a resistência ainda fosse atendido. Foi muito difícil argumentar contra um contrato baseado nas especificações normativas de durabilidade que não podiam ser verificadas ou controladas durante a concretagem.

Também foram aplicadas algumas medidas de proteção adicionais para garantir o desempenho de longo prazo requerido em todas as estruturas de concreto de Tjuvholmen. Em algumas delas, foi adotado o uso parcial de aço inoxidável e, em outras, aplicou-se a prevenção catódica das partes submersas das estruturas combinada com medidas para a futura prevenção catódica acima da água, as quais incluíram instrumentação embutida para futuro controle da penetração do cloreto.

A vasta experiência demonstra que o risco de corrosão em estruturas de concreto em ambientes marinhos está relacionado principalmente às partes das estruturas localizadas acima da água. Se essas partes forem catodicamente protegidas da maneira correta desde o começo, a prevenção catódica já se provou muito eficaz (Cap. 5). Se, no entanto, foram adotadas apenas medidas para uma futura prevenção catódica, tanto a instalação como a ativação desse sistema preventivo devem ser implementadas antes que os primeiros cloretos cheguem às armaduras e a corrosão comece. Por isso, é preciso fazer um controle rigoroso da penetração do cloreto durante a operação das estruturas, o que pode ser um grande desafio para o proprietário. Todas as estruturas do projeto em questão apresentaram tipicamente uma qualidade de execução da obra com alta dispersão e variabilidade. Todas as sondas para futuro controle da penetração do cloreto foram embutidas em um único lugar em cada estrutura.

Em todas as estruturas que usaram parcialmente o aço inoxidável, essa medida de proteção se revelou uma solução técnica muito simples e robusta. Mesmo em curto prazo, o uso de aço inoxidável nas partes mais expostas e vulneráveis das estruturas também mostrou ser competitivo economicamente com as medidas para futura prevenção catódica, incluindo a instrumentação embutida. No longo prazo, haverá altas despesas adicionais para instalação e operação do sistema de prevenção catódica (Cap. 5).

9.5 Observações finais

Como foi claramente demonstrado no Cap. 2, a durabilidade de estruturas de concreto em ambientes de severa agressividade não está relacionada apenas a projeto e materiais, mas também à construção. Muitos problemas de durabilidade que se desenvolvem depois de algum tempo podem ser atribuídos à ausência do controle de qualidade adequado e a problemas especiais durante a concretagem. Portanto, a qualidade executada da obra e sua variabilidade devem ser inequivocamente compreendidas antes que se possa atingir durabilidade e vida útil maiores e mais controladas.

Para todas as estruturas citadas em que houve projeto de durabilidade baseado em probabilidade e em controle de qualidade do concreto, a durabilidade especificada foi atingida com uma margem adequada. Para os proprietários das estruturas, foi muito importante receber essa documentação de conformidade antes que as estruturas fossem formalmente entregues pelas construtoras. A documentação de qualidade efetiva da obra, também requerida, igualmente esclareceu a responsabilidade das construtoras pela qualidade do processo de construção; essa documentação claramente resultou em melhor desempenho da mão de obra, com menos dispersão e variabilidade da qualidade efetiva da construção.

Mesmo que os requisitos de durabilidade mais rigorosos sejam especificados e executados durante a concretagem, a experiência demonstra que, nas estruturas de concreto em ambientes contendo cloretos, uma certa taxa de penetração de cloretos sempre ocorrerá durante a operação das estruturas. Quando essas estruturas foram concluídas, portanto, também foi muito importante para os proprietários receber um manual de serviço para futura avaliação das condições e para a manutenção preventiva das estruturas. Esse manual de serviço oferece a base mais importante para atingir durabilidade e vida útil mais controladas.

Referências bibliográficas

Årskog, V., and Gjørv, O. E. (2010). Slag Cements and Frost Resistance. In *Proceedings, Sixth International Conference on Concrete under Severe Conditions – Environment and Loading*, vol. 2, ed. P. Castro-Borges, E.I. Moreno, K. Sakai, O. E. Gjørv, and N. Banthia. Taylor & Francis, London, pp. 795–800.

CEN. (2000). *EN 12696: Cathodic Protection of Steel in Concrete*. European Standard CEN, Brussels.

Gebler, S., and Klieger, P. (1983). Effect of Fly Ash on the Air-Void Stability of Concrete, Fly Ash, Silica Fume, Slag and Other Mineral By-Products in Concrete, *ACI SP-79*, ed. V.M. Malhotra, pp. 103–142.

Gjørv, O. E. (2012). Blast Furnace Slag for Durable Concrete Infrastructure in *Marine Environments, Workshop Proceeding 10, Durability Aspects of Fly Ash and Slag in Concrete*. Nordic Concrete Federation, Tekna, Oslo, pp. 67–81.

Nagi, M. A., Okamoto, P. A., Kozikowski, R. L., and Hover, K. (2007). Evaluating Air-Entraining Admixtures for Highway Concrete, NCHRP Report 578. Transportation Research Board, Washington, DC.

NAHE. (2004a). Durable Concrete Structures – Part 1: Recommended Specifications for New Concrete Harbour Structures. Norwegian Association for Harbour Engineers, TEKNA, Oslo (in Norwegian).

NAHE. (2004b). Durable Concrete Structures – Part 2: Practical Guidelines for Durability Design and Concrete Quality Assurance. Norwegian Association for Harbour Engineers, TEKNA, Oslo (in Norwegian).

NAHE. (2004c). Durable Concrete Structures – Part 3: DURACON Software. Norwegian Association for Harbour Engineers, TEKNA, Oslo.

NORDTEST. (1999). NT Build 492: Concrete, Mortar and Cement Based Repair Materials: Chloride Migration Coefficient from Non-Steady State Migration Experiments. NORDTEST, Espoo, Finland.

NPRA. (1996). Handbook 185. Norwegian Public Roads Administration – NPRA, Oslo (in Norwegian).

Setzer, M. J., Fagerlund, G., and Janssen, D. J. (1996). CDF Test – Test Method for the Freeze-Thaw Resistance of Concrete – Tests with Sodium Chloride Solution (CDF). *Materials and Structures*, 29, 523–528.

SSI. (1995). SS 13 72 44-3: Concrete Testing – Hardened Concrete – Scaling at Freezing. Swedish Standards Institution, Stockholm (in Swedish).

Standard Norway. (2003a). NS-EN 206-1: Concrete Part 1. Specification, Performance, Production and Conformity, Amendment prA1:2003 Incorporated. Standard Norway, Oslo (in Norwegian).

Standard Norway. (2003b). NS 3473: Concrete Structures – Design and Detailing Rules. Standard Norway, Oslo (in Norwegian).

Standard Norway. (2003c). NS 3465: Execution of Concrete Structures – Common Rules. Standard Norway, Oslo (in Norwegian).

dez
Custos do ciclo de vida

Cálculos ou estimativas dos custos *versus* os benefícios podem ser realizados de diferentes maneiras, considerando vários tipos de custo ou benefício, o que é geralmente referido em termos de custo do ciclo de vida completo, análise de custo-benefício ou análise de risco de custo-benefício.

A metodologia conhecida como análise do Custo do Ciclo de Vida (LCC, *life cycle costs*) pode ser uma importante ferramenta para avaliar a eficiência do custo de várias soluções técnicas para otimizar um projeto de durabilidade. Também podem ser usados para avaliar as várias soluções técnicas em estratégias de inspeção e avaliação do estado de conservação, manutenção e reparos, durante a etapa de operação da estrutura.

Como base para os LCC de uma estrutura de concreto até o tempo t_N, pode-se usar a seguinte expressão:

$$LCC(t_N) = C_I + C_{QA} + \sum_{i=1}^{t_N} \frac{C_{IN}(t_i) + C_M(t_i) + C_R(t_i) + \sum_{LS=1}^{M} p_{fLS}(t_i) C_{fLS}}{(1+r)^{t_i}}$$

(10.1)

em que C_I é o custo do projeto e da construção; C_{QA} é o custo de garantia e controle de qualidade; $C_{IN}(t)$ é a expectativa de custo de reparos; M é o número de estados-limite (EL); $p_{fLS}(t)$ é a probabilidade anual de falha para cada estado-limite; C_{fLS} é o custo da falha associado com a ocorrência do estado-limite; e r é a taxa de desconto.

No entanto, esse cálculo dos LCC não considera a vantagem de projetar e manter a estrutura para conseguir uma vida útil mais longa. Portanto, pode ser mais significativo comparar todos os custos numa base anual equivalente, distribuindo todos os custos do ciclo de vida por toda a vida útil da estrutura. Isso pode ser feito por meio de um fator anual que expressa os custos anuais. O custo anual médio (C_A) durante a vida útil da estrutura (n anos) pode então ser expresso como:

$$\rho_f(t_n) = 1 - \sum_{j=1}^{n-1} \rho_{fi}(t_i) \qquad (10.2)$$

em que $p_f(t_n)$ representa a probabilidade de falha no ano (j) e é calculado da seguinte forma:

$$\rho_f(t_n) = 1 - \sum_{j=1}^{n-1} \rho_{fi}(t_i) \qquad (10.3)$$

A experiência tem demonstrado que os cálculos de custos anuais são a forma mais apropriada de expressar os crescentes custos de investimento para uma durabilidade crescente. Os cálculos dos custos do ciclo de vida também podem incluir outros custos ou benefícios, como congestionamentos de tráfego ou tempo reduzido de viagem, assim como a eficiência das estratégias de inspeção, manutenção e reparo etc. Evidentemente, a análise da decisão deve se submeter à análise de sensibilidade ou de bom senso, para garantir que as decisões não sejam indevidamente influenciadas pelas incertezas nos vários tipos de custos.

10.1 Estudo de caso

Selecionou-se para estudo de caso uma estrutura de concreto do porto de Trondheim em adiantado estado de corrosão, com o objetivo de demonstrar como a avaliação dos custos do ciclo de vida pode oferecer uma base para tomar decisões sobre as várias soluções técnicas, visando a uma maior durabilidade. Construída em 1964, ela consiste em uma estrutura portuária tradicional de concreto com um deque exposto de 132 m × 17 m sobre estacas submersas e esbeltas de concreto. O deque de concreto possui três longarinas longitudinais principais e 18 vigas secundárias transversais, com lajes entre elas. As longarinas principais e as vigas secundárias têm dimensões de 90 cm × 120 cm e de 70 cm × 70 cm, respectivamente, enquanto a laje superior tem 25 cm de espessura, incluindo uma camada de 6 cm na superfície. As cargas mecânicas sobre o deque são compostas principalmente por dois pesados guindastes de carga com capacidade para 60 t e 100 t, os quais se movem sobre as longarinas longitudinais principais (Fig. 10.1).

FIG. 10.1 *Uma estrutura de concreto construída em 1964, hoje em adiantado estado de corrosão no porto de Trondheim*
Fonte: cortesia de Trondheim Harbor KS.

Após uma vida útil de cerca de 38 anos (2002) e devido a intensa corrosão das armaduras, a condição geral da estrutura estava muito ruim. Uma avaliação estrutural confirmou que a capacidade de carga das principais longarinas só seria aceitável para operação dos pesados guindastes por um curto período de tempo. A taxa de corrosão das longarinas era tão alta que demandou um reparo imediato. As estacas de concreto estavam em condições razoavelmente boas, mas as lajes do deque já tinham atingido um grau tão alto de deterioração que o tráfego no deque tinha sido proibido há algum tempo. Uma das várias soluções técnicas consideradas para o reparo foi a construção de um novo deque de concreto sobre o velho deque, que funcionaria apenas como fôrma de concretagem. Contudo, como tanto as instalações quanto a própria estrutura do porto como um todo só seriam necessárias para operação contínua por um período muito limitado de tempo, a construção de um novo deque de concreto seria uma solução muito cara. Por isso, aplicou-se um sistema de proteção catódica especialmente projetado para reduzir o máximo possível a taxa de corrosão nas três longarinas principais e, assim, estender a vida útil da estrutura por aquele período limitado de tempo (Vælitalo et al., 2004).

Se essa estrutura tivesse sido sujeita a um bom projeto de durabilidade, incluindo a avaliação dos custos do ciclo de vida, teria sido possível obter uma durabilidade e uma vida útil mais controladas. Se o objetivo desse projeto tivesse sido manter uma operação segura da estrutura por uma vida útil de aproximadamente 50 anos, os custos de ciclo de vida das várias soluções técnicas expostas a seguir teriam sido considerados. Para demonstrar a utilidade desses cálculos, realizou-se uma comparação muito simples das várias soluções técnicas possíveis. Para isso, foi preciso obter dados técnicos sobre a velha estrutura, os quais não foram fáceis de encontrar, mas alguma informação foi obtida, como mostra a Tab. 10.1.

TAB. 10.1 INFORMAÇÕES BÁSICAS SOBRE A ESTRUTURA DE CONCRETO EXISTENTE

Qualidade do concreto	45 MPa
Cobrimento de vigas e longarinas	75 mm
Cobrimento das lajes	25 mm
Custo presumido de nova construção	25.000.000 NOK
Volume de concreto	1.532 m^3
Novo custo do concreto (1.200 NOK/m^3)	1.840.000 NOK
Volume de aço	315 t
Novo custo do aço (3.650 NOK/t)	1.150.000 NOK
Custo dos materiais em relação ao custo total:	
Concreto	7,4%
Aço	4,6%

Para demonstrar os princípios dos cálculos de custo, os seguintes cenários foram considerados:
* não fazer nada além do que foi projetado originalmente;
* aumentar a qualidade do concreto de 45 MPa para 70 MPa;

- aumentar o cobrimento nominal de 75 mm para 100 mm nas vigas e longarinas;
- aumentar a qualidade do concreto de 45 MPa para 70 MPa e o cobrimento nominal de 75 mm para 100 mm;
- uso parcial de aço inoxidável nas armaduras das vigas e longarinas (75%);
- uso de aço inoxidável nas armaduras das vigas e longarinas (100%).

Segue-se uma comparação dos custos de ciclo de vida de todas as opções mencionadas para uma vida útil de 50 anos. Para facilitar, a taxa de desconto foi reduzida a zero em todos os cálculos. Os custos anuais foram calculados pela divisão dos custos totais pela vida útil desejada. Não foram incluídos outros custos de manutenção, que geralmente ocorrem durante a operação da estrutura.

10.1.1 Não fazer nada

O custo total de ciclo de vida desta opção foi calculado em NOK 25.000.000. Presumiu-se que a vida útil da estrutura existente terminaria após um período de operação contínua de cerca de três anos (em 2005, portanto), o que significa que os custos anuais foram calculados em aproximadamente NOK 630.000.

10.1.2 Aumentar a qualidade do concreto

Com o aumento da qualidade do concreto de 45 MPa para 70 MPa, usando cimento Portland puro, a análise da durabilidade indicou um aumento da vida útil da estrutura existente para até dez anos. O custo dos materiais para aumentar a qualidade do concreto seria de aproximadamente NOK 2.200.000. Portanto, um custo adicional de NOK 380.000 aumentaria o custo total em 1,5% para NOK 25.380.000. Para estender a vida útil por cerca de dez anos, o custo anual foi calculado em aproximadamente NOK 500.000.

10.1.3 Aumentar o cobrimento

Com base numa qualidade de concreto de 45 MPa, a análise de durabilidade indicou que o aumento do cobrimento para até 100 mm em vigas e longarinas seria necessário para atingir uma vida útil de aproximadamente 50 anos. O aumento do cobrimento para 100 mm custaria, em material, aproximadamente NOK 70.200 (58,5 m^3 de concreto), o que aumentaria o custo total em 0,2% para NOK 25.070.200. Para estender a vida útil por cerca de dez anos, o custo anual foi calculado em cerca de NOK 500.000.

10.1.4 Aumentar a qualidade do concreto e o cobrimento

Estimou-se que os efeitos benéficos da melhoria na qualidade do concreto (de 45 MPa para 70 MPa) e do aumento do cobrimento (de 75 mm para 100 mm) em todas as vigas e longarinas permitiria obter a extensão da vida útil para aproximadamente 25 anos. O custo material dessa solução seria de aproximadamente NOK 2.420.000, com custo adicional de NOK 580.000. Esse custo adicional aumentaria o custo total em 2,3%

para NOK 25.580.000. Para a extensão presumida da vida útil por aproximadamente 25 anos, o custo anual foi calculado em cerca de NOK 380.000.

10.1.5 Aço inoxidável em 75% das armaduras

Como exposto nos Caps. 2 e 5, já se provou que as armaduras de aço inoxidável têm excelente desempenho em ambientes marinhos por um período muito longo de tempo. Na literatura, admite-se geralmente que o uso adequado do aço inoxidável aumentará a vida útil por um fator de pelo menos dois (Cramer et al., 2002). A escolha de armaduras de aço inoxidável poderia ter sido, portanto, a opção técnica. Ao usar 75% de aço inoxidável nas vigas e longarinas, a um custo 4,5 vezes maior que o do aço-carbono (Cramer et al., 2002), o custo do material para o reforço seria de aproximadamente NOK 4.170.000, o que aumentaria o custo total por 12,1% para NOK 28.020.000. Para uma extensão da vida útil estimada em pelo menos 40 anos, o custo anual foi calculado em menos de NOK 350.000.

10.1.6 Aço inoxidável em 100% das armaduras

O uso de aço inoxidável em 100% das vigas e longarinas aumentaria o custo do material para cerca de NOK 5.200.000, que aumentaria novamente o custo total em 16,1% para NOK 30.200.000. Com a extensão estimada da vida útil para pelo menos 40 anos, o custo anual foi calculado em menos de NOK 380.000.

10.1.7 Proteção catódica

Depois de 38 anos de serviço, um sistema de proteção catódica foi especialmente projetado, desenvolvido e instalado na estrutura para estender a vida útil das três principais longarinas em aproximadamente 15 anos (Vælitalo et al., 2004). Como o custo dessa instalação era de aproximadamente NOK 3.000.000, o custo anual para essa solução foi calculado em cerca de NOK 540.000.

10.1.8 Avaliação e discussão dos resultados obtidos

A Tab. 10.2 apresenta um resumo dos resultados dos cálculos de custo anteriores. Pode-se constatar que a utilização adequada do aço inoxidável em todas as vigas e longarinas teria custado claramente menos por ano do que todas as outras soluções técnicas, desde que considerada uma vida útil de 90 anos.

Os resultados desse estudo de caso demonstram que a avaliação dos custos de ciclo de vida é um instrumento valioso para melhorar a tomada de decisões no projeto de durabilidade. Mesmo para uma vida útil de apenas 50 anos, a utilização adequada de aço inoxidável teria resultado numa operação muito segura e eficaz do ponto de vista do custo, em comparação com o projeto tradicional e seus custos correspondentes de reparo e manutenção. Como já foi abordado no Cap. 5, uma solução tão simples e robusta como essa garantiria a durabilidade adequada.

TAB. 10.2 COMPARAÇÃO DOS CUSTOS DE CICLO DE VIDA (LCC) ENTRE VÁRIAS SOLUÇÕES TÉCNICAS PARA GARANTIR A OPERAÇÃO APROPRIADA DA ESTRUTURA PORTUÁRIA DE CONCRETO POR UMA VIDA ÚTIL DE 50 ANOS

	Vida útil adicional (anos)	LCC (t_{end}) (%)	Custos anuais C_A (t_n) ($\times 10^6$ NOK)
Não fazer nada	0	100,0	0,63
Aumentar a qualidade do concreto	+10	101,5	0,50
Aumentar o cobrimento	+10	100,2	0,50
Aumentar a qualidade do concreto e o cobrimento	+25	102,3	0,38
75% de aço inoxidável nas armaduras	> 40	112,1	< 0,35
100% de aço inoxidável nas armaduras	> 40	116,1	< 0,38
Proteção catódica	+15	112,0	< 0,54

REFERÊNCIAS BIBLIOGRÁFICAS

Cramer, S. D., Covino Jr., B. S., Bullard, S. J., Holcomb, G. R., Russell, J. H., Nelson, F. J., Laylor, H. M., and Soltesz, S. M. (2002). Corrosion Prevention and Remediation Strategies for Reinforced Concrete Coastal Bridges. *Cement and Concrete Composites*, 24, 101–117.

Vælitalo, S. H., Pruckner, F., Ødegård, O., and Gjørv, O. E. (2004). A New Approach to Cathodic Protection of Corroding Concrete Harbor Structures. In *Proceedings, Fourth International Conference on Concrete under Severe Conditions – Environment and Loading*, vol. 1, ed. B. H. Oh, K. Sakai, O. E. Gjørv, and N. Banthia. Seoul National University and Korea Concrete Institute, Seoul, pp. 1873–1880.

onze
Avaliação do ciclo de vida

Recentemente, tem havido uma preocupação crescente com o impacto das atividades humanas no meio ambiente por conta da perda de biodiversidade e da redução do ozônio estratosférico, assim como das mudanças climáticas e do esgotamento dos recursos naturais. A expressão *desenvolvimento sustentável* foi introduzida no relatório final da Comissão Brundtland (World Commission on Environment and Development, WCED), em 1987, que a definiu como um tipo de desenvolvimento que visa atender às necessidades atuais sem comprometer as das futuras gerações.

Com base em peso, volume e dinheiro, a indústria da construção é a maior consumidora de materiais em nossa sociedade atual. Assim, cerca de 40% de todos os materiais usados estão relacionados à indústria desse setor (Ho et al., 2000). Do ponto de vista da produção, muitos dos materiais de construção têm grande impacto tanto no ambiente local como no global, o que é verdade particularmente no caso do concreto, um dos principais materiais de construção. Portanto, um dos grandes e crescentes desafios para a indústria da construção é a consciência ambiental na forma de melhor utilização do concreto como material de construção e para gerar harmonia e equilíbrio com nosso ambiente natural. Essa foi a conclusão de dois eventos internacionais que focaram esse problema, um em 1996 e outro em 1998. O primeiro resultou na Declaração de Hakodate (Sakai, 1996), e o segundo, na Declaração de Lofoten (Gjørv; Sakai, 2000, p. X), as quais afirmavam:

> nós, especialistas em concreto, devemos direcionar a tecnologia do concreto para um desenvolvimento mais sustentável no século XXI mediante o desenvolvimento e a introdução na prática de:

1. projeto de ciclo de vida integrado e orientado a desempenho;
2. construção em concreto mais ecológica;
3. sistemas de manutenção, reparo e reúso de estruturas de concreto.

Além disso, devemos compartilhar informação sobre todas essas questões com grupos técnicos e com o público em geral.

Além do grande consumo de recursos naturais para a produção de concreto, a produção de cimentos Portland puros é feita com base num processo industrial poluidor da atmosfera e com elevado consumo de energia. Nos últimos anos, têm ocorrido melhorias claras na tecnologia de produção de cimentos, mas a produção de cada tonelada de cimento Portland ainda consome tipicamente um volume de energia de cerca de 4 GJ, ao mesmo tempo que libera quase 1 t de CO_2 na atmosfera, além de vários outros elementos danosos (Tab. 11.1). Globalmente, a produção de cimento resulta em 1,4 bilhão de toneladas por ano de CO_2 ou 7% da produção global de CO_2 (Malhotra, 1999). Cerca de metade das emissões de CO_2 para a produção de cimento vem do calcário e dolomito utilizado como matéria-prima; a outra se deve à queima de combustíveis fósseis derivados de petróleo[1]. Portanto, do ponto de vista ambiental, é da maior importância o projeto bem feito de durabilidade e o controle de qualidade do concreto, assim como a manutenção preventiva para garantir durabilidade e vida útil maiores e mais controladas das estruturas de concreto.

TAB. 11.1 CONSUMO DE ENERGIA E EMISSÃO DE GASES TÍPICOS PARA A PRODUÇÃO DE CIMENTOS PORTLAND PUROS

Consumo de energia (MJ/kg)	Eletricidade	0,56
	Combustível fóssil	3,48
Total		4,05
Emissões para a atmosfera (g/kg)	CO_2	867
	SO_2	0,29
	NO_x	1,98
	VOC	0,02
	Poeira	0,17

Fonte: adaptado de Gjørv (1999).

Como já foi discutido no Cap. 2, a deterioração prematura e descontrolada das estruturas de concreto emergiu como um dos maiores desafios para a indústria da construção nos anos 1990. Agências públicas estão gastando parcelas significativas e cada vez maiores de seus orçamentos de construção para reparos e manutenção da infraestrutura de concreto existente. Projetos de reparos serão certamente submetidos a limitações econômicas crescentes, portanto haverá um crescimento paralelo

---

[1] N. do Revisor Técnico: A produção de cimento Portland no Brasil é considerada uma das de menor impacto ambiental no planeta, pois os cimentos nacionais incorporam vários resíduos de outras indústrias (cinza volante, escória de alto-forno, *filler*, pozolanas) e utilizam como fonte de energia o sistema de coprocessamento no qual são consumidos resíduos descartados, como pneus, bagaço de cana-de-açúcar etc. Na realidade, a indústria de cimento no Brasil é uma draga de resíduos industriais e contribui para a limpeza do ambiente.

da consideração da durabilidade durante as fases de projeto e construção de novas infraestruturas de concreto. Maior durabilidade e vida útil em novas infraestruturas de concreto não são importantes apenas do ponto de vista econômico, mas também afetam diretamente a sustentabilidade.

Estes e outros fatores estimularam o rápido desenvolvimento da Avaliação do Ciclo de Vida (LCA, *life cycle assessment*) das estruturas. A estrutura e a metodologia para quantificar os efeitos e impactos econômicos e ecológicos de projeto, produção e manutenção de estruturas estão disponíveis nas normas ISO 14040 (ISO, 2006a) e ISO 14044 (ISO, 2006b). Essas normas demonstram que a LCA inclui avaliação do consumo de materiais e energia, geração de resíduos e emissão de poluentes, assim como os riscos ambientais e à saúde correlatos. Portanto, a LCA oferece um instrumento valioso para quantificar e comparar os efeitos de várias soluções técnicas para melhorias no projeto, na construção e na operação de novas infraestruturas de concreto.

A seguir, expõe-se uma breve descrição da metodologia da LCA. Apresenta-se também um estudo de caso para mostrar como essa avaliação pode ser aplicada para estimar os impactos ambientais de duas estratégias diferentes de manutenção para uma dada estrutura de concreto.

11.1 Diretrizes para a avaliação do ciclo de vida

De acordo com a norma ISO 14040 (ISO, 2006a), uma LCA visa entender e avaliar a magnitude e o significado dos potenciais impactos ambientais de um sistema de produto. Uma parte crucial da LCA é o desenvolvimento de um Inventário do Ciclo de Vida (LCI, *life cycle inventory*), que quantifica emissões e consumo de material necessários para produzir e usar o produto. Cada item listado no inventário é, então, correlacionado com os eventuais danos ambientais ou à saúde por meio dos indicadores de impacto (Fig. 11.1).

Os muitos indicadores de impacto incluem efeitos conhecidos, como as mudanças climáticas, a redução do ozônio estratosférico, formações fotoquímicas oxidantes e acidificação, mas há muitos outros efeitos envolvidos. As categorias finais incluem saúde humana, ambiente natural e disponibilidade de recursos. Um indicador de categoria, representando o volume do impacto potencial, pode estar em qualquer lugar entre os resultados do inventário do ciclo de vida e a categoria final.

Conduzir corretamente uma LCA é um processo muito difícil porque a relação entre o ambiente externo e a categoria final pode ser muito complexa e o limite pode ser afetado por múltiplas fontes e tipos de emissão. A Fig. 11.2, por exemplo, mostra algumas das emissões (mas não todas) que se sabe que afetam a acidificação, mas essas mesmas emissões também podem afetar a eutrofização, a ecotoxicidade ou outras categorias. Normalmente, a LCA cessa um passo antes da categoria final (Fig. 11.1), mostrando apenas as categorias de impacto que são mais fáceis de avaliar. Interpretam-se, então, os resultados dos vários indicadores de categoria. As normas ISO 14040 (ISO, 2006a) e ISO 14044 (ISO, 2006b) oferecem mais informações sobre a estrutura metodológica para avaliação dos impactos ambientais.

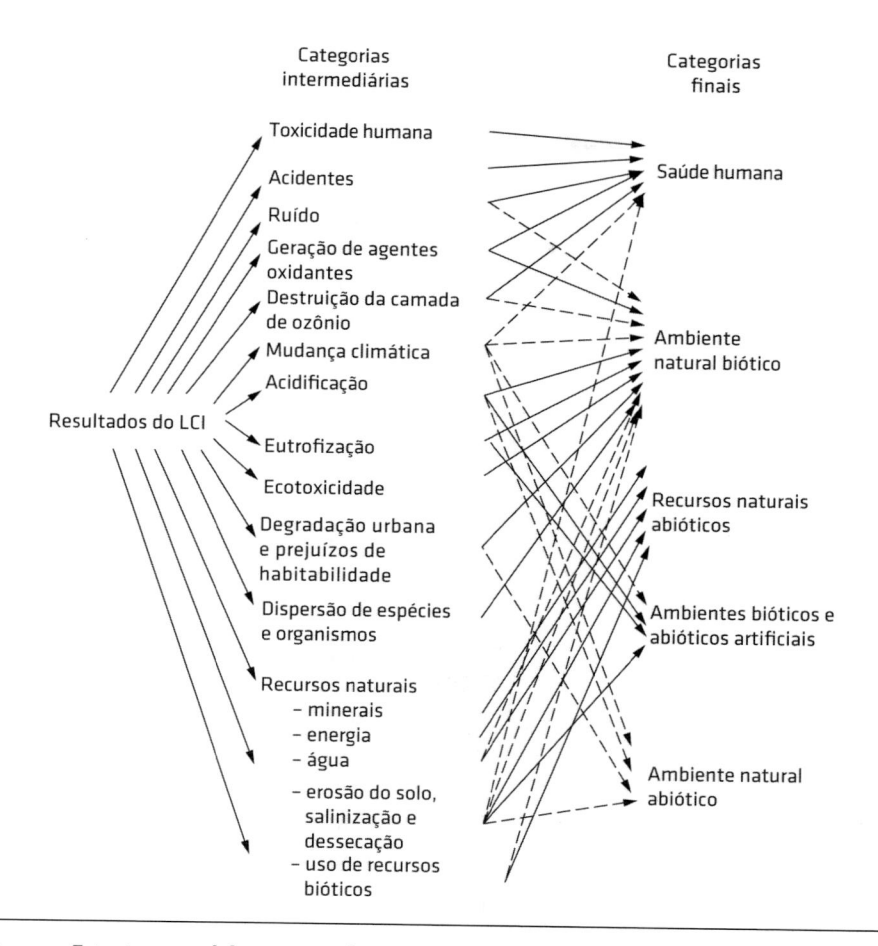

```
                    Categorias                    Categorias
                   intermediárias                   finais

                   Toxicidade humana
                                                  Saúde humana
                   Acidentes
                   Ruído
                   Geração de agentes
                   oxidantes
                   Destruição da camada
                   de ozônio
                                                  Ambiente
                   Mudança climática              natural biótico
                   Acidificação
Resultados do LCI
                   Eutrofização
                   Ecotoxicidade
                                                  Recursos naturais
                   Degradação urbana              abióticos
                   e prejuízos de
                   habitabilidade
                   Dispersão de espécies          Ambientes bióticos e
                   e organismos                   abióticos artificiais

                   Recursos naturais
                     – minerais
                     – energia
                     – água                       Ambiente natural
                                                  abiótico
                     – erosão do solo,
                       salinização e
                       dessecação
                     – uso de recursos
                       bióticos
```

FIG. 11.1 *Estrutura geral do esquema de análise do LCI. As linhas pontilhadas indicam que é particularmente incerta a informação atual para definir a categoria final*
Fonte: adaptado de Jolliet et al. (2003).

Para uma estrutura, a LCA determina os impactos ambientais das atividades humanas por meio do ciclo de vida completo, da extração de matérias-primas ao término da vida útil, incluindo a demolição e disposição dos detritos. Quando especificamente aplicados aos reparos e manutenção de estruturas de concreto, todos os passos do processo de reparo e manutenção devem ser minuciosamente avaliados.

O tipo de ação de reparo ou manutenção será baseado numa inspeção e avaliações das efetivas condições de uma dada estrutura. A ação selecionada dependerá da condição da estrutura e do ambiente externo, assim como do tipo de equipamento e materiais a serem usados durante o processo.

O próximo passo será determinar a unidade funcional, que é a unidade de referência usada no estudo de ciclo de vida (ISO, 2006a, 2006b). Todas as emissões, o consumo de energia e o fluxo de materiais que ocorrem durante o processo estão relacionados com essa unidade. A unidade funcional deve ser mensurável e sua seleção será afetada pelo objetivo e escopo da análise.

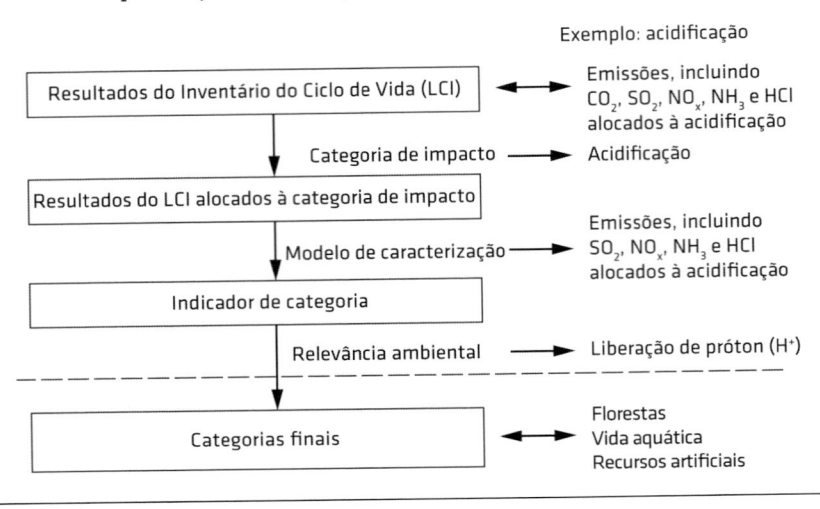

```
                                              Exemplo: acidificação

┌──────────────────────────────────────────┐   Emissões, incluindo
│ Resultados do Inventário do Ciclo de Vida│◄► $CO_2$, $SO_2$, $NO_x$, $NH_3$ e HCl
│              (LCI)                       │   alocados à acidificação
└──────────────────────────────────────────┘
                    │ Categoria de impacto ──► Acidificação
                    ▼
┌──────────────────────────────────────────┐
│ Resultados do LCI alocados à categoria   │
│ de impacto                               │   Emissões, incluindo
└──────────────────────────────────────────┘   $SO_2$, $NO_x$, $NH_3$ e HCl
                    │ Modelo de caracterização ──► alocados à acidificação
                    ▼
┌──────────────────────────────────────────┐
│         Indicador de categoria           │
└──────────────────────────────────────────┘
                    │ Relevância ambiental ──► Liberação de próton ($H^+$)
                    ▼
┌──────────────────────────────────────────┐   Florestas
│           Categorias finais              │◄► Vida aquática
└──────────────────────────────────────────┘   Recursos artificiais
```

FIG. 11.2 *Conceito de indicadores de categoria aplicado à acidificação*
Fonte: adaptado de ISO (2006b).

A avaliação de ciclo de vida deve visar inequivocamente à aplicação pretendida e indicar a quem os resultados serão endereçados. Portanto, a unidade funcional para um revestimento protetor de superfície pode ser definida como a unidade de superfície do concreto que precisa ser protegida por um período específico de tempo.

A fase do LCI consiste nos pontos indicados a seguir.

* Quantificação de matérias-primas, substâncias químicas e equipamentos necessários para executar a função de reparo ou manutenção. Essa quantificação dá o fluxo de referência (ISO, 2006b) para o qual todos os dados de entrada e de saída são referidos e são estreitamente conectados com a unidade funcional.

* Dados ambientais para as matérias-primas consumidas, substâncias químicas e equipamentos podem vir dos fornecedores (dados específicos), de bases de dados (dados genéricos) ou podem ser um LCI executado no nível do fornecedor. Os materiais usados devem ter uma declaração ambiental (EPD) com escopo abrangendo do berço ao túmulo. A declaração ambiental (EPD) deve incluir o uso de recursos como energia (renovável ou não renovável), materiais (renováveis ou não renováveis), água, resíduos e emissões tanto para o ar como para a água.

* Quantificação e classificação dos resíduos resultantes do processo, como reciclagem ou lixo (perigosos ou não).

Os cálculos devem prosseguir, alocando os resultados do LCI a categorias de impacto (Fig. 11.1). Classificação e caracterização devem ser realizadas de acordo com a ISO 14044 (ISO, 2006b), usando os fatores de efeito do Protocolo de Montreal (UN, 1987), IPCC 1995 (UN, 1995) e Heijungs et al. (1992). Emissões de um gás específico podem ser alocadas a mais de uma categoria. Por exemplo, emissões de NO_x serão alocadas às categorias de eutrofização e acidificação.

O resultado final pode ser apresentado como categorias de impacto ou ponderados num índice ambiental. Essa ponderação consiste no processo de converter os resultados dos indicadores de diferentes categorias de impacto por meio de fatores numéricos baseados em escolhas de valor. Este é um elemento opcional na ISO 14044. Assim, fatores advindos de escolhas de valor podem ser baseados em alvos políticos do Protocolo de Kyoto (UN, 1997) ou outras preferências similares. A interpretação dos resultados, com base na ISO 14044, deve identificar, qualificar, avaliar e apresentar questões significativas encontradas.

11.2 Estudo de caso

Para demonstrar como o esquema metodológico citado pode ser aplicado para avaliar os impactos ambientais de diferentes estratégias de manutenção de uma certa estrutura de concreto, dois exemplos de sistemas comumente usados foram analisados por Årskog, Fossdal e Gjørv. (2003). Os resultados da análise são brevemente descritos e discutidos a seguir.

Um sistema é um reparo localizado com base em concreto projetado que é aplicado a uma estrutura de concreto com danos devidos à contínua corrosão induzida por cloretos. Embora esse tipo de reparo não seja a maneira mais eficiente de controlar corrosão já em progresso, como discutido no Cap. 8, ele ainda é usado para esse tipo de dano (Cap. 2). O outro sistema é um tratamento hidrofugante de superfície, que é uma medida protetora comumente usada para manutenção preventiva (Cap. 5).

Para os dois sistemas, foram consideradas as seguintes premissas comuns para calcular os impactos ecológicos:
* 60 km de distância percorrida do fornecedor ao local do reparo;
* o transporte de materiais e equipamento por caminhão;
* o consumo de diesel do caminhão no valor de 0,2 kg por t/km;
* a unidade funcional compreendendo 1 m^2 de superfície de concreto reparada ou protegida por um período de dez anos.

11.2.1 Reparo localizado

Esta análise é baseada nas seguintes premissas:
* 30 m^2 de área de superfície reparada;
* rebote ou perda por reflexão de 25% no concreto projetado;
* energia no canteiro de obra proveniente de geradores a diesel.

Entre os vários tipos de processo estão os seguintes:
* remoção do cobrimento até a profundidade média de 50 mm por jato de água em alta pressão (1.000 bar);
* limpeza das armaduras por jato de areia;
* aplicação do revestimento protetor nas armaduras;
* aplicação da camada de concreto projetado;
* aplicação de medidas de cura ao concreto projetado.

O consumo de energia e os impactos ecológicos do reparo localizado estão resumidos na Tab. 11.2.

TAB. 11.2 CONSUMO DE ENERGIA E IMPACTOS ECOLÓGICOS DO REPARO LOCALIZADO

Processo	Categoria de impacto				
	Uso de energia MJ/m^2	Aquecimento global kg CO_2 eq/m^2	Acidificação g SO_2 eq/m^2	Eutrofização g PO_4 eq/m^2	Formação foto-oxidante g eteno eq/m^2
Jateamento de água	677	84	75	1.330	266
Limpeza da armadura	296	22	4	350	70
Revestimento protetor na armadura	35	1,4	19	2,4	3
Aplicação de concreto projetado	59	4,4	19	70	14
Transporte	127	10	8	150	30
Total	1.194	122	125	1.902	383

11.2.2 TRATAMENTO HIDROFUGANTE DE SUPERFÍCIE

Esta análise foi baseada nas seguintes premissas:
* um agente hidrofugante de base silano, combinado com cargas minerais;
* 150 m^2 de superfície tratada.

Os vários passos do processo incluem:
* preparação da superfície do concreto com jato de areia de alta pressão (1.600 bar);
* aplicação do agente hidrofugante até a espessura de 0,25 mm, por meio de um borrifador. Presumiu-se que só 45% do agente hidrofugante foi aplicado à superfície do concreto, o que equivale a aproximadamente 500g/m^2, enquanto o resto do agente (cerca de 600 g/m^2) foi perdido para o ar (o silano é volátil e libera etanol na atmosfera).

O consumo de energia e os impactos ecológicos da proteção hidrofugante da superfície estão resumidos na Tab. 11.3.

TAB. 11.3 CONSUMO DE ENERGIA E IMPACTOS ECOLÓGICOS DA PROTEÇÃO HIDROFUGANTE DA SUPERFÍCIE

Processo	Categoria de impacto				
	Uso de energia MJ/m^2	Aquecimento global kg CO_2 eq/m^2	Acidificação g SO_2 eq/m^2	Eutrofização g PO_4 eq/m^2	Formação foto-oxidante g eteno eq/m^2
Produção do agente hidrofugante	47	0,295	0,5	6	2
Preparação da superfície	17	0,013	0,4	7	1
Transporte e tratamento da superfície	12	0,080	0,1	2	66
Deterioração de longo prazo		2,171			1
Total	76	2,559	1	15	70

11.2.3 AVALIAÇÃO E DISCUSSÃO DOS RESULTADOS OBTIDOS

Várias suposições foram levantadas para poder executar a comparação mencionada dos impactos ecológicos causados pelo reparo e pela aplicação da medida protetora. Os resultados indicam, porém, que o tratamento hidrofugante da superfície poderia ser repetido mais de cinco vezes antes que o impacto ecológico de uma formação foto-oxidante pudesse se aproximar do impacto do reparo com concreto projetado (Tab. 11.4).

TAB. 11.4 COMPARAÇÃO DOS IMPACTOS ECOLÓGICOS CAUSADOS PELO REPARO LOCALIZADO E PELA MEDIDA PROTETORA BASEADA EM TRATAMENTO HIDROFUGANTE DE SUPERFÍCIE

Procedimento	Categoria de impacto				
	Uso de energia MJ/m^2	Aquecimento global kg CO_2 eq/m^2	Acidificação g SO_2 eq/m^2	Eutrofização g PO_4 eq/m^2	Formação foto-oxidante g eteno eq/m^2
Reparo localizado	1.194	122	125	1.902	383
Tratamento hidrofugante de superfície	76	2,6	1	15	70

Com base no esquema metodológico brevemente descrito, a LCA parece ser uma boa ferramenta, embora complexa, para a avaliação ambiental do projeto, da produção e da manutenção de infraestruturas de concreto. Seria, porém, ainda mais complexa e difícil uma avaliação mais completa de todos os impactos no ambiente causados pelas atividades humanas ao longo de todo o ciclo de vida de uma estrutura de concreto. No entanto, há já algum tempo procuram-se desenvolver aplicações mais práticas da LCA (Sakai, 2005; Aïtcin, 2011; Sakai, Buffenbarger, 2012; Sakai, Noguchi, 2012), e recentemente foi publicada uma nova norma sobre LCA (ISO, 2012).

Embora os grandes ganhos ambientais pudessem ser obtidos mediante um adequado projeto de durabilidade e construção de novas infraestruturas de concreto, os estudos de caso citados demonstram que a LCA também oferece uma boa base para selecionar estratégias apropriadas de manutenção de importantes infraestruturas de concreto. Do ponto de vista da sustentabilidade, parece que a estratégia de conduzir avaliações periódicas da condição da estrutura e fazer manutenção preventiva é melhor do que deixar a estrutura chegar ao ponto em que precise de reparos.

Referências bibliográficas

Aïtcin, P. C. (2011). Sustainability of Concrete. CRC Press, London.

Årskog, V., Fossdal, S., and Gjørv, O. E. (2003). Quantitative and Classified Information of RAMS and LCE for Different Categories of Repair Materials and Systems Subjected to Classified Environmental Exposures, Document D5.2 of the Research Project LIFECON—Life Cycle Management of Concrete Infrastructures for Improved Sustainability. European Union—Competitive and Sustainable Growth Programme, Project G1RD-CT-2000-00378.

Gjørv, O. E. (1999). Durability Requirements in Norwegian Concrete Codes in a Resource and Environmental Perspective. In *Proceedings, Annual Conference of the Norwegian Concrete Association*, Oslo (in Norwegian).

Gjørv, O. E., and Sakai, K. (eds.). (2000). *Concrete Technology for a Sustainable Development in the 21st Century*. E & FN Spon, London.

Heijungs, R., Guinée, J. B., Huppes, G., Lankreijer, R. M., Udo de Haes, H. A., Wegener Sleeswijk, A., Ansems, A. M. M., Eggels, P.G., Duin, R. van, and Goede, H. P. de. (1992). Environmental Life Cycle Assessment of Products: Guide and Backgrounds (Part 1). Institute of Environmental Sciences, Centrum voor Milieukunde Leiden, University of Leiden, Netherlands.

Ho, D. W. S., Mak, S. L., and Sagoe-Crentsil, K. K. (2000). Clean Concrete Construction: An Australian Perspective. In *Concrete Technology for a Sustainable Development in the 21st Century*, ed. O.E. Gjørv and K. Sakai. E & FN Spon, London, pp. 236–245.

ISO. (2006a). *ISO 14040 – Environmental Management, Life Cycle Assessment, Principles and Framework*. International Organization for Standardization, Geneva, Switzerland.

ISO. (2006b). *ISO 14044 – Environmental Management, Life Cycle Assessment, Requirements and Guidelines*. International Organization for Standardization, Geneva, Switzerland.

ISO. (2012). *ISO 13315-1 – Environmental Management for Concrete and Concrete Structures – Part 1: General Principles*. International Organization for Standardization, Geneva, Switzerland.

Jolliet, O., Brent, A., Goedkoop, M., Itsubo, N., Mueller-Wenk, R., Peña, C., Schenk, R., Stewart, M., and Weidema, B. (2003). *Life Cycle Impact Assessment Programme of the Life Cycle Initiative: Final Report of the LCIA Definition Study*. UNEP/SETSC Life Cycle Initiative.

Malhotra, V. N. (1999). Making Concrete Greener with Fly Ash. *Concrete International*, 13, 61–66.

Sakai, K. (ed.). (1996). *Integrated Design and Environmental Issues in Concrete Technology*. E & FN Spon, London.

Sakai, K. (2005). Environmental Design for Concrete Structures. *Journal of Advanced Concrete Technology*, 3(1), 17–28.

Sakai, K., and Buffenbarger, J. K. (2012). Concrete Sustainability Forum IV. *Concrete International*, 34(3), 41–44.

Sakai, K., and Noguchi, T. (2012). *The Sustainable Use of Concrete*. CRC Press, London.

UN. (1987). *Montreal Protocol*. United Nations, New York.

UN. (1995). *Intergovernmental Panel on Climate Change (IPCC), Second Assessment*. United Nations, New York.

UN. (1997). *Kyoto Protocol*. United Nations, New York.

doze

Normas e prática

Com base no desempenho de todas as estruturas de concreto descritas no Cap. 2, pode-se perguntar por que todas as estruturas de concreto em alto-mar construídas nos anos 1970 para a indústria de petróleo e gás no mar do Norte tiveram uma durabilidade tão superior às importantes estruturas de concreto costeiras construídas ao longo da costa norueguesa durante o mesmo período. Por muito anos, a vida útil exigida para as estruturas em alto-mar foi tipicamente de 30 anos, aumentando gradualmente para 60 anos, enquanto para todas as estruturas terrestres em ambiente marinho (costeiras) exigia-se uma vida útil de 60 anos, aumentando progressivamente para cem anos.

Por muitos anos, o aço foi o material estrutural tradicional para as plataformas da indústria de petróleo e gás. Assim, quando o primeiro conceito para instalações no mar do Norte com base em concreto foi apresentado no final dos anos 1960, houve muito ceticismo por parte da comunidade técnica de plataformas em alto-mar em relação ao uso do concreto como material estrutural para um ambiente marinho tão agressivo e hostil (Gjørv, 1996).

Ao mesmo tempo, porém, os resultados e as recomendações das amplas pesquisas de campo em mais de 200 estruturas de concreto ao longo da costa norueguesa tinham acabado de ser publicados (Gjørv, 1968). Como descrito e discutido no Cap. 2, a maioria dessas estruturas de concreto apresentava alta capacidade estrutural mesmo depois de 50 a 60 anos de solicitações combinadas de cargas estruturais pesadas sob exposição a um ambiente marinho agressivo. A boa condição geral dessas estruturas de concreto costeiras contribuiu, portanto, para convencer a comunidade técnica das plataformas em alto-mar de que o concreto também seria um material estrutural possível e confiável para as plataformas do mar do Norte.

Contudo, os operadores internacionais nesse local achavam inaceitável usar um material estrutural que apresentava problemas de corrosão já num período de menos de dez anos e que, além disso, era difícil de reparar. Portanto, para que o concreto fosse aceito na primeira plataforma do mar do Norte, era necessário aumentar a qualidade do concreto e o cobrimento para além do que estava especificado nos códigos de concreto da época. Como muitos dos problemas de durabilidade observados nas estruturas de concreto marinhas baseadas em terra podiam estar relacionados à ausência de um controle de qualidade adequado e a problemas durante a concretagem, exigiu-se também a implementação de programas muito rigorosos de controle e garantia de qualidade durante a concretagem.

Segue-se uma breve descrição e discussão das normas aplicadas e da prática, para entender melhor a diferença de durabilidade e desempenho, no mesmo período, entre as plataformas de concreto no mar do Norte e as estruturas de concreto terrestres (costeiras) ao longo da costa norueguesa.

Também serão brevemente descritas a seguir algumas especificações recomendadas e recentes, com base na atual experiência com todos os procedimentos de projeto de durabilidade e de controle de qualidade do concreto expostos nos capítulos anteriores.

12.1 Normas e práticas recomendadas

12.1.1 Estruturas de concreto em alto-mar

Para enfrentar o novo desafio da exigente indústria de petróleo e gás no início dos anos 1970, a Fédération Internationale de la Précontrainte (FIP) logo criou a Concrete Sea Structures Commission (Comissão de Estruturas de Concreto no Mar), que publicou em 1973 a primeira edição de suas *Recommendations for the Design and Construction of Concrete Sea Structures* (FIP, 1973). Os requisitos de durabilidade nessas recomendações eram baseados sobretudo na experiência da extensa pesquisa de campo de todas as estruturas de concreto ao longo da costa norueguesa realizada durante os anos 1960 e nas recomendações desse projeto, mas também foram cuidadosamente examinadas outras experiências internacionais com estruturas de concreto em ambientes marinhos.

Logo depois de publicadas as recomendações da FIP, tanto a Norwegian Petroleum Directorate (NPD) como a Det Norske Veritas (DNV) adotaram os novos e mais rigorosos requisitos de durabilidade da FIP para estruturas de concreto fixas em alto-mar, respectivamente, em suas regulamentações (NPD, 1976) e regras (DNV, 1976).

Os novos requisitos de durabilidade nas recomendações da FIP eram ligeiramente diferentes para as diversas zonas de exposição: submersas, sujeitas a respingos ou atmosféricas. Para a exposição mais grave na zona de respingos, porém, a relação água/cimento não deveria exceder 0,45, sendo preferivelmente 0,40 ou menos, dependendo da obtenção de uma trabalhabilidade adequada. Um teor mínimo de cimento de 400 kg/m^3 também deveria ser aplicado e as armaduras e os cabos protendidos deveriam ser protegidos por um cobrimento nominal de 75 mm e 100 mm, respectivamente.

Depois do primeiro avanço no uso do concreto no desenvolvimento do Campo de Petróleo Ekofisk, uma rápida evolução ocorreu, como descrito nos Caps. 1 e 2. Para a primeira plataforma de concreto, porém, não foi possível produzir um concreto com uma relação água/cimento tão baixa como 0,40, atendendo ao mesmo tempo aos requisitos de alta resistência à compressão e com 4% a 6% de ar incorporado para atingir a resistência correta ao gelo, pois aditivos eficientes para redução de água ainda não estavam disponíveis na época. Assim, o tanque Ekofisk foi feito com um concreto com uma relação água/cimento de 0,45. Depois que essa estrutura foi instalada em 1973, porém, ocorreu uma rápida evolução em concreto de alta resistência (Gjørv, 2008) e o requisito de qualidade do concreto cresceu com sucesso de projeto a projeto. Assim, todas as outras plataformas de concreto em alto-mar no mar do Norte usaram concreto feito com uma relação água/cimento variando de 0,35 a 0,40.

Já na plataforma Brent, instalada em 1975, foi produzido para a zona de respingos um concreto com relação água/cimento de 0,40 e com resistência à compressão aos 28 dias de 48,5 MPa, combinado com 4,9% de ar. No concreto submerso, sem ar incorporado, a resistência à compressão aos 28 dias era de 56,9 MPa.

Em todas as outras plataformas produzidas mais tarde, a resistência à compressão do concreto aos 28 dias foi crescendo até 80 MPa na plataforma Troll A, instalada em 1995 (Gjørv, 2008). O controle de qualidade comum da permeabilidade à água apresentou um concreto muito denso, com profundidades típicas de menos de 2 mm de penetração da água, em conformidade com Standard Norway (1989) (ISO/DIS 7031) e valores de permeabilidade à água tipicamente inferiores a 10^{-13} kg/Pa · m · s (Gjørv; Løland, 1980; Gjørv, 1994).

Para todas as plataformas de concreto em alto-mar no mar do Norte, também foram especificados requisitos muito rigorosos para a abertura das fissuras. Embora a importância desses requisitos para a durabilidade não estivesse muito clara, como já discutido no Cap. 3, eles foram mais decisivos para o projeto estrutural e a quantidade de aço instalado do que as solicitações devidas à carga da chamada onda dos cem anos[1].

Além dos requisitos de durabilidade já citados, as plataformas de concreto construídas antes de 1980 também eram protegidas na zona de respingos por um revestimento sólido de superfície. Esse revestimento de epóxi, com 2 mm a 3 mm de espessura, era aplicado continuamente durante a evolução da forma deslizante das estruturas. Graças à aplicação precoce desse revestimento, enquanto o concreto ainda mantinha a capacidade de sucção capilar, conseguiu-se uma excelente adesão entre o substrato do concreto e o revestimento (Cap. 5). Para todas as plataformas,

---

[1] N. da T.: Onda estatisticamente projetada que atinge ou excede uma certa altura a cada cem anos. A probabilidade de que essa altura de onda seja atingida pelo menos uma vez a cada cem anos é de 63%. A "onda dos cem anos" é um fator normalmente levado em conta pelos projetistas de plataformas de petróleo e outras estruturas em alto-mar.

programas extensos de controle de qualidade foram implementados para assegurar a melhor qualidade possível da construção.

O bom desempenho de todas essas plataformas de concreto no mar do Norte demonstra que, desde o início dos anos 1970, era possível tanto projetar como produzir estruturas de concreto muito duráveis mesmo nos ambientes marinhos mais agressivos e rigorosos. No entanto, os requisitos citados para durabilidade e controle de qualidade do concreto foram baseados na utilização correta do conhecimento e da experiência então disponíveis. Para todos os operadores profissionais do mar do Norte, era essencial e da maior importância um alto grau de segurança e baixos custos de operação.

Embora as estruturas mais velhas do mar do Norte ainda pareçam estar em condições bastante boas, muitas delas já sofreram alguma corrosão do aço e algumas passaram por reparos muito caros (Cap. 2). A despeito da produção de um concreto muito homogêneo e dos programas muito rigorosos de controle de qualidade, a maior parte dos problemas de corrosão observados mais tarde podem ser atribuídos à alta dispersão e variabilidade da qualidade executada do concreto; toda falha na qualidade especificada da execução foi logo revelada. Deve-se notar, porém, que também para essas plataformas do mar do Norte a durabilidade exigida foi baseada principalmente em requisitos normativos. Como se viu no Cap. 6, não é fácil verificar e controlar quaisquer especificações com base em requisitos normativos de composição do concreto e execução da concretagem.

Com exceção de uma plataforma de concreto construída na Holanda com cimento de escória de alto-forno, todas as outras foram produzidas com cimento Portland puro (CEM I), que não é o melhor sistema aglomerante para obter alta resistência à penetração de cloreto (Cap. 3). Só em poucas das plataformas construídas mais recentemente aplicou-se uma pequena quantidade de sílica ativa, usada principalmente para estabilizar e evitar a segregação do concreto fresco, altamente fluido durante a concretagem.

Na plataforma Brent B (1975), que não recebeu nenhum revestimento de superfície na zona de respingos, observou-se uma profunda penetração de cloretos e uma despassivação em estágio inicial após cerca de 20 anos de exposição (Cap. 2). No entanto, como o concreto dessa plataforma foi produzido com uma relação água/cimento de 0,40 e mais de 400 kg/m^3 de cimento, em combinação com um cobrimento nominal de 75 mm, foram atendidos todos os requisitos até das mais rigorosas normas europeias do concreto (CEN, 2009).

12.1.2 Estruturas de concreto terrestres

Do início dos anos 1970 até o final dos 1980, em todas as estruturas de concreto construídas ao longo da costa norueguesa, o requisito da qualidade do concreto era baseado principalmente numa certa resistência à compressão aos 28 dias. Durante a grande expansão das atividades de construção na época, tanto na Noruega como em outros países, muitas estruturas de concreto portuárias e pontes de concreto foram construídas ao longo da costa. Os requisitos de resistência à compressão e de cobrimento mínimo variavam entre 30 MPa a 40 MPa e entre 25 mm a 50 mm, respectivamente. Também nessas estruturas de concreto foram usados cimentos Portland puros (CEM I).

Em todas as estruturas em ambiente marinho construídas nesse período, uma combinação de mau acabamento e ausência de controle de qualidade adequado durante a concretagem resultou claramente numa execução muito ruim da obra (Cap. 2). Isso ficou claro no caso da ponte Gimsøystraumen (Fig. 2.36), construída no norte da Noruega entre 1978 e 1981. Durante extensos reparos dessa ponte, depois de 11 anos de vida útil, revelou-se um cobrimento muito deficiente, como mostra claramente a Fig. 2.40. O Cap. 6 compara a grande variação do cobrimento executado nessa ponte com observações semelhantes numa ponte japonesa e em mais de cem estruturas de concreto na região do Golfo (Fig. 6.1).

Tanto na Noruega como em muitos outros países, há registro frequente de melhor desempenho de velhas estruturas de concreto, construídas antes dos anos 1970. A indústria da construção provavelmente não entendeu bem a rápida evolução da tecnologia do concreto que ocorreu no início dos anos 1970. Até o final dos anos 1960, na Noruega, produzia-se tipicamente um concreto do tipo 30 MPa, com um consumo de cimento de mais de 400 kg/m^3 (Rudjord, 1967). Portanto, esse tipo de concreto era muito mais robusto do ponto de vista da durabilidade, embora os velhos tipos de concreto também tivessem uma trabalhabilidade pior e, por isso, resultavam em compactação ruim, o que podia contribuir para uma durabilidade reduzida. Durante os anos 1970 e 1980, porém, foram lançados novos cimentos Portland, mais finamente granulados, e também novos aditivos orgânicos e minerais. Ao mesmo tempo, foram otimizadas a mistura de concreto (dosagem) e a produção de agregados. Assim, gradualmente, tornou-se possível atender ao requisito especificado de resistência à compressão com menores quantidades de cimento. Além disso, uma preocupação excessiva e distorcida com o ritmo da produção muitas vezes resultava em má execução e deficiente cura do concreto. O resultado é que as propriedades de durabilidade do concreto ficaram cada vez mais deficientes. Novas especificações de durabilidade, ao longo de várias revisões das normas, só foram introduzidas quando graves problemas de durabilidade começaram a surgir no campo. Na maioria dos países, essa atualização dos requisitos de durabilidade nas normas estava muito atrasada em relação ao desenvolvimento técnico e ao conhecimento disponível.

Embora a maioria das normas para durabilidade do concreto tenha sido atualizada várias vezes desde o começo dos anos 1970, as atuais especificações normativas para a durabilidade do concreto ainda são quase exclusivamente baseadas nos requisitos tradicionais de composição do concreto e de execução da concretagem, cujos resultados não são nem únicos nem fáceis de verificar e controlar durante a concretagem.

Para estruturas de concreto em ambientes marinhos, as atuais normas europeias do concreto ainda permitem concreto baseado numa relação água/aglomerante de até 0,45 (CEN, 2009). Nas emendas nacionais norueguesas à Norma Europeia 206-1, porém, exige-se um nível mais alto, de 0,40, para a relação água/aglomerante (Standard Norway, 2003a). Deve-se notar que, no início dos anos 1970, a Norma Norueguesa não tinha nenhum requisito para a relação água/aglomerante em estruturas de concreto em ambiente marinho e exigia apenas 25 mm de cobrimento mínimo (Standard Norway, 1973). Só em 1986 essa norma estabeleceu um limite para a relação água/cimento em novas estruturas de concreto em ambiente marinho e, desde então, um nível mais alto, de 0,45, foi introduzido para a relação água/aglomerante (Standard Norway, 1986).

Depois de enfrentar graves problemas de durabilidade em todas as suas pontes de concreto ao longo da costa norueguesa (Cap. 2), a Norwegian Public Roads Administration (NPRA) introduziu em 1988 seus próprios – e mais rigorosos – requisitos de durabilidade para novas pontes costeiras (NPRA, 1988). Desde então, o limite máximo para a relação água/aglomerante foi estabelecido em 0,40 e, em 1996, foi reduzido para 0,38 para as partes mais expostas das pontes (NPRA, 1996). Em 1994, foi dado um grande passo adiante quando essa agência pública também introduziu requisitos adicionais para melhor garantir o cobrimento especificado (NPRA, 1994). Ao especificar um desvio máximo de ±15 mm para o cobrimento do aço estrutural, uma espessura adicional de 15 mm de concreto foi requerida sobre o cobrimento mínimo.

A Tab. 12.1 mostra que levou muito tempo antes que outros organismos adotassem os rigorosos requisitos de durabilidade recomendados pela FIP em 1973 para as plataformas de petróleo em alto-mar. Essa lenta atualização das normas norueguesas do concreto para durabilidade em ambientes marinhos também é típica da maioria das normas de concreto em outros países (CEN, 2009).

Paralelamente à rápida evolução da tecnologia de concreto para todas as estruturas de concreto em alto-mar no mar do Norte, também houve uma rápida evolução internacional do concreto de alta resistência (Gjørv, 2008). Como o concreto de alta resistência, com sua baixa porosidade e alta densidade, costuma melhorar o desempenho do material, logo foi lançada a expressão *concreto de alto desempenho* (HPC, *high-performance concrete*), que incluía a expressão *concreto de alta resistência* (HSC, *high-strength concrete*). Internacionalmente, portanto, especificava-se concreto de alto desempenho em vez de concreto de alta resistência para durabilidade do concreto. Embora existam várias definições de concreto de alta resistência e de concreto de alto desempenho, essas expressões são especificadas por um certo nível superior de relação água/cimento ou água/aglomerante. Note-se, porém, que já não é fácil definir sequer as expressões *relação água/cimento* e *relação água/aglomerante*.

Por muitos anos, quando o concreto era baseado, sobretudo, em cimentos Portland puros e se adotavam procedimentos simples para a produção de concreto, o conceito de relação água/cimento era a base fundamental tanto para caracterizar como para especificar a qualidade do concreto. Como atualmente se aplicam vários materiais cimentícios e *fillers* reativos na produção de concreto, as propriedades do concreto são cada vez mais controladas pelas várias combinações desses materiais suplementares. Além disso, elas também são cada vez mais controladas pelo uso de vários tipos de agregado processado de concreto, novos aditivos de concreto e sofisticados equipamentos de produção.

TAB. 12.1 Evolução dos requisitos de durabilidade para estruturas de concreto nos ambientes marinhos noruegueses (zona de respingos)

Ano	Norma	Máxima relação água/aglomerante	Cobrimento mínimo (mm)
1973	Fédération Internationale de la Précontrainte (FIP)	0,45 (0,40)	75[a]
1976	Norwegian Petroleum Directorate (NPD)	0,45 (0,40)	75[a]
1976	Det Norske Veritas (DNV)	0,45 (0,40)	75[a]
1973	Norma Norueguesa NS 3473	Sem requisito	25
1986	Norma Norueguesa NS 3420	0,45	–
1988	Norwegian Public Roads Administration (NPRA)	0,40	–
1989	Norma Norueguesa NS 3473	–	50
1966	Norwegian Public Roads Administration (NPRA)	0,38	60
2000	Norma Europeia EN-206-1	0,45	–
2003	Norma Norueguesa NS-EN-206-1	0,40	–
2003	Norma Norueguesa NS 3473	–	60

[a] Cobrimento nominal.

Para acompanhar a rápida evolução no uso de novos materiais suplementares, como substitutos parciais do cimento Portland, as normas europeias adotaram o chamado *fator de eficiência* para calcular a relação água/aglomerante, como mostra a Eq. 12.1:

$$W/(C = k \cdot Sm) \qquad (12.1)$$

em que W é água, C é cimento Portland e k é o *fator de eficiência* para o material suplementar (Sm); para cada tipo de material suplementar, um *fator de eficiência* especial é dado.

Esse fator de eficiência foi introduzido no final dos anos 1970 por um vasto programa de pesquisa sobre sílica ativa no concreto (Løland, 1981; Løland; Gjørv, 1981, 1982). Nesse programa de pesquisa, os fatores de eficiência foram introduzidos para quantificar o efeito da substituição parcial do cimento Portland por sílica ativa nas várias propriedades do concreto. O programa mostrou, contudo, que os fatores de eficiência variavam dentro de limites muito amplos de uma propriedade do concreto para outra. Até para a mesma propriedade do concreto observava-se um amplo leque de fatores de eficiência, dependendo do nível de qualidade do concreto. Enquanto os fatores de eficiência para a resistência à compressão podiam variar tipicamente de dois a quatro, os fatores de eficiência para as propriedades de permeabilidade e durabilidade podiam ser até dez vezes maiores. O efeito significativo da sílica ativa na durabilidade do concreto foi discutido no Cap. 3 (Fig. 3.18). Portanto, a sílica ativa é usada principalmente para melhorar as propriedades de durabilidade do concreto. Quando, mais tarde, as normas do concreto adotaram um fator de eficiência de 2 como base para o uso da sílica ativa no concreto, a lógica desse fator pôde ser comprovada.

Com base na rápida evolução da tecnologia do concreto nos últimos anos, como brevemente descrito anteriormente, pode-se afirmar que as velhas e simples expressões *relação água/cimento* e *relação água/aglomerante*, usadas para caracterizar e especificar a qualidade do concreto, acabaram perdendo seu significado. Em consequência, há grande necessidade de definições e especificações da qualidade do concreto com base no desempenho, particularmente no que que se refere à caracterização e especificação da durabilidade do concreto.

Como as especificações baseadas em desempenho estão se tornando cada vez mais importantes para os projetos de infraestrutura, a National Ready Mixed Concrete Association (NRMCA), nos Estados Unidos, já se comprometeu a utilizá-las em sua iniciativa *Prescription to Performance* (P2P) (normas baseadas em desempenho). Essas especificações vão premiar os produtores por qualidade e desencorajá-los de fornecer concreto deficiente (Bognacki et al., 2010).

Nos Estados Unidos, o teste de rápida permeabilidade do cloreto (ASTM, 2005) foi lançado já nos anos 1980 por Whiting (1981) e tem sido amplamente adotado no mundo todo. No entanto, como esse método de teste só dá um *valor resposta em Coulomb* com base na medição da carga elétrica total que passou pelo corpo de prova de concreto num curto período de tempo, não se obtém dele nenhuma informação básica sobre a resistência do concreto à penetração do cloreto, que pode ser usada como parâmetro de entrada para uma melhor análise de durabilidade. Apesar disso, porém, foi um grande passo adiante quando esse método de teste foi lançado para especificação, controle e aceitação da durabilidade do concreto.

No começo dos anos 1990, para estimular o uso de concreto de alto desempenho (HPC) em estradas e rodovias nos Estados Unidos, a agência responsável por estradas federais definiu o HPC pelos seguintes quatro parâmetros de durabilidade e quatro de resistência (Goodspeed; Vanikar; Cook, 1996):

   i. propriedades de durabilidade:
* durabilidade gelo/degelo;
* resistência à escamação;
* resistência à abrasão;
* permeabilidade ao cloreto.

   ii. propriedades mecânicas:
* resistência à compressão;
* módulo de elasticidade;
* retração;
* fluência.

Com base em requisitos para cada um dos parâmetros citados, foram definidos quatro diferentes graus de desempenho e os detalhes dos métodos de ensaio para determinar o desempenho de cada grau. Em seguida, foram recomendadas aplicações para os vários graus de HPC, de acordo com diversas condições de exposição.

Parece que a importância da durabilidade tem sido subestimada por muitos anos no projeto e na produção tradicional de importantes infraestruturas de concreto. Portanto, agências públicas têm despendido proporções grandes e crescentes de seus orçamentos de construção em reparos e manutenção da infraestrutura de concreto existente (Cap. 2). Melhorar a durabilidade e a vida útil de novas estruturas de concreto não é importante apenas de um ponto de vista econômico, mas também afeta diretamente a sustentabilidade (Cap. 11).

Como foi claramente demonstrado no Cap. 2, a qualidade executada da construção de novas estruturas de concreto mostra tipicamente uma alta dispersão e variabilidade do concreto, ou seja, falhas de adensamento e execução. Nos ambientes de severa agressividade, quaisquer falhas e deficiências vão se revelar rapidamente, quaisquer que tenham sido as especificações de durabilidade e materiais aplicados. Até certo ponto, uma abordagem probabilística ao projeto de durabilidade pode levar em conta o problema da qualidade executada da obra. No entanto, as soluções numéricas não são suficientes para garantir a durabilidade e a vida útil de estruturas de concreto em ambientes de severa agressividade.

Como indicado no Cap. 4, um projeto de durabilidade baseado em probabilidade pode ser usado para comparar e selecionar uma de muitas soluções técnicas, de forma a obter a melhor durabilidade possível de uma determinada estrutura de concreto, num dado ambiente, durante a vida útil requerida. Como resultado, alguns requisitos de durabilidade baseados no desempenho são estabelecidos para prover a base para o controle de qualidade do concreto e para a garantia de qualidade durante a concretagem. Uma documentação final de qualidade executada da construção e de conformidade com a durabilidade especificada deve ser a chave para uma abordagem racional a uma durabilidade maior e mais controlada.

A durabilidade especificada foi atingida com uma margem apropriada em todas as estruturas de concreto nas quais foram aplicados os procedimentos descritos neste livro, tanto para o projeto de durabilidade baseado em probabilidade como para o controle de qualidade do concreto com base em desempenho (Cap. 9). Para os proprietários das estruturas, foi muito importante receber a documentação da qualidade executada da construção e da conformidade com a durabilidade especificada antes que as estruturas fossem formalmente entregues pelas construtoras aos contratantes. A documentação requerida de qualidade executada da construção também esclarece a responsabilidade das construtoras pela qualidade do processo de construção. Essa documentação claramente resultou em melhor qualidade final e em redução das falhas de adensamento na qualidade executada da construção.

Mesmo que os requisitos de durabilidade mais rigorosos tenham sido especificados e atendidos durante a concretagem, a experiência demonstra que, no caso de estruturas de concreto em ambientes contendo cloreto, sempre ocorrerá uma certa taxa de penetração de cloreto durante a operação das estruturas. Portanto, uma vez terminadas as estruturas, também foi muito importante para os proprietários receber um manual de serviço para futuras avaliações das condições e manutenção preventiva dessas estruturas. É esse manual de serviço que fornece a base definitiva para atingir durabilidade e vida útil mais controladas.

Além da corrosão induzida por cloreto, outros problemas potenciais de durabilidade também devem ser devidamente considerados para um projeto mais completo de durabilidade de importantes estruturas de concreto em ambientes de severa agressividade, o que também é válido para o controle da fissura nas primeiras idades. Em todas as novas estruturas de concreto, todos os requisitos de durabilidade das atuais normas devem ser atendidos. No entanto, nas infraestruturas em que alto desempenho e segurança têm importância especial, deve-se tentar atingir uma durabilidade maior e mais controlada, para além do que é possível com base nas atuais normas do concreto e na prática recente. Para isso, recomendam-se novas especificações, que serão brevemente descritas a seguir.

12.2 Requisitos gerais de durabilidade

12.2.1 Vida útil

Com base no projeto de durabilidade descrito e discutido no Cap. 4, para uma determinada estrutura de concreto em um dado ambiente, deve-se exigir um período de "vida útil" seguro antes que se atinja uma probabilidade de 10% de corrosão.

Para todas as grandes infraestruturas de concreto, uma vida útil de pelo menos cem anos deve ser requerida antes que a probabilidade de corrosão exceda um estado-limite de serviço com intensidade de corrosão de 10% (Cap. 4).

Para períodos de vida útil de mais de cem anos, porém, o cálculo da probabilidade de corrosão torna-se gradualmente menos confiável. Para períodos de até 150 anos, portanto, a probabilidade de corrosão deve ser mantida tão baixa quanto possível, não excedendo 10%, mas, além disso, é preferível requerer também algumas medidas de proteção adicionais, como o uso parcial de aço inoxidável. No entanto, para períodos de vida útil de mais de 150 anos, nenhum cálculo de probabilidade de corrosão é considerado absolutamente válido. Mesmo assim, para aumentar e garantir a durabilidade, a probabilidade de corrosão deve ser mantida o mais baixa possível, não excedendo 10%, além disso, devem sempre ser requeridas algumas estratégias e medidas de proteção adicionais (Cap. 5).

Em ambientes marinhos, às vezes pode haver o risco de exposição durante a concretagem nas primeiras idades, antes que o concreto adquira maturidade e densidade suficientes. Também para esse caso é preciso levar em consideração algumas precauções ou medidas de proteção especiais. Como essas precauções ou medidas podem ter implicações tanto para o custo do projeto como para a futura operação da estrutura, tais iniciativas devem ser sempre discutidas com o proprietário da estrutura antes de sua seleção.

Note-se que o projeto de durabilidade baseado em cálculos de probabilidade de corrosão oferece apenas uma base referencial para prever ou avaliar a vida útil da estrutura em questão. Para além do início da corrosão, tem início também um processo muito complexo de deterioração, com muitos estágios críticos posteriores, antes que o período de vida útil seja atingido. Assim que os primeiros cloretos chegam ao aço e a corrosão começa, o proprietário já está com problemas, mesmo que nada seja ainda visualmente detectável.

O estágio inicial de dano visual só representa um problema de custo e de manutenção, mas, mais tarde, pode gradualmente se tornar um problema de segurança muito mais difícil de controlar. Nos estágios iniciais do processo de deterioração, é tecnicamente mais fácil e muito mais barato tomar as precauções devidas e selecionar as medidas protetoras adequadas para controlar esse processo. Esse controle se revelou uma estratégia muito melhor do ponto de vista da sustentabilidade (Cap. 11).

Também é importante notar que os períodos de vida útil de serviço obtidos com uma probabilidade de corrosão inferior a 10% não devem ser considerados necessariamente como períodos efetivos de serviço das estruturas em questão. Esses períodos de *vida útil* devem ser vistos como avaliação e julgamento de engenharia dos mais importantes parâmetros relacionados à durabilidade da estrutura, incluindo sua dispersão e variabilidade. Dessa forma, obtém-se uma base adequada para comparar e selecionar uma das muitas soluções técnicas para a melhor durabilidade possível da estrutura de concreto em questão, no ambiente dado, durante a *vida útil* requerida. Como resultado, estabelecem-se requisitos de durabilidade baseados em desempenho, que serão a base para um controle de qualidade do concreto e uma garantia de qualidade durante a concretagem. Além disso, deve-se documentar a qualidade executada da construção e a conformidade com durabilidade especificada.

12.2.2 Qualidade executada da construção

Antes que a estrutura seja formalmente entregue pela construtora ao proprietário, exige-se uma documentação da qualidade executada da construção. Além da conformidade com a durabilidade especificada, essa documentação também deve incluir alguma advertência adicional sobre a qualidade executada in situ durante o período de construção e a qualidade potencial da estrutura.

Mesmo antes que um adequado concreto seja lançado em formas também adequadas, a qualidade final do concreto na estrutura pode apresentar alta dispersão e variabilidade. Dependendo do número de variáveis e cuidados durante a concretagem, a qualidade final executada do concreto lançado pode apresentar dispersão e variabilidade muito altas.

Um dos problemas mais comuns de qualidade do concreto na concretagem, porém, é não atender à espessura especificada do cobrimento sobre a armadura. Embora o cobrimento especificado seja, em geral, cuidadosamente verificado antes do lançamento do concreto, podem ocorrer – e ocorrem – desvios significativos durante a concretagem. As cargas impostas durante o lançamento do concreto podem causar movimentos da armadura nas formas, além disso, as pastilhas e espaçadores podem ter sido insuficiente ou equivocadamente colocados.

Como quaisquer fraquezas ou deficiências serão logo reveladas num ambiente de severa agressividade, independentemente das especificações de durabilidade e dos materiais empregados, são necessários o controle de qualidade e a garantia de qualidade do concreto com base em desempenho. A experiência atual indica que a documentação requerida de qualidade executada da construção claramente aponta a responsabilidade da construtora pela qualidade do processo de construção final.

Para o proprietário de uma estrutura, uma documentação final da qualidade executada da construção e de conformidade com a durabilidade especificada deve ser muito importante, já que pode ter implicações tanto na futura operação quanto na expectativa de vida útil da estrutura.

12.2.3 Avaliação da condição e manutenção preventiva

Uma vez concluída a estrutura, deve ser requerido um manual de serviço de manutenção para controle rotineiro da real penetração do cloreto durante a operação da estrutura, incluindo recomendações sobre como controlar esse fenômeno.

A experiência demonstra que, mesmo que os mais rigorosos requisitos de durabilidade sejam especificados e atendidos durante a concretagem, em todas as estruturas de concreto em ambiente contendo cloretos haverá uma certa taxa de penetração de cloreto durante a operação da estrutura. Como parte do projeto de durabilidade, portanto, deve-se produzir um manual de serviço (manutenção preventiva) para controle rotineiro da penetração real do cloreto que ocorre durante a operação da estrutura.

É esse manual de serviço que ajuda a prover a base definitiva para obter uma vida útil maior e mais controlada de uma dada estrutura de concreto num dado ambiente. Para cada nova inspeção e avaliação da condição da estrutura, novas estimativas da probabilidade de corrosão são calculadas, usando parâmetros de entrada resultantes da observação da penetração do cloreto. Devem-se implementar as medidas de proteção adequadas antes que essa probabilidade de corrosão fique muito alta. Dessa forma, reduz-se a necessidade de reparos tecnicamente difíceis e muito caros.

Referências bibliográficas

ASTM. (2005). ASTM C 1202-05: Standard Test Method for Electrical Indication of Concrete's Ability to Resist Chloride Ion Penetration. ASTM International, West Conshohocken, PA.

Bognacki, C. J., Pirozzi, M., Marsano, J., and Baumann, W. C. (2010). Rapid Chloride Permeability Testing's Suitability for Use in Performance-Based Specifications – Concerns about Variability Can Be Mitigated. Concrete International, 35(5), 47–52.

CEN. (2009). Survey of National Requirements Used in Conjunction with EN 206-1:2000, Technical Report CEN/TR 15868. CEN, Brussels.

DNV. (1976). Rules for the Design, Construction and Inspection of Fixed Offshore Structures. Det Norske Veritas – DNV, Oslo.

FIP. (1973). *Recommendations for the Design and Construction of Concrete Sea Structures.* Fédération Internationale de la Précontrainte – FIP, London.

Gjørv, O. E. (1968). *Durability of Reinforced Concrete Wharves in Norwegian Harbours.* Ingeniørforlaget, Oslo.

Gjørv, O. E. (1994). Important Test Methods for Evaluation of Reinforced Concrete Durability. In *Proceedings, V. Mohan Malhotra Symposium on Concrete Technology, Past, Present and Future,* ACI SP-144, ed. P.K. Mehta, pp. 545–574.

Gjørv, O. E. (1996). Performance and Serviceability of Concrete Structures in the Marine Environment. In *Proceedings, Odd E. Gjørv Symposium on Concrete for Marine Structures,* ed. P. K. Mehta. CANMET/ACI, Ottawa, pp. 259–279.

Gjørv, O. E. (2008). High Strength Concrete. In *Developments in the Formulation and Reinforcement of Concrete,* ed. S. Mindess. Woodhead Publishing, Cambridge, UK, pp. 79–97.

Gjørv, O. E., and Løland, K. E. (1980). Effect of Air on the Hydraulic Conductivity of Concrete. In *Proceedings, First International Conference on Durability of Building Materials and Components,* ASTM STP 691, ed. P. J. Sereda and G. G. Litvan. ASTM, Philadelphia, pp. 410–422.

Goodspeed, C. H., Vanikar, S., and Cook, R. A. (1996). High Performance Concrete Defined for Highway Structures. *Concrete International,* 18(2), 62–67.

Løland, K. (1981). Mathematical Modelling of Deformational and Fracture Properties of Concrete Based on Damage Mechanical Principles – Application on Concrete with and without Addition of Silica Fume, Ph.D. Thesis. Department of Building Materials, Norwegian Institute of Technology, Trondheim.

Løland, K., and Gjørv, O. E. (1981). Silica in Concrete. *Nordisk Betong,* 25(6), 29–30 (in Norwegian).

Løland, K., and Gjørv, O. E. (1982). Condensed Silica Fume in Concrete. In *Proceedings, Nordic Research Seminar on Condensed Silica Fume in Concrete,* BML 82.610, ed. K. Løland and O. E. Gjørv. Department of Building Materials, Norwegian Institute of Technology, Trondheim, pp. 165–188.

NPD. (1976). Regulations for the Structural Design of Fixed Structures on Norwegian Continental Shelf. Norwegian Petroleum Directorate – NPD, Stavanger.

NPRA. (1988). Code of Process. Norwegian Public Roads Administration – NPRA, Oslo (in Norwegian).

NPRA. (1994). Securing of Concrete Cover for Reinforcement, Report 1731. Norwegian Public Roads Administration – NPRA, Oslo (in Norwegian).

NPRA. (1996). Handbook 185. Norwegian Public Roads Administration – NPRA, Oslo (in Norwegian).

Rudjord, A. (1967). On Aggregates for Concrete in Norway. *Quality Requirements and Tests. Nordisk Betong,* 11(3), 299–322 (in Norwegian).

Standard Norway. (1973). NS 3473: Concrete Structures – Design and Detailing Rules. Standard Norway, Oslo (in Norwegian).

Standard Norway. (1986). NS 3420: Specification Texts for Buildings and Construction Works. Standard Norway, Oslo (in Norwegian).

Standard Norway. (1989). NS 3473: Concrete Structures – Design and Detailing Rules. Standard Norway, Oslo (in Norwegian).

Standard Norway. (2003a). NS-EN 206-1: Concrete – Part 1: Specification, Performance, Production and Conformity, Amendment prA1:2003 Incorporated. Standard Norway, Oslo (in Norwegian).

Whiting, D. (1981). Rapid Determination of the Chloride Permeability of Concrete, Report FHWA/RD-81/119. Portland Cement Association, Skokie, IL.

Índice remissivo

A

aço
    armadura, uso como. Ver armadura de aço inoxidável
    austenítico 128
    austenítico-ferrítico 128
    corrosão de armaduras 61
    corrosão induzida por cloreto 15, 88
    ferrítico 128
    filme óxido 83
    oxigênio, disponibilidade de 87
    par galvânico, comparação entre aço exposto e embutido, 91
    passividade de armaduras 83, 84, 85
    resistividade elétrica 85, 86, 87

aditivos superplastificantes. Ver HRWRA (high-range water-reducing admixture)

alcalinidade do concreto 84

American Concrete Institute (ACI)
    projeções tecnológicas do 15

American Society for Testing and Materials (ASTM) 13

AR glass 133. Ver vidro resistente a álcalis

armadura de aço inoxidável
    ambientes marinhos, desempenho em 205, 206
    cloreto, limite de concentração de 130
    cobrimento de concreto 156
    corrosão, resistência à 129
    custos 129, 130, 131
    eficiência 130
    revestimentos 130
    uso 130, 131
    vida útil, extensão da 128

avaliação do ciclo de vida. Ver LCA (life cycle assessments)

B

Brundtland, Comissão 208

C

cinza(s) volante(s)
    cimento de 72, 73, 74, 75, 76
    resistência à penetração de cloreto 81

cloreto(s)
    capacidade de fixação do 78, 79
    difusividade do 79, 149, 150. Ver RCM (Método da Rápida Migração de Cloreto)
        avaliação da 152
        corpos de prova 150
        curvas de calibração 150
        procedimento de ensaio 150, 161
        valor da, calculando o 162
    dissolvidos em soluções de poros 84
    penetração do 71, 72, 73, 96, 97, 98. Ver cloreto, difusividade do
        cálculo da 98, 99
        coeficiente de difusão 98
        controle da 163, 164, 165
        efeito do tipo de cimento 73, 74, 75, 76, 77, 78, 79, 80, 81
        em estruturas de concreto 71
        em pontes 44, 45, 46, 48

ensaios para controle da 165
profundidade da 34, 38, 41, 44, 46, 48, 80, 171
resistência à 73, 74, 75, 76, 77, 78, 79
taxa de 164
temperatura, efeitos da 81, 82, 83, 103

CO_2, emissões de 209

cobrimento de concreto 113, 117, 118, 120, 121
    especificações do 147, 148
    espessura do 156
    uso 156, 157

concreto de alto desempenho. Ver HPC (high-performance concrete)

continuidade elétrica do concreto 157, 158, 172

corrosão, probabilidade de 100, 101
    análise de regressão 167, 168
    análises de durabilidade 121, 122
    cálculo da 167, 168, 169
    cálculo da penetração do cloreto 101
    cobrimento de concreto 113, 117, 118, 120, 121
    concentração de cloreto 105, 106, 107, 108
    desvio padrão do cálculo da 101
    difusividade de cloreto 105, 106, 107, 108
    estudo de caso, estrutura portuária de concreto 113, 114
    influência da idade 108
    método de confiabilidade de primeira ordem (FORM) 100
    método de confiabilidade de segunda ordem (SORM) 100
    modelos de 100, 101
    parâmetros de entrada 102, 103
    precisão da 101
    simulação Monte Carlo (MCS) 100, 101
    software desenvolvido para cálculo da 100, 101

temperatura 107
tempo de atuação do cloreto 106
teor crítico de cloreto 111, 112

Coulomb 225

Custo do ciclo de vida 175. Ver LCC *(life cycle cost)*

D

desenvolvimento urbano, Tjuvholmen, Oslo 184
    cloreto, difusividade de 192, 200
    concreto, subestruturas em 184, 185, 191
    corrosão, probabilidade de 192, 194
    durabilidade 190, 191, 192
    durabilidade, projeto de 196, 197, 198
    durabilidade, requisitos baseados em desempenho 186, 187
    durabilidade, requisitos baseados em normas 187, 188
    gelo, resistência ao 194
    medidas adicionais de proteção 195, 196
    qualidade do concreto, controle de 188, 189, 190
    qualidade *in situ* 192, 193
    qualidade, potencial de 193, 194
    vida útil 185, 197, 198

Detroit, túnel do rio 16

difusão, segunda lei de Fick. Ver Fick, segunda lei da difusão

durabilidade, estudo de caso de (Terminal de contêineres 2, Oslo) 179
    conformidade da durabilidade 180, 181, 182
    especificações de durabilidade 179, 180
    qualidade *in situ* 182, 183, 184
    qualidade potencial 184

durabilidade, estudo de caso (Terminal de contêineres 1, Oslo) 176

especificações de durabilidade 176, 177
manutenção, custos de 179
qualidade de construção 177, 178
qualidade *in situ* 178
qualidade potencial 178, 179

Duracon 101, 176

E

Eddystone, rochedo de 13, 14
Ekofisk, tanque 18, 54, 220
emissões de gás estufa 209, 213
epóxi, revestimento de 133
escória, cimento de 74, 79, 114
    cloreto, resistência à penetração de 81
    de alto-forno 76, 77, 78
    níveis de aluminato 79
    temperaturas de cura 81, 82, 83
    teor de escória 77
    tração de 78
estruturas de concreto
    cargas externas 99
    compostos de polímero reforçado com fibra (FRP, na sigla em inglês), uso de. *Ver* FRP, compostos de
    degradação de 61
    disponibilidade de oxigênio 87, 88
    durabilidade das 22, 102, 103, 148, 175, 176. *Ver* Durabilidade, estudo de caso, Terminal de contêineres 1, Oslo; *Ver* Durabilidade, estudo de caso, Terminal de contêineres 2, Oslo
    em ambiente marinho. *Ver* pontes
        ancoradas 15
        condições de exposição severa 25
        costa norueguesa. *Ver* Noruega, estruturas em ambiente marinho na costa da
        lançamento de concreto, métodos de 16
        não ancoradas 15

        plataformas de concreto em alto-mar. *Ver* estruturas/plataformas de concreto em alto-mar
        reações álcali-agregado. *Ver* reações álcali-agregado
        suportadas por baixo 15
    em ambientes de severa agressividade
        concreto de alto desempenho 22
        custos associados com a correção da corrosão 25
        desafio das 26
        estruturas portuárias norueguesas. *Ver* Noruega, estruturas em ambiente marinho na costa da
        gelo/degelo, efeito do. *Ver* gelo/degelo, efeito do
        pesquisa de campo 25
        reações álcali-agregado 25, 26. *Ver* reações álcali-agregado
        temperaturas elevadas 42
fibra de vidro, reforços em 132, 133
fissuras em 88, 89, 90
homogeneidade do concreto 58, 59
manutenção e reparos 163, 164
    avaliação 170, 171, 172
    ciclo de vida, gerenciamento do. *Ver* LCM (*life cycle management*)
    cloreto, controle da penetração de. *Ver* cloreto, penetração de
    estudo de caso
        desenvolvimento urbano, Tjuvholmen, Oslo 184
        durabilidade, estudo de caso de (Terminal de contêineres 1, Oslo) 176
        durabilidade, estudo de caso de (Terminal de contêineres 2, Oslo) 179
        Trondheim, estação experimental do porto de 203
    normas de 228, 229
    proteção, medidas de 168, 172, 173
    reparos localizados 169

penetração de cloreto 70
porosidade 22
probabilidade de falha. Ver falhas, estruturas de concreto
projeto, critério de 99, 100
projeto, elementos protetores do 140, 141
qualidade 64
rápido desenvolvimento 22
reforços em aço inoxidável. Ver armadura de aço inoxidável
resistência a cargas 99
resistividade elétrica 70, 71
resistividade elétrica das armaduras 85, 86, 87
sistema de proteção catódica. Ver proteção catódica, sistemas de
superfície, produtos de proteção da. Ver superfície, produtos de proteção da
taxas de corrosão 85
vida útil 127, 128, 129, 130, 131, 132, 133, 134, 135, 136, 137, 138, 139, 140, 141
    cálculo 130
    reforço em aço inoxidável para aumentar a 130. Ver armadura de aço inoxidável

estruturas oceânicas. Ver estruturas em ambiente marinho

estruturas/plataformas de concreto em alto-mar
    cloreto, penetração de 52, 53, 55
    degradação de 61
    Ekofisk, tanque 63
    epóxi, revestimento de 133
    homogeneidade do concreto 58
    método da rápida migração de cloreto (RCM), uso do 57
    normas, concreto 62, 63, 219, 220, 221
    origens de 19, 20, 21, 22
    projeto, resistência de 18
    rápido desenvolvimento das 22

European Concrete Code 114, 128, 224

expectativa de vida de estruturas de concreto. Ver vida útil (estruturas de concreto)

F

falhas, estruturas de concreto. Ver corrosão, probabilidade de
    cargas externas 99
    método de confiabilidade de primeira ordem (FORM) 100
    método de confiabilidade de segunda ordem (SORM) 100
    probabilidade de 99, 100
    resistência a cargas 99
    simulação Monte Carlo (MCS) 100, 101

Fick, segunda lei da difusão 98, 101, 103, 122, 135

finura Blaine 76, 78

fiordes na Noruega 19

FRP (*fiber-reinforced polymer*), compostos de 132

G

gelo/degelo, efeito do 15, 26, 62
    escória de alto-forno 75
    estruturas portuárias, em 29. Ver Noruega, estruturas em ambiente marinho na costa da

gerenciamento do ciclo de vida. Ver LCM (*life cycle management*)

Golfo Pérsico 42

H

Hakodate, Declaração de 208

Heidrun, plataforma 19

hidrofugantes para proteção superficial, produtos 133, 134, 137, 214, 215

HPC (*high-performance concrete*) 223, 224, 225, 226

HRWRA *(high-range water-reducing admixture)* 119

I

International Union of Testing and Research Laboratories for Materials and Structures (Rilem) 13

ISO, normas 210, 213, 216

L

LCA *(life cycle assessment)* 210
    categorias 210
    estrutura e metodologias 210, 211, 212
    estudo de caso 213
    evolução 210
    processo 210, 212
    reparo localizado 213

LCC *(life cycle cost)* 202, 203
    análise da durabilidade 205
    cálculo 202, 204
    custos anuais 202, 203
    vida útil 205

LCM *(life cycle management)* 163

Lofoten, Declaração de 208

M

MCS (Monte Carlo simulation) 100, 101

método da rápida migração de cloreto. *Ver* RCM, método (rapid chloride migration method)

método de confiabilidade de primeira ordem (FORM, *first-order reliability method*) 100

método de confiabilidade de segunda ordem (SORM, *second-order reliability method*) 100

Montreal, Protocolo de 213

N

normas (concreto) 218, 219
    aplicações em estradas e rodovias 225
    durabilidade 101, 148, 167, 225, 227, 228
    estruturas de concreto em alto-mar *(offshore)* 63, 219, 220, 221
    estruturas de concreto terrestres 221, 222, 223, 224, 225, 226, 227
    fator de eficiência 224, 225
    manutenção 229
    norma europeia do concreto (European Concrete Code) 114, 128, 129, 224
    norma norueguesa do concreto (Norwegian Concrete Code) 37, 224
    propriedades mecânicas 225, 228
    vida útil 226, 227, 228

Northumberland, projeto de ponte no estreito de 141, 142

Noruega, estruturas em ambiente marinho na costa da
    cargas estruturais 26
    cimento, consumo de 39
    cloreto, penetração de 37, 38, 40, 48, 52, 53, 54, 55, 56, 57, 58
    concretagem com tubo tremonha 30, 33, 34
    concreto, homogeneidade do 58
    concreto, normas do 37
    corrosão 30, 32, 34
    danos às 28
    degradação das 60, 61
    durabilidade 37
    gelo/degelo, efeito de 29
    marés, zona de variação de 28
    Norwegian Public Roads Administration 49
    número de 25
    Oslo, porto de 33, 40
    pesquisa subaquática 26
    pontes 44, 45, 46, 47, 48, 49, 50
    portos, estruturas de 26, 27, 28, 29, 30
    (RCM), uso do 37, 38, 57
    resistência de projeto 34
    severidade das condições ambientais 40

Trondheim, estação experimental do porto de 28, 37
NPD (Norwegian Petroleum Directorate) 219, 224

O
Oslo, Porto de 35, 41
ozônio, redução do 208, 210

P
Permanent International Association of Navigation Congresses (Pianc) 13
polímero reforçado com fibras (FRP, compostos de). Ver FRP
pontes
    cobrimento de concreto nas 44
    corrosão nas 44, 45
    em ambientes marinhos 44
    Gimsøystraumen 44, 45, 46, 47
    Helgelands 49
    penetração de cloreto nas 44, 45, 46, 48
    Rion-Antirion 22
    San Mateo-Hayward 33, 45
    Storseisund 48
Portland, cimentos 73, 81
    alcalinidade 83
    alto desempenho 76
    cloreto, resistência à penetração de 78
    compostos 72, 75
    energia, consumo de 209
    poluição produzida na fabricação de 209
    poro, solução de 83
    puro 75
pozolânicos, materiais 75
pré-fabricados, elementos estruturais 141
Progreso, porto e píer 42, 43
proteção catódica, sistemas de 137, 138, 139, 206

Q
qualidade do concreto, controle e garantia da 147, 148
    calibração, curva de 162
    cobrimento, requisitos de 147, 148
    documentação 160
    durabilidade, análises de 160
    durabilidade, conformidade com a 160, 161
    in situ 161, 162, 170
    obra urbana, Oslo, estudo de caso. Ver obra urbana, Oslo
    Terminal de contêineres, Oslo, estudo de caso. Ver durabilidade, estudo de caso, (Terminal de contêineres 1, Oslo); Ver durabilidade, estudo de caso (Terminal de contêineres 2, Oslo)

R
RCM, método (rapid chloride migration)
    cloreto
        cálculo da difusividade de 22, 37
        teste da resistência à penetração de 76, 81
    concreto, teste da qualidade do 58
    desenvolvimento 108
    ensaios de cimentos compostos 75
    estudo de caso, porto Trondheim 169
    parâmetro de entrada 110
    precisão 108
    uso dos ensaios 149, 152
    uso internacional do 108
reações álcali-agregado 15, 26, 62, 70
reforços de fibra de vidro (FRP, *fiber-reinforced polymer*) 132
regressão, análise de 167, 168
resistividade elétrica do concreto 152
    métodos de ensaio 153, 154, 155
    resultados, avaliação dos 155

S

sílica ativa 74, 78, 107, 114

Simulação Monte Carlo. *Ver* MCS *(Monte Carlo simulation)*

superfície, produtos de proteção da 133
    camada cimentícia 133
    corrosão, inibidores de 139, 140
    efeito protetor 134, 136, 137
    hidrofugante 134, 136, 137, 214, 215
    orgânica 133
    por poros capilares 133
    proteção catódica. *Ver* proteção catódica, sistemas de

T

tremonha, método 16, 30, 33, 34, 35

Trondheim, estação experimental do porto de 28, 37, 38, 40, 169

V

vidro resistente a álcalis (AR *glass*) 133

W

Wenner, método 152, 188

World Commission on Environment and Development (WCED) 208. *Ver* Brundtland, Comissão

Sobre o autor

ODD E. GJØRV, DOUTOR EM ENGENHARIA E EM CIÊNCIAS, é professor emérito do Departamento de Engenharia Estrutural da Universidade Norueguesa de Ciência e Tecnologia (NTNU, na sigla em norueguês), em Trondheim, Noruega. Em 1971, quando passou a integrar o corpo docente de Tecnologia e Engenharia da NTNU, introduziu extensos programas de ensino em tecnologia de concreto nos níveis de graduação e pós-graduação. Orientou um grande número de mestrandos e doutorandos em tecnologia de concreto. Como professor-visitante, lecionou no campus de Berkeley da Universidade da Califórnia e, a convite, tem dado muitas palestras em vários países. É membro da Academia Norueguesa de Ciências Técnicas (NTVA, na sigla em norueguês) desde 1979 e participou em muitas atividades e associações profissionais internacionais. Atualmente, é colaborador internacional no programa Infraestrutura Submersa e Cidade do Futuro Submersa (Underwater Infrastructure and Underwater City of the Future), da Universidade Tecnológica de Nanyang, em Singapura.

Gjørv publicou mais de 350 artigos científicos e dois livros, tendo contribuído em muitos outros livros profissionais. Recebeu vários prêmios e honrarias internacionais por sua pesquisa. É membro do American Concrete Institute (ACI) desde 1989. De 1971 a 1995, envolveu-se continuamente no desenvolvimento e construção de todas as plataformas de concreto em alto-mar para exploração de petróleo e gás no mar do Norte. Sua pesquisa inclui materiais avançados de concreto e construção em concreto, assim como durabilidade e desempenho de estruturas de concreto em ambientes de severa agressividade. O autor pode ser contatado pelo site: <http://folk.ntnu.no/gjorv/>.